FILOSOFIA DA CIÊNCIA

FUNDAMENTOS HISTÓRICOS, METODOLÓGICOS,
COGNITIVOS E INSTITUCIONAIS

Conselho Acadêmico
Ataliba Teixeira de Castilho
Carlos Eduardo Lins da Silva
Carlos Fico
Jaime Cordeiro
José Luiz Fiorin
Tania Regina de Luca

Proibida a reprodução total ou parcial em qualquer mídia
sem a autorização escrita da editora.
Os infratores estão sujeitos às penas da lei.

A Editora não é responsável pelo conteúdo deste livro.
Os Autores conhecem os fatos narrados, pelos quais são responsáveis,
assim como se responsabilizam pelos juízos emitidos.

Consulte nosso catálogo completo e últimos lançamentos em **www.editoracontexto.com.br**.

WALTER R. TERRA
RICARDO R. TERRA

FILOSOFIA DA CIÊNCIA

FUNDAMENTOS HISTÓRICOS, METODOLÓGICOS,
COGNITIVOS E INSTITUCIONAIS

Copyright © 2023 dos Autores

Todos os direitos desta edição reservados à
Editora Contexto (Editora Pinsky Ltda.)

Foto de capa
Ramón Salinero em Unsplash

Montagem de capa e diagramação
Gustavo S. Vilas Boas

Preparação de textos
Lilian Aquino

Revisão
Ana Paula Luccisano

Dados Internacionais de Catalogação na Publicação (CIP)

Terra, Walter R.
Filosofia da Ciência : fundamentos históricos, metodológicos,
cognitivos e institucionais / Walter R. Terra, Ricardo R. Terra. –
1. ed., 1ª reimpressão. – São Paulo : Contexto, 2024.
352 p.

Bibliografia
ISBN: 978-65-5541-278-9

1. Ciência – Filosofia I. Título II. Terra, Ricardo R.

23-3393   CDD 501

Angélica Ilacqua – Bibliotecária – CRB-8/7057

Índice para catálogo sistemático:
1. Ciência – Filosofia

2024

Editora Contexto
Diretor editorial: *Jaime Pinsky*

Rua Dr. José Elias, 520 – Alto da Lapa
05083-030 – São Paulo – SP
PABX: (11) 3832 5838
contato@editoracontexto.com.br
www.editoracontexto.com.br

Sumário

Prefácio 7

Introdução 11

A

**ASPECTOS HISTÓRICOS DA CIÊNCIA
E DA FILOSOFIA DA CIÊNCIA** 17

1. A origem da ciência, a matéria inanimada
   e suas transformações 19

2. Seres vivos, informação e sociedade 63

3. Aspectos históricos, terminológicos
   e conceituais da Filosofia da Ciência 89

B

BASES METODOLÓGICAS DA CIÊNCIA 113

4. Os objetos e os eventos da realidade 115

5. Adaptabilidade, emergência e a fratura entre as ciências 133

6. Proposições, validações
   e consolidações de argumentos científicos 143

7. Modelos matemáticos e métodos estatísticos e filogenéticos .. 165

8. Ciência e pseudociência 181

9. As disciplinas científicas e o desafio da unificação 199

10. Dificuldades e caminhos
    para o desenvolvimento da ciência atual 217

C

BASES COGNITIVAS DAS CRENÇAS
SOBRENATURAIS, PSEUDOCIÊNCIA E CIÊNCIA 243

11. Ontologias intuitivas, crenças sobrenaturais e pseudociências.... 245

12. As bases cognitivas do conhecimento científico,
do conhecimento técnico e da vinculação
dos seres humanos a grupos sociais 259

D

BASES INSTITUCIONAIS DA CIÊNCIA 273

13. Sociologia da Ciência
e crítica à visão construtivista da ciência 275

14. Organização e difusão do trabalho científico 299

15. O desenvolvimento científico e sua avaliação 321

Glossário 331

Os autores 351

Prefácio

A ciência tem importância central em nossa sociedade e afeta todos os seus aspectos. Embora seja um empreendimento caro, a maioria das nações desenvolvidas investe vultosos recursos públicos e privados para o desenvolvimento científico. Esclarecer o que é exatamente ciência e como ela se diferencia tanto de outras formas de conhecimento culto como de pseudociências e charlatanismos é tarefa da Filosofia da Ciência.

Embora existam inúmeros livros de Filosofia da Ciência, esses trabalhos costumam se limitar à Física e à Química e, mais importante, não oferecem uma análise da metodologia de outras ciências ou até mesmo das partes mais contemporâneas da Física e Química. Análises desses temas mais contemporâneos são em parte encontradas em revistas especializadas e em alguns livros dedicados a algumas ciências particulares, como a Biologia. Contudo, não existe nos livros de Filosofia da Ciência um esforço para propor uma visão crítica para o conjunto das ciências. Por exemplo, esses livros ignoram que, nas ciências da vida, da mente e da sociedade, não se opera com leis tais como as da Física, e que a pesquisa nessas ciências é sobretudo de tipo exploratório, e não de teste de hipóteses. Esse ponto

FILOSOFIA DA CIÊNCIA

de vista também não leva em conta que as ciências da vida, da mente e da sociedade abarcam aspectos históricos que só podem ser tratados com explicações de tipo narrativo – é o caso da Biologia Evolutiva, na Biologia, da Psicologia Evolutiva, na Ciência Cognitiva, e da História, na Ciência Social. Finalmente, essa visão da ciência não atenta para o fato de que a maioria dos sistemas de interesse para a ciência apresenta propriedades emergentes, aquelas que não são previsíveis a partir dos componentes de um determinado sistema, e que, portanto, mesmos os eventos de certos sistemas físicos e químicos só podem ser preditos de forma probabilística.

Os livros disponíveis de Filosofia da Ciência também não discutem, por exemplo, por que a aceitação das pseudociências tende a ser fácil, ao passo que os conceitos da ciência, que frequentemente são contraintuitivos, são de mais difícil compreensão. Além disso, embora alguns livros contemporâneos sobre Filosofia da Ciência abordem aspectos institucionais da ciência, eles não discutem questões relativas à inserção de jovens no processo de criação científica, o financiamento do empreendimento científico e tampouco os critérios de avaliação da ciência produzida.

Em vista disso, cremos que um livro que introduzisse os diferentes aspectos da ciência a partir de uma perspectiva que servisse a todos os ramos científicos, inclusive os contemporâneos, poderia ser uma contribuição importante para o ensino de Filosofia da Ciência, seja ele como um curso introdutório, seja como complementação de uma apresentação tradicional da Filosofia da Ciência. Dentro dessa perspectiva, este livro não pretende apresentar o estado da arte dos debates da Filosofia da Ciência, da História da Ciência, nem da Sociologia da Ciência, pois muitas dessas áreas do conhecimento estão em disputa nos diversos campos envolvidos. Desse modo, para não sobrecarregar o texto, só entramos na explicitação de conceitos e teorias filosóficas, sociológicas e históricas quando isso foi necessário para o desenvolvimento de uma visão geral da ciência e de suas interconexões – e, mesmo assim, sem a pretensão de realizar reconstruções detalhadas das filosofias ou questões científicas envolvidas.

Como a ciência contemporânea é pouco familiar a grande número dos estudantes de Filosofia da Ciência, este livro está organizado em quatro partes nas quais se discutem a história, a metodologia, as bases

8

PREFÁCIO

cognitivas e as bases institucionais da ciência. Antes de cada uma das partes, assim como após cada capítulo, os leitores e as leitoras encontrarão um resumo. Todos os capítulos também apresentam uma lista de leituras sugeridas e uma série de tópicos para discussão que podem ser úteis para a utilização do livro em cursos e disciplinas. Ao longo de todo o trabalho, os conceitos mais importantes são destacados em negrito – quando aparecem pela primeira vez ou quando se julgou necessário chamar a atenção; a maior parte desses conceitos pode ser consultada no Glossário que se encontra no final do volume.

A produção deste livro foi tornada possível pelo apoio dado pelo Conselho Nacional de Desenvolvimento Científico e Tecnológico (CNPq) aos autores.

Muitas pessoas contribuíram para a elaboração deste trabalho – embora não possam ser responsabilizadas pelos defeitos que o livro possa ter. Maurício Baptista e Clélia Ferreira, colegas da Universidade de São Paulo, Carlos P. Silva, da Universidade Federal de Santa Catarina, merecem um agradecimento especial. Finalmente, não é possível deixar de mencionar Ana Claudia Lopes, por sua minuciosa e competente ajuda na preparação final deste livro.

Introdução

A ciência é parte relevante de nossa sociedade, sendo responsável pelo aumento e pela melhoria na oferta de alimentos, no controle das forças da natureza e na proteção contra inimigos de qualquer sorte (tais como microrganismos, vermes e feras), pela disponibilização de numerosos recursos que tornam a nossa vida mais interessante e, finalmente, por tornar o mundo mais inteligível. Dada a percepção de sua utilidade, o investimento público feito em ciência pelas nações varia de 0,5% a 1% de seus produtos internos brutos, e uma porcentagem similar ou, em alguns casos, maior advém de recursos privados. Desse modo, o estudo da ciência realizado pela Filosofia da Ciência é tema de grande interesse e importância, e este livro pretende esclarecer variados aspectos da ciência, tendo em vista as seguintes questões:

1. Qual é a origem e o objetivo da ciência?
2. Como são organizados os argumentos científicos e como é assegurada sua confiabilidade?
3. Como agrupar as ciências? Devemos agrupá-las em função de seus métodos ou em função da natureza dos sistemas que estudam?

FILOSOFIA DA CIÊNCIA

4. O que é emergência?
5. A História é ciência?
6. Como as ciências são interconectadas?
7. O que é pseudociência? E o que é má ciência, ciência sem importância e ciência fraudulenta?
8. Os objetos propostos pela ciência são reais?
9. O procedimento científico difere de outros processos cognitivos?
10. Por que as explicações da ciência frequentemente não são intuitivas?
11. A ciência provê um conhecimento mais seguro que qualquer outro?
12. Como a ciência é produzida na sociedade, como é financiada e qual a relação da sociedade com ela?

A ciência procura descrever e explicar os acontecimentos da realidade com a finalidade de prever eventos futuros ou organizá-los de forma inteligível, formando, assim, uma representação da natureza. **Representação** é o que está no lugar de alguma outra coisa. Em outras palavras, representação é um conjunto de elementos de natureza variada (imagens, redes neurais ativadas, objetos abstratos, narrativas, símbolos etc.) que correspondem a qualidades do objeto ou processo representado. Essa representação da natureza produzida pela ciência é denominada de **realidade científica**. A **História da Ciência** trata da origem e do desenvolvimento da ciência, principalmente a contemporânea. A **Filosofia da Ciência** é a análise crítica da ciência, particularmente referente aos métodos para explicar a realidade e a natureza dos objetos científicos. Os livros de Filosofia da Ciência podem incluir também a **Psicologia da Ciência**, que é a discussão das bases cognitivas da ciência, e a **Sociologia da Ciência**, que investiga a ciência como uma instituição social. Tendo isso em vista, a resposta à questão 1 é tratada nos capítulos "A origem da ciência, a matéria inanimada e suas transformações" e "Seres vivos, informação e sociedade", da Parte A; as questões de 2 a 8 fazem parte da temática metodológica da Filosofia da Ciência, que será abordada no capítulo "Aspectos históricos, terminológicos e conceituais da Filosofia da Ciência", também da Parte A, e, na

INTRODUÇÃO

Parte B, nos capítulos de 4 a 10; as questões 9, 10 e 11 referem-se às bases cognitivas da ciência e serão abordadas na Parte C, capítulos 11 e 12; e a questão 12 é objeto da temática institucional da ciência, tratada na Parte D, capítulos 13 a 15.

O presente livro está, assim, organizado em quatro grandes partes:

Na Parte A, "Aspectos históricos da ciência e da Filosofia da Ciência", após distinguir a ciência no interior do conhecimento culto, será narrada a origem da ciência moderna (aquela que existe até os nossos dias), depois de satisfeitas certas precondições culturais e materiais, pelo processo chamado **revolução científica** (1572-1704). Em seguida, mostraremos o papel das universidades, das sociedades científicas e de Galileu e Newton no estabelecimento inicial da Física. Seguiremos com o avanço no conhecimento dos fenômenos associados aos objetos inanimados (aqueles distintos dos seres vivos) que são a base para o entendimento dos processos que se alteram com o tempo, comuns aos seres vivos, à mente e às sociedades. A seguir, apresentaremos os seres vivos e suas peculiaridades, que incluem a impossibilidade de poderem ser explicados apenas pela análise de seus componentes devido ao fenômeno chamado **emergência**. Passaremos para a descoberta do processo de **evolução** dos seres vivos, que explica as semelhanças entre grupos de seres vivos e a sua adaptabilidade. Depois dos seres vivos, apresentaremos o avanço extraordinário que houve nos estudos relativos à mente, quando ela passou a ser compreendida como um processador de informações que guarda semelhanças com um computador. Esse avanço foi ampliado com o desenvolvimento da **Psicologia Evolutiva**. A Psicologia Evolutiva, como veremos, utiliza dados da Psicologia Comparada de primatas e hipóteses referentes às necessidades cognitivas do homem no ambiente do Paleolítico; além disso, faz inferências sobre as propriedades da mente, que são, por sua vez, testadas pela **Psicologia Cognitiva** e pela **Neurociência Cognitiva**. Finalmente, discutiremos como as sociedades são, em seu estágio inicial, o resultado de processos cognitivos inatos dos seres humanos e, em estágios posteriores, passam a apresentar características emergentes, isto é, não previsíveis pela análise da cognição individual de cada membro da sociedade. Mostraremos ainda que a evolução social resulta de um processo de geração de inovações, seguido pela seleção das

FILOSOFIA DA CIÊNCIA

inovações mais adaptativas, isto é, daquelas que garantem a sua própria dispersão no interior das sociedades ou que angariam vantagens para a sociedade, no sentido de facilitar a multiplicação das sociedades (formação de sociedades filhas) ou a capacidade de destruir fisicamente sociedades concorrentes, como o aniquilamento das sociedades indígenas por europeus. Essa parte se encerra com a narrativa do desenvolvimento histórico da Filosofia da Ciência, que, como veremos, passa de uma visão axiomática da Filosofia tradicional (centrada em leis e deduções de consequências) para a visão ontológica contemporânea, isto é, centrada nas propriedades dos objetos e em eventos da realidade.

Na Parte B, "Bases metodológicas da ciência", são apresentados os tipos de objetos que ocorrem na realidade de acordo com a **teoria da complexidade**, chamando a atenção para o fato de que se dividem em **objetos básicos**, estudados pelas ciências exatas (Física e Química), e **objetos histórico-adaptativos**, temas das ciências histórico-adaptativas (as demais ciências). Também será discutido o fato de que os eventos associados aos objetos básicos não são necessariamente previsíveis de forma absoluta. Em outras palavras, será mostrado que a natureza dos objetos define o tipo de eventos a eles associados, assim como a forma como esses objetos podem ser estudados. Mostraremos também que a ligação entre as ciências é assegurada pela articulação do conteúdo autônomo de uma ciência (por exemplo, a Biologia) com o de outra (por exemplo, a Química) através de uma **disciplina de conexão** (a **Bioquímica**, no exemplo) que possui conceitos próprios e metodologia de uma delas (a Química), mas que segue os princípios organizadores da outra (a Biologia). Esse ponto de vista rejeita aquele em que a ligação entre as ciências deveria ser feita por redução, isto é, rejeita o ponto de vista segundo o qual os enunciados de uma disciplina seriam substituídos por outros de disciplina mais básica (por exemplo, que os enunciados da Biologia seriam referidos aos da Química e os da Química ao da Física). O mesmo tipo de enfoque será usado para mostrar a especificidade (e irredutibilidade) da Ciência Cognitiva e da Ciência Social. A seguir, o método científico contemporâneo é apresentado de forma detalhada; discutimos as descrições de objetos e eventos, predições, explicações, modelos, simulações, validação e consolidação de hipóteses,

INTRODUÇÃO

unificação de dados etc. Após definir realismo como a convicção de que existe uma realidade independente de nós, compararemos o realismo do senso comum e o realismo científico, e analisaremos o que é boa ciência, má ciência e ciência sem importância; também discutiremos a natureza da pseudociência, que, embora não siga a metodologia científica, se apresenta como ciência ou para defender posições filosóficas ou por charlatanice.

A Parte C, "Bases cognitivas das crenças sobrenaturais, pseudociência e ciência", descreve noções do conhecimento inato (conhecimentos que temos ao nascer) referentes à natureza dos objetos e eventos da realidade, e o modo como os conhecimentos inatos são a base para as crenças sobrenaturais e as pseudociências. Mostra também como essas noções são, ao mesmo tempo, a base e a origem das dificuldades para que a ciência seja aceita facilmente por todos. A conclusão dessa parte é que as bases cognitivas da ciência são as mesmas do senso comum, mas que a peculiaridade da ciência reside no fato de que todo **conhecimento científico** é lastreado em confronto com a realidade e é consolidado pela comunidade científica.

A Parte D, "Bases institucionais da ciência", caracteriza o campo científico como o conjunto de agentes e instituições que produzem e divulgam o conhecimento científico, cuja especificidade é definida pelo conjunto de seus programas de pesquisa e dos métodos de como lidar com eles. A seguir, critica-se o relativismo cultural, como posição alheia aos avanços trazidos pelas ciências cognitivas quanto à formação do conhecimento e por presumir um antirrealismo que não se sustenta; e, na sequência, apresenta-se a ciência institucionalizada. Nessa parte também se descreve o que é pesquisa básica, pesquisa aplicada e desenvolvimento de produto, e de que modo os pesquisadores se organizam para realizarem pesquisas. Também aborda os locais em que os pesquisadores trabalham, como relatam seus achados, quem financia seus trabalhos, como são decididos os temas de pesquisa, como o rendimento da pesquisa é avaliado e como a sociedade em sentido amplo afeta o desenvolvimento da ciência.

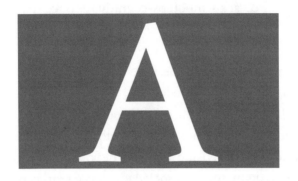

ASPECTOS HISTÓRICOS DA CIÊNCIA E DA FILOSOFIA DA CIÊNCIA

A ciência como atividade moderna surgiu com a **revolução científica**, que ocorreu entre 1572 e 1704. A Física se desenvolveu primeiro e foi organizada em teorias com estrutura matemática que permitiriam predições seguras de eventos. Na segunda metade do século XX, essa capacidade de predição absoluta foi questionada com a descoberta dos processos caóticos, dos eventos longe do equilíbrio e das consequências associadas à auto-organização resultante da mudança de nível de organização da matéria. A Química, a despeito de tentativas de reduzi-la à Física, possui conceituação própria.

Os seres vivos adaptam-se continuamente ao meio ambiente por meio do processo evolutivo. A mente é formada por conjuntos de **algoritmos** que processam dados dos sentidos, da memória e de intenções. Observações da Psicologia Evolutiva, experimentos de Neurolinguística e Neurociência Cognitiva mostram que a mente possui uma unidade de processamento geral e vários módulos cognitivos conceituais que permitem ações rápidas. O conhecimento inato estocado nesses módulos forma a base para o desenvolvimento da cultura inata que, juntamente à cultura transmissível por aprendizado, permite que os seres humanos se associem e, desse modo, constituam sociedades.

A Filosofia da Ciência surge como um exame crítico das ciências, principalmente em relação aos seus métodos. Em meados do século XX, com o declínio do positivismo lógico – depois que ficou claro que, nas ciências da vida, da mente e da sociedade, leis e teorias no sentido usado tal como se entende na Física não tinham lugar, e que, além disso, a ciência não se resume a uma atividade conceitual, mas muda com o tempo –, surgiram outras filosofias da ciência. A Filosofia da Ciência proposta por Popper tem a impropriedade de demandar leis e teorias passíveis de falseamento (refutação) de forma experimental, o que, em geral, não é possível nas ciências distintas da Física e Química. Atualmente, grande parte da Filosofia da Ciência reconhece a importância da pesquisa exploratória, que é completada pela pesquisa associada a hipóteses. Finalmente, essa Filosofia reconhece que o principal objetivo da ciência é alcançar uma representação da natureza que satisfaça a nossa curiosidade e que oriente a tomada de decisões.

1.

A ORIGEM DA CIÊNCIA, A MATÉRIA INANIMADA E SUAS TRANSFORMAÇÕES

1.1.
CONHECIMENTO CULTO E CIÊNCIA

As ciências tiveram e têm um enorme impacto na vida humana. São responsáveis por aumentar nossa segurança pessoal e alimentar, além de proporcionarem inúmeros confortos e formas de entretenimento. Há hoje um gigantesco investimento feito pelas nações para dominar o conhecimento científico, que também gera frutos tecnológicos e culturais de toda a sorte. O investimento público feito pelos países varia entre 0,5% a 1% de seus produtos internos brutos, e percentual similar ou maior provém de recursos privados.

Desse modo, é crucial que o conhecimento científico seja bem demarcado em relação a outras formas de conhecimento, assim como em relação à pseudociência, o conhecimento falso que se quer passar por ciência. Dada a reconhecida confiabilidade do conhecimento científico, distingui-lo dos conhecimentos não científicos também é importante do ponto de vista do investimento público, para responder a questões como as seguintes (baseadas em Mahner, 2013):

a. O sistema público de saúde, os diagnósticos e os tratamentos deveriam ser confiados a praticantes de processos não validados cientificamente. Ou seja, os tratamentos terapêuticos oferecidos no sistema público deveriam incluir curas mágicas?
b. Em caso de avalanche, desabamento de prédio ou rompimento de barreiras, adivinhos deveriam ser consultados nas buscas de pessoas encobertas?
c. Análises astrológicas e testemunhos de médiuns deveriam ser aceitos em tribunais?

FILOSOFIA DA CIÊNCIA

Em vista do papel da ciência nas instituições sociais e políticas, torna-se evidente a necessidade de demarcação do que é e do que não é ciência.

Conhecimento é a informação a respeito de um objeto ou processo que foi obtida por experiência ou por estudo e que está na mente de uma pessoa. O **conhecimento inato** é aquele possuído pelos seres humanos de forma geral. O **conhecimento culto** é aquele obtido por métodos rigorosos, respeitando a lógica e a coerência interna das **proposições**. Proposições são sentenças afirmativas que podem ser avaliadas como verdadeiras ou falsas. Dessa forma, o conhecimento culto fornece as afirmações mais confiáveis em cada época sobre os temas cobertos pelo conjunto das disciplinas do conhecimento, isto é, por disciplinas existentes nas universidades e nos institutos de pesquisa (Hansson, 2013); trata-se de afirmações sobre a natureza (Física, Química e Biologia), nós mesmos (Psicologia e Medicina), a sociedade (Ciência Social e História), as construções físicas (tecnologia) e nossas construções mentais (Linguística, Estudos Literários, Matemática e Filosofia). O conhecimento culto corresponde a *Wissenschaft*, em alemão, e a *scientia*, em latim. Em inglês, *science* é uma divisão do conhecimento culto que tradicionalmente refere-se apenas às ciências da natureza (Wootton, 2015). Na busca de um conceito de ciência que possa ser reconhecido como uma unidade, o conhecimento culto é amplo demais, ao passo que a concepção de ciência, como se entende em inglês, é demasiadamente restrita, como os próprios filósofos da ciência de língua inglesa reconhecem (Hansson, 2013).

Neste livro, vamos trabalhar com o conceito de ciência em sentido amplo, de forma a incluir, além da ciência da natureza, a ciência da mente e da sociedade. A ciência será entendida como o processo de descrever os objetos da realidade e a natureza dos eventos que afetam esses objetos, e de, a partir dessas descrições, gerar explicações e formar uma representação *da realidade* que a torne inteligível, assim como, em muitos casos, permitir a elaboração de previsões. Para que essa noção fique mais clara, precisamos delimitar o que é realidade e o que é representação. **Realidade** é onde estamos inseridos e que existe de forma independente de nossos pensamentos, língua ou ponto de vista. **Representação** é o que está no lugar de alguma outra coisa. Em outras palavras, representação é um conjunto de elementos de natureza variada (imagens, redes neurais ativadas, objetos abstratos,

20

ASPECTOS HISTÓRICOS DA CIÊNCIA E DA FILOSOFIA DA CIÊNCIA

narrativas, símbolos etc.) que corresponde a qualidades do objeto ou processo representado.

Quando ouvimos, por exemplo, o segundo alegro (Movimento 4) da *Sinfonia n. 6*, a "Pastoral", de Beethoven, apreciamos uma magnífica representação de uma tempestade. O mesmo ocorre no movimento "Verão" da obra *As quatro estações*, de Vivaldi. Ambos são exemplares de representações sonoras da realidade tempestade. Representações visuais de tempestades podem ser encontradas em telas de inúmeros pintores, por exemplo, em *A Shipwreck off a Rocky Coast*, de J. M. W. Turner. Em todos esses casos, a informação que captura elementos da realidade na forma de tempestade é ou de tipo sonoro ou de tipo visual. No entanto, nenhuma dessas representações é de tipo científico.

Vejamos então alguns exemplos de representação da realidade fornecidos pela ciência.

Segundo dados arqueológicos, a difusão da agricultura do Oriente Médio para a Europa ocorreu entre 9500 a.C. e 8000 a.C. O fenômeno pode ser explicado por duas hipóteses distintas: (1) pela difusão cultural que teria transformado os caçadores-coletores em fazendeiros; (2) pela migração dos fazendeiros do Oriente Médio para a Europa, seguida do extermínio dos caçadores-coletores. A primeira hipótese é uma **narrativa** (**explicação histórica**) que reúne os fatos conhecidos na ocasião de sua formulação, enquanto a segunda é mais recente e está apoiada em análises de DNA de esqueletos de indivíduos que habitaram a Europa no período anterior e no posterior ao advento da agricultura. As análises mostraram a descontinuidade genética entre as duas populações, o que indica que teriam origens diferentes.

Podemos perguntar se a realidade histórica está representada na primeira hipótese. A resposta é: sim, pois essa hipótese captura o desaparecimento dos caçadores-coletores e o surgimento dos fazendeiros. A segunda hipótese também representa a realidade? A resposta também é sim, só que de forma mais detalhada do que a primeira, pois, ao reunir mais evidências, a segunda hipótese representa melhor a realidade histórica. Em resumo, a ciência histórica avançou por representar melhor a realidade do que teria ocorrido.

O mesmo tipo de consideração pode ser feito para as ciências de base empírica quando oferecem explicações mais eficientes na predição de eventos da realidade. Por exemplo, a teoria da relatividade prediz melhor o movimento de certos planetas do que a teoria de Newton. Por que a teoria da relatividade é mais eficaz nessa predição? A resposta seria similar à da ciência histórica: a relatividade representa melhor a realidade do que a teoria de Newton. Há, contudo, uma dificuldade aqui: no primeiro exemplo é mais fácil perceber que a segunda hipótese representa melhor a realidade ao explicar *como* ocorreu a difusão da agricultura na Europa. No caso da teoria da relatividade, em comparação com a teoria newtoniana, isso não é imediatamente claro. A razão é que a teoria newtoniana e a da relatividade captam aspectos muito abstratos da realidade, com os quais o nosso senso comum é incapaz de lidar, embora a Física seja capaz de fazê-lo. Como será descrito com mais detalhes na seção 3.3, o **senso comum inato** corresponde à nossa capacidade cognitiva de lidar com processos que eram comuns para os seres humanos do Paleolítico. Qualquer conceituação fora desses processos resultará em certa perplexidade por envolver considerações não familiares, como no caso das teorias de Newton e da relatividade. Em contraposição, no exemplo da agricultura, a realidade representada é mais acessível (mais próxima de nosso senso comum inato), pois consiste em detalhes de uma narrativa.

A **ciência** é, pois, tanto um método de adquirir conhecimento como o conhecimento adquirido mediante esse método. Trata-se da forma mais confiável de que dispomos para adquirir conhecimento sobre a realidade. Isso porque a ciência se vale de métodos rigorosos para aquisição de conhecimento. Esses métodos serão detalhados adiante (ver capítulos 4 a 7), mas podemos resumir seus passos nos seguintes termos: (a) descrição de objetos e eventos da realidade conforme **programas de pesquisa** com protocolos aceitos ou em processo de se tornarem consensuais; seguida do (b) uso das informações adquiridas na produção de **conjecturas** e sua **validação** em confronto com a realidade ou na geração de **narrativas** baseadas em todos os conhecimentos disponíveis sobre um tema. Esse processo (descrito em a e b) é a seguir (c) consolidado com a participação da comunidade científica de todas as áreas, gerando uma representação da realidade.

ASPECTOS HISTÓRICOS DA CIÊNCIA E DA FILOSOFIA DA CIÊNCIA

Em vista da conceituação de ciência como uma busca por representações da realidade, seguindo o método descrito anteriormente, os temas de estudo devem ser distinguidos pelos tipos de objetos e eventos associados que se procura representar. Assim, os temas são distinguidos pela natureza dos objetos de estudo e eventos associados, e não pelos métodos empregados. Desse modo, a Matemática, a Filosofia e os estudos sobre arte constituem conhecimento culto, mas não científico, pois seus objetos e eventos não são representações com correlatos na realidade que sejam independentes da mente humana. A Matemática é disciplina de padrões e relações, e explora possíveis relações entre abstrações sem se preocupar se essas abstrações possuem correlatos reais. A Filosofia preocupa-se com a estética, a ética e a natureza da realidade e, como Filosofia da Ciência, de aspectos da ciência que a própria ciência não trata. A Medicina, a Veterinária, as Engenharias e a Agronomia também não são ciências no sentido referido, pois seus objetos e eventos não são representações com correlatos na realidade. Contudo, essas áreas do conhecimento fazem parte do conhecimento científico, pois são tecnologias científicas.

Para esclarecer o que são tecnologias científicas precisamos de algumas definições. **Técnica** é o conhecimento de como se fazem objetos ou serviços. **Tecnologia** é o conhecimento técnico aliado ao conhecimento da manipulação dos materiais empregados, como a alteração de suas propriedades químicas ou físicas para melhor servir aos objetivos da técnica. **Tecnologia científica** é uma tecnologia com embasamento científico. Em outras palavras, tecnologia científica é uma aplicação da ciência com um objetivo utilitário. Por exemplo, a Medicina beneficia a saúde humana; a Veterinária, a saúde animal; as Engenharias, a produção de habitações, vias de transporte, máquinas variadas etc.; a Agronomia, a produção de alimentos. Em resumo, a ciência estuda como é o mundo, e a tecnologia estuda como transformá-lo com objetivos utilitários. Como vimos, a tecnologia científica utiliza o conhecimento científico em seus procedimentos. Por exemplo, a Medicina utiliza conhecimentos da Biologia, como orientação para os procedimentos terapêuticos ou cirúrgicos, e da Química, para a produção de materiais, como tecidos sintéticos. As Engenharias empregam conhecimentos da Física e da Química em seus procedimentos, por exemplo, para escolha de materiais de construção e cálculo de estruturas.

É importante ressaltar que o desenvolvimento da tecnologia é muito anterior ao surgimento da ciência. A tecnologia teve seu início com a fabricação de artefatos de pedra, milhões de anos antes do surgimento da linguagem gramatical; continuou seu desenvolvimento com a descoberta da cerâmica, entre outras realizações, no Neolítico; a agricultura, na Antiguidade, e a invenção de diversos instrumentos, na Idade Média (ver seções 1.2 e 12.2). A tecnologia científica passou a ser desenvolvida apenas após o século XVI, com o surgimento da ciência tal como praticada hoje, e ganhou impulso a partir do século XIX.

A metodologia usada na produção do **conhecimento tecnológico** é similar à da ciência, mas o exame detalhado desse processo está fora do escopo deste livro.

Antes de encerrar esta seção, vamos introduzir alguns conceitos que serão retomados e desenvolvidos em 14.3. O processo de criação de ciência e tecnologia é feito em três etapas. A **pesquisa básica** é o desenvolvimento da ciência propriamente dita; a **pesquisa aplicada** é a tentativa de mostrar a possibilidade de usar um conhecimento básico para produzir algo útil; e, finalmente, o **desenvolvimento de produto** é o conjunto das etapas de criação de um produto (objeto ou serviço) para o consumidor, a partir da demonstração de sua viabilidade pela pesquisa aplicada. O processo como um todo é chamado de pesquisa e desenvolvimento, abreviado como P&D, em português, e R&D (*Research and Development*), em inglês.

1.2.
AS PRECONDIÇÕES CULTURAIS E MATERIAIS PARA A REVOLUÇÃO CIENTÍFICA

A **revolução científica** só pôde ocorrer após a satisfação de certas precondições culturais e materiais. As precondições culturais começaram a ser estabelecidas na Grécia Antiga (Russell, 1967; Ronan, 1987). O primeiro avanço data de cerca de 600 a.C., quando os filósofos jônicos, como Tales, Anaximandro e Heráclito, admitiram que as propriedades dos objetos da natureza e os eventos a eles associados poderiam ser compreendidos como resultantes de processos naturais, e não como o efeito da ação de deuses ou de outros agentes sobrenaturais. Outro avanço importante, que data de cerca de 400 a.C., foi a defesa do conhecimento adquirido por argumentação racional, e não a partir da visão de mundo mítica. Esses acontecimentos podem ser ilustrados por uma comparação entre duas narrativas de acesso fácil, independentemente de sua natureza literária: a *Ilíada*, de Homero (cerca de 700 a.C.), e a *História*, de Heródoto (cerca de 450 a.C.). Na *Ilíada*, as mudanças na direção dos acontecimentos em batalhas, por exemplo, são explicadas pela intervenção de deuses, enquanto na *História*, de Heródoto, vemos o início de um esforço para narrar o passado em função do comportamento humano.

Um terceiro avanço, já por volta de 350 a.C., foi feito por Aristóteles (384-322 a.C.), que estabeleceu a validade lógica, isto é, mostrou que a validade de um argumento está ligada à sua forma, e não apenas ao significado das palavras. Em outros termos, Aristóteles foi o pioneiro no estudo das regras da argumentação, criando a lógica. Por exemplo: todos os homens são mortais, Sócrates é homem, logo Sócrates é mortal. De forma esquemática: se todo A é B e C é A, logo C é B, não importa quais significados sejam atribuídos a A, B e C.

Finalmente, o quarto grande avanço grego no estabelecimento das precondições culturais para o desenvolvimento da ciência foi a demonstração de Euclides, por volta de 300 a.C., de que a Matemática (aritmética, álgebra e geometria) poderia ser deduzida por princípios lógicos a partir de um número restrito de axiomas (sentenças que são obviamente verdadeiras e, por isso, dispensam qualquer justificativa). O desenvolvimento da Matemática e da Lógica foi impulsionado por necessidades práticas, como as aplicações da trigonometria na medida dos campos de plantio, no registro de estoques de material, no desenvolvimento de técnicas argumentativas etc.

A Lógica e a Matemática fazem parte dos **sistemas formais**, que são aqueles que especificam que tipos de mudanças podem ser feitas com os símbolos que foram escolhidos para uma dada situação. Símbolos são sinais que podem representar algo abstrato, como os usados em Matemática e Lógica, ou podem corresponder a algo da realidade. Como os símbolos da Lógica e da Matemática são abstratos, esses sistemas formais são usados para caracterizar estruturas abstratas, e não para representar a realidade. Desse modo, os sistemas formais não são ciências – embora muitas vezes sejam chamados de ciências formais. Como vimos, a Lógica e a Matemática se originaram na Antiguidade. Outro sistema formal, comumente conhecido como ciência da computação, foi estabelecido na segunda metade do século XX.

O avanço no plano das ideias trazido pelo surgimento dos sistemas formais não foi, contudo, suficiente para iniciar a revolução científica. Esta também exigiu uma base tecnológica que foi elaborada ao longo de séculos.

A tecnologia começou a ser criada nos primórdios do desenvolvimento humano, há cerca de 2 milhões de anos, com a invenção dos primeiros instrumentos de pedra para cortar, raspar e esmagar. A domesticação de plantas e animais, entre 9000 a.C. e 8000 a.C., possibilitou o aumento populacional e a criação das bases do que viriam a ser as primeiras civilizações. Essas primeiras civilizações, assim como as civilizações grega e romana, desenvolveram várias tecnologias para melhorar a produção de alimentos, a fabricação de roupas e os sistemas de transporte. É curioso, no entanto, que o Império Romano tenha dado grande impulso às engenharias hidráulica e de edificações e à construção de estradas, mas tenha usado pouco as invenções disponíveis que diminuíam o trabalho humano, como o uso da roda-d'água ou o de animais para impulsionar a moenda de cereais. A razão dessa conduta pode estar relacionada à disponibilidade de grande número de escravos (Gies e Gies, 1995).

Com a queda do Império Romano, sob ataque das tribos bárbaras, houve desintegração política, depressão econômica, desmantelamento da religião constituída e desaparecimento da literatura. Não houve, contudo, uma ruptura no desenvolvimento tecnológico, embora tenha havido casos isolados de retorno a práticas mais antigas, por exemplo, o abandono de irrigação em certos plantios e da roda para moldar cerâmicas (Gies e Gies, 1995).

A partir do século VI, há a introdução de duas inovações tecnológicas que resultaram em uma revolução agrícola: a **charrua** (**arado pesado**) e a rotação de culturas entre três campos. O arado pesado é uma armação de madeira ou ferro com duas rodas frontais, atrás das quais há um facão (ou sega) para cortar raízes e facilitar a ação da relha, que é uma peça posicionada logo atrás do facão e que gera um sulco, levantando a terra. A relha é em seguida revirada pelas aivecas (ou orelhas), que são lâminas dispostas uma de cada lado da relha. A charrua dispensa a aradura transversal, necessária quando se usa o arado leve que só tem a relha. Após a aração é preciso desfazer os torrões formados no processo. A partir do século IX, a remoção dos torrões passa a ser feita com uma armação com pontas, chamada de grade, que é puxada por animais. A charrua é muito pesada e, para que haja eficiência na aragem dos solos ricos pesados do norte da Europa, são necessários até oito bois para puxá-la. A tarefa é executada atrelando-se os animais em sequência por arreios – que haviam sido recentemente inventados. Como os posseiros não dispõem de muitos bois, os animais de vários posseiros têm que arar em conjunto, o que é facilitado por propriedades dispostas em faixas que se seguem umas às outras. Essa organização criou a base para a agricultura medieval cooperativa, que deu origem ao feudo (White Jr., 1985; 1962).

Outra inovação importante contemporânea à introdução da charrua é a mudança no tipo de rotação de culturas. O sistema antigo era de dois campos, um produzindo e outro em repouso alternadamente. Se o terreno tivesse 600 acres, ao final de três anos, 1.800 acres teriam sido arados e 900 acres seriam usados na produção. No sistema de três campos, os 600 acres seriam divididos em campos de 200 acres que são arados todos os anos. No primeiro ano, o cultivo de inverno é plantado no campo 1, o de primavera no 2 e o campo 3 fica em repouso. No segundo ano, o cultivo de primavera é plantado no campo 1, o 2 fica em repouso e o cultivo de inverno é plantado no 3. Finalmente, no terceiro ano, o campo 1 fica em repouso, o 2 recebe o plantio do cultivo de inverno e o 3, o de primavera. No final, ao longo dos três anos, 1.800 acres são arados e 1.200 acres usados na produção. Assim, há um ganho de 33% em relação ao sistema de dois campos. Os ganhos do novo sistema agrícola não podem ser replicados na região do Mediterrâneo, devido ao clima mais seco que o do norte da Europa. Esta é uma das causas de o eixo do desenvolvimento da Europa ter passado do sul para o norte, o que foi testemunhado pelo reinado de Carlos Magno (White Jr., 1985; 1962).

O cavalo é uma força motriz mais rápida que o boi, porém menos potente e mais caro de manter. A equação só foi alterada a favor do cavalo quando da invenção de novos modos de atrelá-lo de forma que ele pudesse

FILOSOFIA DA CIÊNCIA

jogar o seu peso na tração sem ser estrangulado pelo arreio. Essa inovação elevou em cinco vezes a capacidade de tração (Derry e Williams, 1961). A invenção das ferraduras, que protegem os cascos de quebra, aumentando a vida útil do animal, também contribuiu para que o cavalo se tornasse o animal de tração rápida para todas as circunstâncias (White Jr., 1985; 1962).

Na Idade Média Central (século XI a XIII), a revolução agrícola permitiu o aumento populacional em cerca de três a quatro vezes, e reforçou os povoamentos em torno de vilarejos, castelos, mosteiros e antigas cidades romanas. No final do século XIII, cerca de 10% da população europeia estava urbanizada, o que fez com que o mapa de cidades da Europa fosse quase o mesmo do século XIX. A maior cidade da época, Paris, possuía cerca de 100 mil habitantes (Mazoyer e Roudart, 2010). Principalmente após o século XI, o desenvolvimento das cidades aumentou a especialização do trabalho e propiciou a aceleração do desenvolvimento tecnológico, algumas vezes chamado de Revolução Industrial Medieval (Gimpel, 1977).

Nesse período, houve um aumento generalizado no uso da roda-d'água. A roda-d'água gera um movimento rotatório que pode facilmente impulsionar outros movimentos rotatórios, como o utilizado no moinho de cereais. Contudo, para que a utilidade da roda-d'agua seja maior, seu movimento rotatório deve ser convertido em movimento de vaivém. Essa conversão exigia o uso de engrenagens, que demoraram a ser desenvolvidas. Por muito tempo, até a invenção da **biela** e da manivela no século XIV, foram usadas soluções pouco eficientes. A manivela é um bastão ligado fora do centro de uma roda que permite colocá-la em movimento. A biela é uma peça de engrenagem que se articula ao bastão da manivela e à outra peça que se desloca dentro de cilindro. Um movimento de vaivém da peça no cilindro faz com que a biela articulada à manivela ponha a roda em movimento (como a engrenagem que põe a roda em movimento em trem a vapor). A mesma engrenagem permite que o movimento rotatório de uma roda seja transformado em movimento de vaivém. Assim, no movimento horizontal de vaivém, a roda-d'água pode impulsionar uma serra de madeira, e, no movimento vertical, pode impulsionar prensas de tecido, papel ou couro.

28

ASPECTOS HISTÓRICOS DA CIÊNCIA E DA FILOSOFIA DA CIÊNCIA

O moinho de vento foi outra forma de usar energia não humana para o trabalho. A invenção do carrinho de mão, que trocou a pessoa de uma das pontas da padiola por uma roda, reduziu a necessidade de mão de obra (White Jr., 1985; 1962). O transporte terrestre foi facilitado pela difusão da pavimentação de vias e estradas com paralelepípedos – no início, grandes; e depois, menores –, assentados em base não socada que permitia a dilatação com o calor, resultando em pavimentação relativamente barata e fácil de consertar. Em climas nórdicos, esse tipo de pavimentação, ainda muito usado atualmente, tendia a ser melhor do que o das estradas romanas, pois estas eram feitas com sólidas fundações, com superfície revestida de alvenaria cimentada. Embora muitas estradas romanas existam até hoje no sul da Europa, a falta de juntas de dilatação fazia com que elas rachassem nas variações extremas de temperatura características do norte da Europa, o que tornava impossível o tráfego e exigia reparos caros.

A pavimentação das estradas e a construção de pontes na Idade Média Central permitiu a expansão do transporte de mercadorias e de pessoas em carroças de duas e quatro rodas, puxadas por cavalos com seus novos tipos de arreios. Nesse período, a nobreza passou a usar carruagens. O transporte marítimo foi incrementado pelo desenvolvimento de navios à vela sem remadores, o que não existia no mundo antigo, e a bússola, embora não seja uma invenção europeia, foi introduzida nesse mesmo período, facilitando a navegação.

Ainda, os séculos de XI a XIII foram pródigos em outras inovações que tiveram grandes reflexos na vida, como a invenção do botão, que revolucionou o vestuário; da roda de fiar, que aumentou a velocidade na produção dos tecidos; do relógio mecânico, que permitiu um melhor controle do tempo; dos óculos, que prolongaram a vida útil dos estudiosos; além do desenvolvimento das técnicas de construção, que permitiram levantar as catedrais românicas e góticas. O período também viu o surgimento de todo o tipo de artesãos, que, por exemplo, produziram instrumentos científicos de vidro e que foram capazes de produzir álcool 60° por destilação (White Jr., 1985; 1962).

Outro destaque desse período foi o avanço na educação. Até o início do século XII, a atividade de ensino estava entregue às escolas de catedrais

FILOSOFIA DA CIÊNCIA

e mosteiros, voltadas à formação dos homens da Igreja e de um pequeno número de membros da elite. O ensino dos ofícios era de responsabilidade das corporações de ofícios (guildas). O aprendiz ligava-se a um mestre, registrado na guilda correspondente, que ensinava o seu ofício em sua própria oficina. O aprendiz retribuía o aprendizado trabalhando para o mestre, que, no final do aprendizado, o registrava na guilda. Havia guildas de tecelões, pedreiros, carpinteiros, cuteleiros, padeiros, ferreiros, joalheiros etc. O crescimento das cidades e o incremento no comércio levaram a uma expansão do governo e das instituições jurídicas, criando a necessidade de pessoas com alguma escolaridade para a gestão dos negócios privados e públicos. As escolas de ensino fundamental que já existiam nas catedrais e nos mosteiros foram ampliadas, e surgiram escolas públicas e privadas. O ensino nessas escolas consistia em aprendizado de leitura, memorização de salmos, gramática latina, aritmética e geometria (Le Goff, 2007; Eco, 2014).

Na segunda metade do século XII, surgiram as universidades – a partir das escolas das catedrais (França), ou das escolas públicas (Itália), ou, ainda, espontaneamente, como uma corporação de alunos e mestres –, financiadas a princípio pelos próprios estudantes e geridas por um reitor, escolhido pelos mestres. Algumas universidades foram fundadas por reis ou até mesmo pelo papa. A supervisão das universidades era feita pelo chanceler que representava o bispo local, que, em geral, era quem autorizava o funcionamento da universidade. O bispo raramente interferia no ensino universitário, mas havia um controle do ensino pelos pares dos mestres, procurando impedir o surgimento de teses consideradas heréticas em relação à doutrina cristã oficial. Nas universidades, além dos mestres, havia auxiliares para o transporte de objetos no interior e para fora da instituição, assim como bibliotecários e copistas, e, na Faculdade de Medicina, também havia barbeiros e farmacêuticos. Nas universidades, era comum que houvesse uma Faculdade de Artes, onde os estudantes, com cerca de 14 anos, iniciavam obrigatoriamente seus estudos e, somente após a conclusão, podiam cursar a Faculdade de Direito, de Medicina ou de Teologia, que era o curso mais prestigiado, embora o mais frequentado fosse o de Direito. A Medicina ensinada era mais livresca e teórica do que prática e experimental. A duração desses cursos variava entre 5 e 7 anos. Todo o ensino era ministrado em latim, língua de conhecimento geral dos alfabetizados, o que facilitava o deslocamento de estudantes e mestres entre as universidades (Cantor, 1993; Le Goff, 2007; Eco, 2014).

O que se entendia na época por artes eram habilidades dirigidas para a execução de uma finalidade prática ou teórica, realizada de forma controlada e racional. A Faculdade de Artes ensinava as sete **artes liberais tradicionais**, ou seja, os corpos de saber considerados dignos de atenção pelos homens livres, em oposição às artes de caráter manual ou artesanal praticadas pelos servos. Havia dois níveis de ensino na Faculdade de Artes. O primeiro era básico, chamado de *trivium*, e consistia em três das artes liberais: gramática, dialética (lógica) e retórica, que tratava da arte de bem argumentar. O adjetivo "trivial", que usamos para nos referirmos a algo básico, simples, origina-se de *trivium*. O segundo nível era o *quadrivium*, com as artes liberais da aritmética, da geometria, da astronomia e da música. A música ensinada era teórica e relacionada às harmonias e a outros temas semelhantes, e não consistia em execução musical. Após o término do *quadrivium*, o estudante recebia o título de bacharel, mas, para ter licença para ensinar, ainda precisava cumprir dois anos de docência obrigatória. Como parte significativa dos estudantes provinha de famílias de pouca renda, eles encontravam dificuldades para se manter e frequentar a universidade; a maioria completava apenas a Faculdade de Artes. Para atenuar essa situação, alguns benfeitores fundaram ou subvencionaram casas para moradia e alimentação gratuita destinadas a estudantes pobres. Essas moradias eram os chamados colégios, como o Colégio de Sorbon, origem do nome Sorbonne, para estudantes de Teologia, e o Colégio Merton, para estudantes de Matemática em Oxford (Cantor, 1993; Le Goff, 2007).

O ensino fornecido pela universidade consistia em aulas, na forma de leituras e debates de certos livros. Nas aulas, o mestre fazia leituras em voz alta de obras que ele selecionava – de Aristóteles, da Bíblia ou de código de leis. Ao fim da leitura, o mestre desenvolvia comentários, que consistiam em interpretações ou sínteses dos textos. Essa atividade dos mestres está presente no nome que era dado ao professor universitário em português arcaico ("lente", aquele que lê) e naquele ainda usado em inglês (*reader*, o

FILOSOFIA DA CIÊNCIA

leitor). Os debates eram uma forma de o mestre aprofundar de modo livre algum tema que não era tratado nos comentários da aula. Para o debate, o mestre escolhia um tema, e presidia o debate entre dois de seus estudantes em um dia e, em outro dia, avaliava os argumentos apresentados e propunha uma solução. Em algumas ocasiões, o tema era escolhido pelo público para que o mestre discutisse (Eco, 2014).

Os livros em rolos de papiro foram substituídos no século II por livros formados por cadernos costurados. No século XII, foram introduzidas melhorias no sistema de pontuação, separação do texto em capítulos e a introdução de índices alfabéticos de assuntos, melhorias que facilitaram a leitura. Contudo, os livros continuavam a ser copiados à mão em pergaminhos (telas feitas de pelo de carneiro ou de vitela) e, por isso, eram muito caros, exigindo que três ou quatro estudantes se cotizassem para comprá-los. Os livros só se tornaram mais baratos a partir do século XV, com a invenção da imprensa e do papel, que custava 13 vezes menos que o pergaminho (Le Goff, 2007). As obras selecionadas eram os escritos de autores considerados pilares de cada disciplina, acrescidas de outros escritos de comentadores que facilitavam a compreensão dos textos. Assim, os livros usados no ensino das artes eram principalmente os de Aristóteles, os quais eram introduzidos conforme ficavam disponíveis em latim – muitas vezes graças à atividade de tradução dos próprios mestres. Os livros de Direito se referiam tanto ao direito canônico (relativo aos assuntos da Igreja e de seus membros) como ao direito civil. Os de Medicina incluíam sobretudo os dos gregos Hipócrates (459/460 a.C.-375/351 a.C.) e Galeno (c. 129-201) e os dos árabes Avicena (980-1037) e Averróis (1126-1198). Na Teologia, os livros indicados incluíam a Bíblia e o *Livro das Sentenças*, de Pedro Lombardo (1096-1160), além de outros comentaristas contemporâneos (Eco, 2014).

Os exames feitos pelos alunos eram sempre orais e difíceis. Exigiam memorização de textos e capacidade de comentá-los – o que estava de acordo com a formação pretendida, isto é, a de adquirir habilidade para debater, afirmar e defender uma causa e emitir juízos. Os graus outorgados pela universidade eram para lecionar, mas a maioria usava os títulos como prova de qualificações para o serviço na Igreja ou no Estado (Le Goff,

2007). Devido às realizações descritas, que ocorreram principalmente no século XII, é comum chamar o período de "Renascença do Século XII" (Gies e Gies, 1995). A rigor, trata-se de uma renascença dos estudos clássicos da Antiguidade, pois a parte mais original da sociedade da época eram as cidades, com oficinas de artesãos, grande número de comerciantes e de beneficiários de educação.

O século XIV foi um período de relativa estagnação, resultante de mudanças no regime de chuvas e de certo esgotamento de áreas de plantio, os quais ocasionaram quebra na produção agrícola e provocaram fomes intensas entre 1315 e 1317. Contudo, o que mais afetou a civilização europeia do século XIV foi a peste (1347-1350), que reduziu a população em 30% a 40%. No começo do século XV, porém, a expansão demográfica e econômica europeia foi retomada.

A despeito do período de crise, após o século XIII e até o fim da Idade Média, as inovações existentes tiveram seu uso ampliado e outras inovações continuaram a surgir. A energia hidráulica das rodas-d'água passou a ser utilizada também para movimentar foles. Os foles insuflavam ar em fornos, transformando-os em altos-fornos capazes de fundir ferro na presença de carvão e impulsionando a manufatura de objetos de ferro, inclusive de máquinas agrícolas. Antes da invenção dos altos-fornos, o ferro era moldado a quente com um martelo, cujo movimento podia ser mantido por uma roda-d'água conectada a biela e manivela. Os novos desenhos de navios e instrumentos de navegação – como o **astrolábio**, usado para medir a altura das estrelas em relação ao horizonte, que, por sua vez, logo foi substituído pelo quadrante – facilitaram a navegação e, portanto, o comércio. A construção do Palácio dos Papas em Avignon, edificação gótica com metade da área do maior palácio da Renascença, o Palácio Pitti, mostrou os avanços arquitetônicos do século XIV, antecipando em amplitude e riqueza os palácios da Renascença. Finalmente, a invenção da imprensa em 1445 culminou com uma série de grandes inovações da Idade Média.

A Idade Média criou, pela primeira vez na história, uma civilização complexa apoiada principalmente em energia não humana, que substituiu o trabalho escravo. Além disso, havia um grande número de pessoas livres

FILOSOFIA DA CIÊNCIA

e educadas nas cidades (White Jr., 1985; 1962). Essa mudança forneceu as bases materiais e culturais para a revolução científica.

No entanto, a atitude intelectual vigente no fim da Idade Média era avessa ao progresso. A noção de "descobrir", no sentido de mostrar a existência de algo que ninguém nunca soube antes, só se estabeleceu após a chegada de Cristóvão Colombo (1451-1506) à América em 1492. Esse evento foi amplamente divulgado na época, e revelou-se a existência de animais, plantas e seres humanos dos quais ninguém nunca havia suspeitado. Antes disso, a história era considerada cíclica e a tradição era tida como guia confiável de como seria o futuro, pois se supunha que todos os avanços da civilização teriam ocorrido no passado, na Grécia Antiga e na Roma Clássica. Devido a isso, o principal objetivo dos intelectuais da Renascença não era o de formar novos conhecimentos, mas o de recuperar a cultura perdida do passado. Também é importante ressaltar que a experiência era vista como uma forma de alguém ensinar outras pessoas o que elas já sabiam, e não de ensinar o que as pessoas não sabiam. Assim, a experiência não era vista como um caminho para a descoberta, mas para o ensino. A mudança no significado de descobrir e de experiência levou a uma transformação de como as pessoas viam o mundo, levando às ideias de progresso e de inovação. Com isso, juntamente à descoberta da lógica, do avanço tecnológico, da educação e dos meios de dispersão e armazenamento das informações, as precondições para a revolução científica estavam estabelecidas (Wootton, 2015).

Da criação das universidades à revolução científica, o conhecimento permaneceu como monopólio das universidades, pois os únicos registros permanentes do saber eram os manuscritos. Os manuscritos continham temas de interesses acadêmicos e teológicos, eram caros e produzidos em pequena escala. Como vimos, à época, o conhecimento era um misto de teologia cristã com Filosofia aristotélica. Como foi desenvolvida e defendida nas "escolas" (as universidades), essa combinação é frequentemente chamada de Escolástica. Contudo, devemos recordar que essas primeiras universidades tiveram, por exemplo, um papel decisivo na guarda e na tradução de textos de geometria, os quais, como veremos adiante, serão importantes no desenvolvimento da ciência tal como entendemos hoje. Além disso, essas instituições abrigaram e ofereceram condições de trabalho a várias personalidades que foram importantes na revolução científica (Cantor, 1993).

Após 1500, surgiram as primeiras editoras que, fazendo uso da invenção da imprensa, produziam livros em uma escala maior que a dos manuscritos e que, além disso, interessavam a audiências maiores. Ao mesmo tempo, houve um aumento na alfabetização, acompanhando os movimentos protestantes que incentivavam a leitura e a divulgação da Bíblia e, por parte do catolicismo, a publicação de textos que ensejavam reação à nova teologia. Finalmente, as **sociedades científicas** começaram a surgir no século XVII (em Roma, em 1603; em Londres, em 1662; em Paris, em 1666, dentre outras). Essas sociedades tinham por objetivo organizar o novo tipo de pesquisa que começou a surgir após a revolução científica e divulgá-la, quebrando o monopólio institucional, em geral conservador, das universidades (Terra e Terra, 2016).

1.3.
ORIGEM E DESENVOLVIMENTO INICIAL DA CIÊNCIA

1.3.1.
A revolução científica

A Idade Média Tardia (século XV) tornou disponível em latim um vasto corpo de conhecimentos recolhidos da Antiguidade e da cultura desenvolvida pelos árabes. Esse conhecimento incluía uma parte que foi posteriormente comprovada com a aplicação de métodos rigorosos de validação e outra parte que foi rejeitada. O estudo dos astros e de seus movimentos iniciou-se na Antiguidade, devido à crença de que influenciariam os seres humanos, e, na Idade Média, esse estudo foi ampliado para ser utilizado na navegação. Em virtude do interesse pelos astros, não é inesperado que a revolução

FILOSOFIA DA CIÊNCIA

científica – que iniciou a substituição da representação da realidade relativa à natureza e a nós mesmos fornecida pelas escolas da época por uma representação agora científica – tivesse início com observações astronômicas.

De acordo com a cosmologia ptolomaico-aristotélica até então vigente, a Terra ocupava o centro do universo (sistema geocêntrico). Os céus consistiriam em uma esfera imutável de estrelas fixas, os chamados corpos supralunares (isto é, além da Lua). Esses corpos incluiriam os planetas (designação que, à época, compreendia a Lua e o Sol, além de Mercúrio, Vênus, Marte, Júpiter e Saturno) e os cometas.

Em 1543, o astrônomo polonês Nicolau Copérnico (1473-1543) publicou um livro em que propunha uma nova cosmologia. No sistema copernicano, o Sol ocupava o centro do universo (sistema heliocêntrico), com a Terra girando em torno de si mesma e ao redor do Sol, juntamente a todos os astros. Apesar de ser uma ruptura em relação à visão corrente, daí ser chamada de revolução copernicana, a concepção de Copérnico foi considerada, por mais de um século, apenas como um recurso para tornar mais fáceis os cálculos relativos aos movimentos dos astros. Contribuiu para esse entendimento o fato de Copérnico não ter oferecido nenhuma prova a favor de seu sistema. Somente após o início da revolução científica, o sistema heliocêntrico começou a ser visto como uma real contestação do sistema geocêntrico (Wootton, 2015).

A ciência moderna (a tradição que existe até os nossos dias) teve início com a **revolução científica**, cujo marco se situa entre 1572, com a descoberta de uma nova estrela pelo astrônomo dinamarquês Tycho Brahe (1546-1601), e 1704, com a publicação da *Óptica* (*Opticks*) pelo físico inglês Isaac Newton (1643-1727), obra em que Newton demonstrou que a luz branca pode ser decomposta nas cores do arco-íris com o auxílio de um prisma (Wootton, 2015).

ASPECTOS HISTÓRICOS DA CIÊNCIA E DA FILOSOFIA DA CIÊNCIA

Determinação de distâncias pelo cálculo de paralaxes

Em 1531, Johannes Müller, matemático e astrônomo alemão conhecido como Regiomontanus (forma latina do nome de sua cidade de origem, Königsberg), publicou um método para calcular distâncias celestes. O método consistia em cálculos geométricos que se baseavam na medida da paralaxe. Paralaxe é o nome dado ao deslocamento aparente de um objeto contra um fundo distante, quando visto de posições diferentes. Para ter uma ideia de como isso ocorre, posicione um de seus polegares perto do rosto e observe a posição do dedo em relação ao fundo com um dos olhos abertos e, depois, com o outro. Você verá que, aparentemente, seu dedo se desloca em relação ao fundo. Repita agora o mesmo processo com o braço esticado. O deslocamento aparente do polegar em relação ao fundo será agora menor do que o observado antes, o que mostra que, quanto menor a paralaxe, mais longe se estará do objeto. O método de Regiomontanus baseava-se em duas observações feitas a partir do mesmo lugar em horários diferentes, em vez de fazer observações a partir de lugares diferentes ao mesmo tempo, como faziam os gregos. Esse método tinha como premissa a crença de que os céus giravam em torno da Terra; no entanto, para calcular as distâncias celestes, o resultado é o mesmo se a Terra girar, enquanto os corpos celestes ficam fixos, como se pensa hoje. A solução de Regiomontanus é brilhante porque, devido às distâncias celestes, a medida da paralaxe em um mesmo tempo teria que ser feita de lugares muito distantes um do outro, algo impraticável à época.

Por meses, a nova estrela observada por Brahe foi o corpo celeste mais brilhante depois do Sol e da Lua. Brahe empregou o método de Regiomontanus para calcular a paralaxe da nova estrela e o resultado foi zero. Com esse resultado, era possível concluir que ela estaria muito longe, junto às estrelas fixas e, portanto, não deveria ter aparecido, já que segundo a cosmologia vigente, a região das estrelas fixas seria imutável. Pouco depois, Brahe também calculou a paralaxe do cometa de 1572 e mostrou que também se tratava de um corpo supralunar, pois se situava muito além da Lua. Isso colocava em xeque toda a crença nas esferas celestes de Aristóteles. A publicação dos trabalhos de Brahe incentivou a criação de uma comunidade de astrônomos que passou a trabalhar em problemas e com métodos comuns, alcançando resultados concordantes (Wootton, 2015). Para termos ciência no sentido moderno que empregamos hoje – distinto, pois, das chamadas ciências da Antiguidade e da Idade Média –, é preciso que haja um **programa de pesquisa** desenvolvido ao longo do tempo e uma comunidade de especialistas capazes de questionar, se necessário, certezas longamente estabelecidas sobre o tema (Wootton, 2015). Nesse sentido, a ciência começa com a descoberta de Brahe, como vimos, e amadurece com o desenvolvimento de métodos experimentais, que discutiremos a seguir.

Além de Brahe, embora outras personalidades como Francis Bacon (1561-1636) e René Descartes (1596-1650) estivessem envolvidas na revolução científica, o papel decisivo no avanço do processo foi devido a Galileu Galilei (1564-1642), particularmente por seus estudos entre os anos 1589 e 1610. As contribuições de Galileu para o desenvolvimento da ciência moderna jazem em parte em suas descobertas obtidas através do método experimental, que foi por ele desenvolvido (ainda que não tenha sido por ele nomeado), e em parte em suas opiniões sobre a Física e a Astronomia. Sua contribuição decisiva, porém, deve-se sobretudo à rejeição da tutela da ciência pela Filosofia e pela Teologia de sua época (Drake, 1980; Agazzi, 2001).

Até a época de Galileu, predominava a visão aristotélica, segundo a qual há uma distinção profunda entre o conhecimento técnico (*technê*) e o científico (*epistêmê*). Na matriz aristotélica, que perdurou até o medievo, a fonte do conhecimento técnico seria a experiência prática, e o objetivo desse conhecimento seria a orientação das ações futuras. Ainda nessa matriz, a fonte do conhecimento científico seria a razão, e o objetivo seria a compreensão das coisas através de suas causas, isto é, de suas essências. A revolução científica em larga medida desfez essa distinção ao fundir o conhecimento trazido pela experiência prática com o obtido pela razão e ao aceitar a capacidade de prever (ou orientar) ações futuras, em lugar de tentar compreender as essências das coisas. Assim, a nova ciência em formação unia experiência prática e razão. Essa ciência difere do conhecimento técnico anterior por, pela primeira vez, organizá-lo de forma sistemática.

A ciência passa a ser vista como um conjunto organizado de conclusões, mas, além disso, também como um método que permanece aberto e sujeito a críticas e reformulações, em contraste com o conhecimento científico aristotélico e o tradicional, que busca aquilo que é imutável. Nas palavras de Galilei (2011: 134): "Essa presunção tão fútil de entender tudo não se pode originar de outra coisa que de nunca ter entendido nada".

Galileu também desenvolveu o que chamamos de **técnica da simplificação**, isto é, o isolamento dos aspectos essenciais de um problema para tirar daí suas conclusões. Assim, por exemplo, para estudar o movimento uniforme de uma carroça que parece precisar de uma força (impulso) constante, ele optou por estudar esferas rolando em um plano inclinado. Com esse experimento, Galileu pôde observar que, na descida, havia uma aceleração e, na subida, uma diminuição da velocidade, um retardamento. A aceleração constante é mais bem detectada quanto menor for o atrito entre a esfera e o plano inclinado; e a diminuição do atrito podia ser conseguida pela lubrificação do plano. Assim, Galileu também mostrou que o atrito funciona como uma força contrária ao movimento. Em outro experimento, ele colocou dois planos inclinados, um em frente ao outro. Uma bola que descesse rolando por um deles subia no outro plano até alcançar certa altura. O atrito impedia a bola de atingir a altura equivalente à sua partida no outro plano inclinado. Se a inclinação do aclive fosse diminuída, a esfera rolava uma extensão maior até alcançar a mesma altura do experimento anterior. Por fim, se o segundo plano inclinado fosse retirado, a esfera rolaria eternamente, desde que na ausência de atrito. Este último experimento foi, na verdade, um experimento mental. A combinação de raciocínios baseados em experimentos e raciocínios com **objetos ideais** (no exemplo, corpos sem atrito) é outra característica do método científico desenvolvido por Galileu.

As conclusões dos experimentos descritos levaram à formulação do que posteriormente foi denominado lei da inércia, segundo a qual caso nenhuma força (impulso) seja aplicada a um corpo, esse corpo permanece em repouso, ou, se estiver em movimento, continuará em linha reta e em velocidade constante, desde que o atrito seja zero. Assim, uma carroça, por exemplo, exige força constante para manter uma velocidade uniforme

FILOSOFIA DA CIÊNCIA

devido ao atrito que corresponde à força contrária ao movimento – é por isso que, para diminuir o atrito, se usa lubrificar os eixos das rodas das carroças e pavimentar as estradas. Em comparação com o conhecimento anterior à revolução científica, que não acarretava a possibilidade de servir de base para orientar alguma atividade, e em vista desse tipo de aplicação do conhecimento científico, a ciência moderna é por alguns chamada de *ciência útil* (Drake, 1980).

Outra observação importante de Galileu foi que as regularidades observadas também poderiam ser representadas matematicamente. Por exemplo, ao estudar a descida de esferas em um plano inclinado, ele notou que elas sofriam uma aceleração, isto é, sua velocidade aumentava em determinada taxa por segundo. Tal fenômeno foi descrito por Newton na equação: $v=a.t$, onde v é a velocidade medida em cm por segundo, a é aceleração causada pela gravidade, cujo valor encontrado foi 9,8 m por s^2 (o que significa que a velocidade crescia 9,8 cm por segundo a cada segundo) e t é o tempo em segundos. Essa equação só é válida para objetos ideais (no caso, sem atrito). Na situação real, a equação tem que sofrer adições para dar conta do atrito. As adições são termos matemáticos que representam atrito com o solo, resistência a ventos, dentre outros fatores, e que corrigem a equação para representar a situação real. Galileu concluiu que o atrito era uma das causas das diferenças observadas, mas não desenvolveu nenhuma equação para situações reais. Ele não dispunha de instrumentos para desenvolver os termos corretivos (cronômetros, por exemplo).

A mesma equação do plano inclinado também permitiu a Galileu prever que corpos em queda livre idealmente cairiam com a mesma velocidade, pois uma queda livre seria equivalente à descida em plano inclinado a 90°. Contudo, a existência de atrito justifica o fato de corpos de tamanhos e formas diferentes caírem com velocidade diferente. Essas regularidades passíveis de serem expressas matematicamente foram chamadas de **leis naturais**. A regularidade que acabamos de discutir é conhecida como *lei da queda livre dos corpos*.

Com base nesses procedimentos, Galileu concluiu que só deveriam ser objeto da Física os aspectos das substâncias naturais que fossem suscetíveis à análise matemática. Ele resumiu suas ideias com clareza em *O*

40

ASPECTOS HISTÓRICOS DA CIÊNCIA E DA FILOSOFIA DA CIÊNCIA

ensaiador (*Il Saggiatore*), de 1623, no qual encontramos a famosa asserção de que o "grande livro [...] do universo [...] está escrito em linguagem matemática" (Galilei, 1978: 119). Embora seja possível dizer que matemática é a linguagem dos cientistas, em especial das ciências exatas, ela não é ciência, mas um sistema formal que é usado pela ciência.

A declaração de Galileu teve também o objetivo de fazer com que somente os cientistas fossem reconhecidos como capazes de ler o "livro da natureza", uma vez que estaria escrito em linguagem matemática. Assim, tal como os teólogos da Igreja interpretariam a Bíblia conforme as leis de Deus, os cientistas interpretariam a natureza conforme as leis naturais (Drake, 1980). Fica evidente aí não apenas a introdução da Matemática no estudo da Física, mas também a compreensão de que a natureza seria regida por **leis universais** (ou **leis naturais**) em paralelo com o outro livro, a Bíblia, que contém as leis divinas.

Com base em suas conclusões sobre o movimento de corpos sob o efeito do que – a partir de Newton – chamamos de gravidade, Galileu imaginou e construiu o chamado compasso geométrico e militar. Dentre outras coisas, esse instrumento auxiliava no cálculo da inclinação dos canhões e da quantidade de pólvora a ser usada no disparo. Galileu fez ainda outras aplicações da Física para resolver problemas, contribuindo para o que hoje chamamos de engenharia. Ainda assim, os instrumentos de Galileu não eram muito precisos, pois ele desconhecia a resistência do ar a projéteis em alta velocidade, como os lançados por canhões. A resistência do ar não pode ser prevista a partir do atrito observado em corpos em baixa velocidade, pois se trata do que denominaríamos hoje de propriedade emergente. O fenômeno da emergência será tratado com mais detalhes adiante (ver seção 5.1). Não obstante, os esforços de Galileu e de outros que o sucederam lançaram as bases para os testes sistemáticos de equipamentos em desenvolvimento e, portanto, da tecnologia com base científica (Wootton, 2015).

Mais adiante, o físico e matemático inglês Sir Isaac Newton (1642-1727) formulou equações correspondentes às descobertas de Galileu e muitas outras em uma teoria abrangente, publicada em 1687 sob o título de *Princípios matemáticos da Filosofia da natureza* (*Philosophiae Naturalis*

FILOSOFIA DA CIÊNCIA

Principia Mathematica), seguida, em 1704, pelo já mencionado *Óptica*. Newton também mostrou que a lei da inércia e a lei da queda dos corpos, descobertas por Galileu ao estudar os corpos terrestres, também valiam para os corpos celestes. Isso levou Newton a afirmar que as leis que regem os corpos celestes e terrestres eram as mesmas, defendendo, assim, a concepção de que as leis naturais são universais. Mais recentemente, essas leis passaram a ser denominadas **leis científicas**. Já a ciência reunida por Newton ficou conhecida como **física newtoniana** e corresponde ao que hoje chamamos de mecânica e parte da óptica. A mecânica é a parte da Física que estuda os movimentos dos corpos e das forças que atuam sobre eles. A mecânica newtoniana só serve para corpos da escala humana ou maior e que se movimentam a velocidades pequenas em relação à velocidade da luz.

A partir daí, a maioria dos cientistas da natureza passou a considerar a ciência como o estudo dos aspectos observáveis, os "acidentes" – como Galileu chamava, ainda acompanhando uma certa terminologia de matriz aristotélica. Desse modo, a ciência não mais consistia no estudo da essência das coisas. A articulação dos aspectos observáveis em conjuntos temáticos levou a uma proliferação das ciências, caracterizadas não só pelos objetos de estudo, como também pelas metodologias (testes experimentais, instrumentos de observação etc.) (Agazzi, 2001).

A estrutura das explicações newtonianas pode ser apreciada a partir da análise da *lei da queda livre dos corpos*. Essa lei é, ao mesmo tempo, determinista (gera resultados exatos) e reversível no tempo. Se conhecermos as condições iniciais de um corpo submetido a essa lei, ou seja, o estado desse corpo num instante qualquer, podemos calcular todos os estados seguintes, bem como todos os estados precedentes. Aqui, o passado e o futuro desempenham o mesmo papel, pois a lei é invariante em relação à inversão do tempo. No século XX, a física newtoniana (mecânica e parte da óptica) foi substituída pela mecânica quântica e pela relatividade, embora possa ser considerada um caso particular de ambas no que diz respeito a corpos de massa e tamanho na escala humana e, nessas circunstâncias, ainda seja usada. Os traços fundamentais da física newtoniana, isto é, seu determinismo e sua simetria temporal, persistiram na Física que se desenvolveu ao longo dos séculos XVIII e XIX a respeito da luz, do calor, da eletricidade e do magnetismo. O conjunto da Física representado pelos trabalhos de Newton (mecânica e parte da óptica) e pela temática desenvolvida até o século XIX é chamado de **Física clássica**, que é caracterizada por determinismo e reversibilidade.

O conjunto de princípios precisos da física newtoniana, conservado no restante da Física clássica, inspirou o chamado **determinismo laplaciano**, proposto pelo matemático e astrônomo francês Pierre-Simon Laplace (1749-1827).

Laplace (2010) descreveu esse determinismo nos seguintes termos:

> [...] devemos considerar o estado atual do universo como o efeito de seu estado anterior e a causa do estado que se seguirá. Uma inteligência que, em um instante determinado, conhecesse todas as forças que põem em movimento a natureza, e todas as posições de todos os objetos dos quais a natureza é composta, se esta inteligência fosse ampla o suficiente para submeter esses dados à análise, ela englobaria em uma única fórmula os movimentos dos maiores corpos do universo e dos menores átomos; para tal inteligência nada seria incerto e o próprio futuro, assim como o passado, estaria presente a seus olhos (tradução dos autores).

O determinismo laplaciano tem, assim, duas características: a capacidade de previsibilidade absoluta e a reversibilidade total dos eventos físicos, isto é, não há uma **seta do tempo** que indica um único sentido para as ocorrências e que nos faz entendê-las como irreversíveis. Parte importante da ciência se desenvolveu segundo esses postulados laplacianos.

1.3.2.
A expansão do método experimental e dos conceitos científicos

Vejamos agora aplicações do método experimental introduzido por Galileu e, ao mesmo tempo, vários dos conceitos que nos serão úteis ao longo do livro. Iniciaremos nossa exposição analisando os fenômenos associados ao comportamento dos gases.

FILOSOFIA DA CIÊNCIA

Quando calibramos os pneus de um carro, insuflamos ar em cada pneu até que se atinja a pressão desejada. Para evitar que os pneus estejam quentes e, com isso, a pressão seja aumentada, a calibração deve ser feita sempre pela manhã, antes que o pneu rode muito. Essa precaução evita que as calibrações difiram entre dias diferentes. As observações relacionadas às pressões dos gases iniciaram-se no século XVII, e seu entendimento levou em conta duas **leis científicas** – que dizem respeito a relações constantes observadas diretamente da experiência – e um **princípio** – assim chamado porque não é o resultado de experiência direta, mas baseia-se em hipótese sobre como a matéria é constituída. A primeira, a lei de Boyle (Robert Boyle, britânico, 1627-1691), estabelece que, sendo a temperatura constante, caso a pressão sobre um gás dobre, o seu volume será reduzido pela metade. A segunda lei deve-se a Charles (Jacques Charles, francês, 1746-1823) e afirma que se a pressão for constante, o volume de um gás varia com a temperatura. O princípio referido é o de Avogadro (Amedeo Avogadro, 1776-1856), o qual afirma que, na mesma temperatura e pressão, volumes iguais de gases contêm o mesmo número de moléculas.

No século XVIII, as leis de Boyle e de Charles e o princípio de Avogadro foram combinados na equação $PV=nRT$, que prevê fenômenos relacionados aos gases, como os subjacentes aos descritos em relação aos pneus do carro. Na equação, P é pressão, V é volume, n relaciona-se à quantidade de ar (inferida levando em conta o princípio de Avogadro) e T é a temperatura; R é uma constante de proporcionalidade empírica (um número multiplicador), a qual permite escrever a igualdade $PV=nRT$. Essa constante é a mesma para qualquer tipo de gás e, por isso, é chamada de constante universal dos gases. Assim, se o volume do pneu (V) é constante e se a temperatura (T) é constante, caso haja introdução de ar (se n aumentar), necessariamente PV aumenta. Como V é constante, P aumenta – como pode ser verificado no medidor de pressão do posto. Se a temperatura do pneu aumentar (caso o pneu tenha rodado muito), T aumenta e, logo, nRT também aumenta, o que resulta em aumento da pressão P, já que V é constante.

Note-se que a equação $PV=nRT$ permite prever o que vai acontecer em relação ao ar nos pneus do carro, mas não explica por que as coisas ocorrem como previsto. A explicação surgiu apenas no século XIX com a teoria cinética dos gases. Essa teoria afirma que as moléculas de um gás se movimentam de maneira aleatória, chocando-se de forma elástica (como bolas de bilhar) e com velocidades médias que dependem da temperatura. Desse modo, em ambiente fechado, ao aumentar o número de moléculas de gás (insuflar ar no pneu), cresce o número de choques entre as moléculas, assim como entre as moléculas e as paredes do pneu. Esse aumento no número de choques se traduz em aumento de pressão. Uma elevação de temperatura leva a aumento da velocidade média das moléculas, com consequente crescimento dos choques com a parede do recipiente, e, em decorrência, ao aumento de pressão. Além dos fenômenos relacionados à calibragem dos pneus, essa teoria explica outros fenômenos, tais como a movimentação aleatória de partículas pequenas em suspensão na água (movimento browniano), as mudanças de velocidade de reações químicas com a temperatura etc.

A teoria cinética dos gases é chamada de **teoria** porque reúne de forma coerente um conjunto de leis que são traduzíveis em equações, formando um sistema explicativo que permite deduzir outras equações, inclusive a equação $PV=nRT$. Essa equação é aplicável aos gases em pressões similares à atmosférica, mas não prevê corretamente os resultados para temperaturas muito altas ou muito baixas.

A equação dos gases pode ser modificada pela adição de termos que a corrigem de forma a adequá-la para condições com pressões maiores e temperaturas mais baixas. A necessidade de correções na equação significa que a teoria cinética dos gases faz uso de alguma simplificação, como as teorias de Galileu, que, como já observado, não incorporavam o atrito no estudo dos movimentos. Em resumo, em sua primeira formulação, a teoria cinética dos gases tratava de situações ideais, de gases ideais.

A simplificação que foi introduzida no desenvolvimento da teoria dos gases consiste em ignorar a possibilidade de que as moléculas de gás se atraíssem, ainda que de maneira fraca. Como vimos, a teoria assumia que os choques entre as moléculas eram elásticos como as bolas de bilhar, que não se atraem. A possibilidade de que as moléculas se atraíssem já era sugerida pelo fato de que os gases se liquefazem quando a temperatura é diminuída. Se as moléculas de gás não se atraíssem, como seria possível que se juntassem em um líquido, ou mesmo em sólidos, quando, acompanhando a baixa na temperatura, o choque entre elas diminuísse de intensidade?

Teorias cinéticas dos gases, como a de Van der Waals (Johannes van der Waals, holandês, 1837-1923, Nobel em 1910), foram posteriormente formuladas. Nessas teorias já se admitiam atrações fracas entre as moléculas de gás, e os resultados se aproximavam mais dos obtidos com gases reais (Atkins e De Paula, 2003).

As explicações das teorias cinéticas dos gases são chamadas de explicações mecanísticas. **Explicações mecanísticas** (Glennan, 1996; Machamer, Darden e Craver, 2000; Bechtel, 2011) têm esse nome porque descrevem um mecanismo, isto é, um conjunto de entidades (no exemplo, moléculas de gás e recipiente) e atividades (movimentação das moléculas de gás a depender da temperatura), que explicam um resultado (no caso, as variações na pressão do gás por aumento na quantidade de gás ou aumento de temperatura). As explicações mecanísticas nesse caso são chamadas de **explicações mecanísticas quantitativas**, porque geram predições rigorosas apuradas pela equação referida.

Note-se que a explicação analisada consiste em descrever como eventos macroscópicos (aqueles que nos são diretamente acessíveis) resultam de eventos microscópicos – no caso dos fenômenos com gases, a explicação descreveria como pressão, volume e temperatura (eventos macroscópicos) resultam das moléculas e de seus movimentos dependentes de temperatura (eventos microscópicos). De forma geral, as explicações em um nível de análise são dadas em termos de eventos e componentes de um nível inferior. Isso também valeria para outros eventos que não os físicos. Por exemplo, as explicações referentes ao funcionamento de um ser vivo são dadas em termos de seus órgãos, as dos órgãos em termos de células, as das células em termos de organelas (estruturas internas das células), e, em escala descendente, módulos moleculares (arranjos definidos de moléculas) e moléculas. Em outro sentido, uma sociedade é analisada em termos de seus diferentes níveis hierárquicos, como Estados, comunidades, grupos de interesse de diferentes níveis, famílias etc. Esse procedimento é o que se denomina **reducionismo explicativo**. No entanto, embora as explicações de um nível sejam dadas em termos do nível subjacente, isso não significa que, uma vez conhecidas as propriedades dos elementos de um nível inferior, seja possível derivar as propriedades do nível superior, como afirmam os defensores do **reducionismo filosófico** (Nagel, 1961). A razão disso é que o sistema condiciona o tipo de inter-relações entre seus elementos. Assim, se conhecemos apenas as propriedades dos elementos não podemos derivar as propriedades do sistema. É necessário conhecer também todas as interações possíveis. Esse fenômeno é o que se chama de **emergência** (Bedan e Humphreys, 2008).

O **reducionismo explicativo** e as **explicações mecanísticas** referem-se apenas ao funcionamento de um sistema (uma célula ou uma sociedade, por exemplo), isto é, como um determinado sistema se mantém na presença de variações internas e externas. A parte histórica de um sistema, que corresponde à sua origem e à transformação no tempo, é descrita por **explicações históricas**. Explicações históricas são registros (**narrativas**) que procuram mostrar como um dado objeto de estudo tem certas características, ao descrever como esse objeto se originou de outro anterior. Por exemplo, a explicação da origem da asa do morcego como derivada da mão de vertebrado ancestral, que teve os dedos alongados e ligados entre si por uma membrana.

No exemplo citado, a predição quantitativa possibilitada pela equação $PV=nRT$ é anterior ao desenvolvimento da teoria cinética dos gases; nesse caso, a capacidade de prever é anterior à capacidade de explicar. Embora haja outros casos de predição sem explicação na ciência, o mais comum é os cientistas desenvolverem suposições na forma de explicações mecanísticas e procurarem validá-las, ora pelo uso de critérios razoáveis para a aceitação da explicação, ora pelo desenvolvimento de equações matemáticas que produzam predições quantitativas.

É comum imaginar que toda a ciência seja feita como foi descrito até aqui. Nesse caso, a ciência é entendida como uma busca por leis científicas (anteriormente chamadas de leis da natureza ou universais) que descrevem regularidades universais (como as leis dos gases em nosso exemplo), bem como pelo uso dessas leis na elaboração de explicações de eventos. Essas

FILOSOFIA DA CIÊNCIA

explicações devem incluir a possibilidade da previsão absoluta dos eventos. A falha nessa previsão absoluta é motivo para a rejeição da explicação e estímulo à busca de novas explicações. Nessa visão usual da ciência, a Física é a ciência mais desenvolvida e é o modelo para as demais. A incapacidade das demais ciências de apresentarem uma rede de explicações com previsibilidade absoluta seria o atestado de seu desenvolvimento incompleto. Desse modo, há a expectativa de que todas as explicações provenientes das ciências distintas da Física, ao final de seu pleno desenvolvimento, poderiam, por um processo gradual, ser referidas à Física. As explicações sociológicas se reduziriam às cognitivas, estas às biológicas, que se reduziriam às químicas, e, finalmente, as explicações químicas seriam descritas em termos físicos.

Essa maneira de entender a ciência, no entanto, não condiz com a realidade. Em primeiro lugar, porque as ciências não podem ser reduzidas a outras mais básicas devido ao mencionado fenômeno da emergência e à rejeição do reducionismo filosófico (ver seções 5.1 e 6.1). Em segundo lugar, os objetos da ciência podem apresentar aspectos não suscetíveis nem mesmo ao **reducionismo explicativo**. Um exemplo claro desse tipo de situação é a explicação de que muitos predadores urinam em torno de seus abrigos como forma de alertar sua presença a possíveis intrusos. Essa explicação não é passível de redução, pois a descrição dos processos fisiológicos e moleculares subjacentes ao fenômeno observado não responde à questão do porquê do comportamento do predador (ver seção 5.1 e capítulo 10). A terceira razão da inadequação dessa visão popular da ciência resulta do fato de que os fenômenos físicos não são necessariamente previsíveis de forma absoluta, como exemplificado pelos fenômenos **irreversíveis** (aqueles que ocorrem em apenas um sentido) (ver seção 1.4).

O desenvolvimento da ciência para abarcar os fenômenos que ocorrem em apenas um sentido, como a queima de papel e a própria vida, exigiu que o tempo entrasse nas considerações científicas. Como mostramos anteriormente, o determinismo laplaciano assumia que todos os fenômenos eram reversíveis, e a negação desse determinismo, para incluir as considerações relativas ao tempo, só ocorreu ao longo do século XIX – como veremos nas seções 1.4 e 2.1.

48

1.3.3.
A origem da Química

Precisamos agora discutir as transformações da matéria que vão além das mudanças de posição e velocidade estudadas pela Física. O estudo das substâncias e suas transformações é feito pela Química (Levere, 2001).

O francês Antoine-Laurent Lavoisier (1743-1794), ao reunir o que já se sabia sobre as transformações da matéria, incluindo as técnicas de manipulação da matéria introduzidas pela alquimia medieval (filtração, destilação, solubilização etc.), e ao oferecer suas próprias contribuições, deu origem à Química no sentido atual do termo. **Substância** é uma porção de matéria com propriedades características. Uma substância pode ser simples (formada por apenas um tipo de átomo ou elemento) ou composta (formada por diferentes tipos de átomos, também chamados de elementos). Lavoisier conhecia cerca de 30 elementos (Levere, 2001) e contribuiu para estabelecer que as substâncias se combinem em proporções constantes sem perda de massa. Essa permanência da matéria durante as transformações foi resumida pela famosa frase de Lavoisier: "Na natureza nada se cria e nada se perde, tudo se transforma".

Um grande avanço na Química foi feito pelo inglês John Dalton (1766-1844), que concluiu que cada elemento químico era formado por um único tipo de átomo e que, além disso, as reações químicas consistiam na ligação e na separação dos átomos.

A Química dos compostos contendo carbono (**Química Orgânica**) teve como pioneiro e grande contribuidor o alemão Justus von Liebig (1805-1873). Liebig, ao sintetizar vários compostos com carbono, rejeitou o ponto de vista segundo o qual a Química Orgânica era a química das substâncias que são formadas sob a influência da "força vital", e, portanto, que não poderiam ser investigadas pelas técnicas da Química. Ele também mostrou que a Química Orgânica é em larga medida a química dos grupos funcionais, que são arranjos definidos de átomos ligados a uma cadeia relativamente inerte de carbonos unidos entre si e com átomos de hidrogênio. Liebig foi ainda o primeiro a estabelecer um laboratório de ensino e pesquisa, onde treinou estudantes de inúmeras nacionalidades que executavam projetos sob a sua orientação. Com isso, ele criou o modelo para o doutoramento acadêmico moderno em Química, o que será discutido com mais detalhes na seção 14.4. Liebig, ao descobrir que as plantas necessitavam de nitrogênio do ar e fixavam gás carbônico, foi também o criador da química agrícola, e ressaltou a importância dos adubos químicos para aumentar a produtividade agrícola (Levere, 2001).

A natureza da ligação entre os átomos para formar as substâncias sempre foi um problema importante em Química. A solução desse problema foi iniciada pelo alemão Friedrich August Kekulé von Stradonitz (1829-1896), que postulou a existência da valência, isto é, o número de ligações que um átomo pode fazer com outros para formar uma molécula. O americano Gilbert N. Lewis (1875-1946) propôs que uma ligação simples entre dois átomos consistia no compartilhamento de um elétron e uma ligação dupla, de dois elétrons, entre dois átomos. Esses elétrons pertencem à camada externa do átomo e o número deles corresponde à valência. Lewis também explicou que a posição dos elementos na tabela periódica, desenvolvida pelo russo Dmitri Mendeleiev (1834-1907), é consequência do número de elétrons que cada elemento possui (Levere, 2001). A natureza da ligação química só foi completamente esclarecida após alguns desenvolvimentos que incluíram a **mecânica quântica**.

A mecânica quântica é uma teoria física muito bem-sucedida para lidar com objetos de tamanho inferior a um átomo, tais como partículas elementares. Anderson (1972) mostrou claramente como é impossível predizer as propriedades de uma molécula simples, como as da amônia (que tem apenas três átomos), a partir apenas de considerações quânticas, enquanto qualquer químico era capaz de fazê-lo dentro do arcabouço tradicional da Química. Contudo, foi possível desenvolver uma versão da mecânica quântica em que dados empíricos químicos são inseridos nas equações, gerando soluções para o valor das energias de ligação, seus ângulos etc. Essa versão da mecânica quântica, chamada de **Química Quântica**, foi usada com sucesso pelo americano Linus Pauling (1901-1994, Nobel em 1954) para detalhar as características da ligação química, como descrito em seu famoso livro *A natureza da ligação química* (Pauling, 2017).

Como átomos são também objetos da Física e o estudo da formação de moléculas por ligação entre átomos usa uma versão da mecânica quântica, muitos cientistas passaram a considerar a Química um ramo da Física reduzível à mecânica quântica. No entanto, essa redução nunca ocorreu, pois a Química não usa em seus estudos a mecânica quântica, e sim a Química Quântica. Como vimos, a Química Quântica se serve de um formalismo matemático similar ao da Física Quântica, porém incorpora nesse formalismo dados obtidos em laboratórios de Química. Além disso, como ressalta Hoffmann (2007), a maioria dos conceitos da Química que se mostraram produtivos no desenho de novos experimentos não pode ser adequadamente redefinida na linguagem da Física. Entre eles, Hoffmann cita o conceito de grupo funcional (mencionado anteriormente), os cromóforos (grupo de átomos de uma molécula que origina uma cor), o efeito de substituinte (efeita nas propriedades de uma molécula pela adição ou troca de um átomo) e a própria ligação química.

1.4.
A MATÉRIA INANIMADA E O TEMPO

Os processos mais bem estudados pela Física são aqueles que se acomodam no arcabouço da Física tradicional, isto é, que se adéquam ao determinismo laplaciano, na medida em que são processos reversíveis nos quais passado e futuro são equivalentes. Esses processos, em grande número dos casos, são idealizações em que, por exemplo, ignora-se o atrito para aceitar a reversibilidade do comportamento de um pêndulo. Entretanto, não são poucos os exemplos de fenômenos irreversíveis (nos quais passado e futuro *não* são equivalentes) que encontramos na vida cotidiana: a difusão espontânea de corante na água (ninguém nunca viu o corante em água espontaneamente se juntar em um canto do recipiente, deixando a água incolor), a queima espontânea de papel após aquecimento, a transferência de calor, os processos geológicos que alteram a paisagem, o decaimento radiativo etc.

A **termodinâmica** é a ciência que estuda as leis que governam a conversão de uma forma de energia em outra, a direção que flui o calor e a disponibilidade de energia para realizar um trabalho. A termodinâmica possui duas leis principais. A primeira lei é a da conservação de energia, segundo a qual a energia não pode ser criada nem destruída, apenas transformada de uma forma em outra. A segunda afirma que, em toda transformação de energia, uma parte dessa energia é perdida como calor. Isso torna o processo irreversível, pois o calor perdido não pode ser convertido de volta em outras fontes de energia (Atkins e De Paula, 2003; Atkins, 2007).

Apesar disso, o primeiro a introduzir a **seta do tempo** na Física, isto é, a mostrar que as transformações têm um único sentido, foi o físico austríaco Ludwig E. Boltzmann (1844-1906) na segunda metade do século XIX. Ao tentar mostrar que os fenômenos físicos também se alteravam historicamente a partir de base aleatória sem objetivo final, Boltzmann acreditava seguir o exemplo de Charles Darwin (1809-1892). Nesse processo, ele desenvolveu a mecânica estatística, que desafiava o determinismo laplaciano (Prigogine, 1996; Schuster, 2008; Francis, 2016). A mecânica estatística é a teoria que relaciona as propriedades atômicas às propriedades termodinâmicas. A segunda lei da termodinâmica, na versão de Boltzmann, é a que introduz a noção de seta do tempo.

Determinação do sentido da transformação de um sistema composto por elementos cujos movimentos são aleatórios

Primeiro, numeramos 120 bolas e colocamos 20 delas no recipiente 1, e 100 delas no recipiente 2. A seguir, sorteamos um número entre 1 e 120, e a bola de número correspondente deverá ser transferida de um recipiente para o outro. Qualquer número correspondente a qualquer bola dos recipientes pode ser sorteado. Contudo, a maior probabilidade é que seja sorteada uma bola do recipiente 2 (aquele que contém mais bolas), que será então transferida para o recipiente 1. Ao longo da série de sorteios, haverá então uma migração de bolas do recipiente 2 para o recipiente 1, até que restem cerca de 60 bolas em cada recipiente. Nessa situação, estabelece-se um equilíbrio, com o número de bolas nos recipientes em torno de 60.

Na segunda metade do século XIX, Boltzmann usou raciocínio semelhante ao dos recipientes com bolas (ver box anterior) para explicar por que as moléculas de um gás se movem para fora de um recipiente quando este recipiente é aberto para o meio externo. Ele descreveu o processo afirmando que, no frasco, o gás está mais organizado (para ocupar o recipiente), ao passo que, no meio aberto, estaria mais desorganizado. Haveria, pois, a tendência em qualquer dos sistemas de ir de estados mais organizados para estados mais desorganizados, ou, em termos técnicos, de passar de um estado de entropia menor para um estado de entropia maior alcançando o equilíbrio. Isso explica por que nosso corpo se decompõe quando morremos, já que a tendência de toda transformação é em direção a situações mais prováveis (mais desorganizadas). Para um sistema se organizar ou se manter organizado, ele tem que estar acoplado a outro que está se desorganizando. Dessa forma, para nos mantermos vivos (isto é, continuarmos a ser sistemas organizados) usamos alimentos e os desorganizamos mais do que nos organizamos, uma vez que a soma dos processos combinados tem que ser necessariamente um aumento da desorganização (maior entropia). O calor liberado nas transformações corresponde ao aumento da **entropia**.

A segunda lei da termodinâmica afirma, pois, que a mudança espontânea é causada pela tendência da matéria e da energia a se tornarem desorganizadas (ir para situação mais provável), ou, em outras palavras, que a entropia do universo tende sempre a aumentar.

Os resultados de Boltzmann são claros em ilustrar previsões probabilísticas e em mostrar que todas as transformações têm um sentido, aquele em que a entropia aumenta, isto é, há uma **seta do tempo**, o que indica que essas transformações seguem apenas um sentido e, portanto, são irreversíveis. Apesar da limpidez dos resultados, a noção de seta do tempo entrava em conflito com a Física clássica (e mesmo com a mecânica quântica e relativística), que descrevia processos simétricos em relação ao tempo e sujeitos à previsão absoluta. Dado o prestígio do determinismo laplaciano, a descoberta de Boltzmann passou a descrever certos conjuntos de fatos, mas não teve grandes repercussões teóricas. Na Física, a aceitação de processos irreversíveis e não previsíveis de forma absoluta teve que aguardar um desafio ao determinismo laplaciano em seu próprio terreno.

FILOSOFIA DA CIÊNCIA

A primeira contestação da previsibilidade absoluta de sistemas determinísticos veio com o trabalho do matemático e físico francês Henri Poincaré (1854-1912). Em 1887, em resposta ao prêmio oferecido por Oscar II, rei da Suécia, Poincaré publicou um trabalho sobre o chamado problema dos três (ou vários) corpos. Sabia-se que os movimentos dos corpos celestes seguem as leis de Newton e de forma determinística laplaciana. Contudo, Poincaré mostrou que, quando se usam as equações de Newton para calcular as posições de três corpos que interagem entre si sem colisões (por exemplo, Terra, Sol e Lua), os resultados dependem largamente das condições iniciais. Qualquer pequena diferença nas medidas iniciais das posições dos corpos leva a predições muito distintas, as quais, por sua vez, aumentam com o tempo. Como é impossível medir as posições iniciais com exatidão absoluta, Poincaré concluiu que qualquer previsão segura é impossível nesses sistemas que hoje denominamos de caóticos (Parker, 1998; Laureano, 2011). **Sistemas caóticos** são aqueles que obedecem a leis científicas (no caso de Poincaré, eram as de Newton), mas cujo comportamento torna-se imprevisível em longo prazo, porque as condições iniciais não são conhecidas com exatidão absoluta, ou porque possuem um número muito grande de variáveis, ou ainda porque incluem eventos aleatórios.

A descoberta de Poincaré não recebeu atenção até a década de 1950, quando o matemático americano Edward N. Lorenz (1917-2008), do Massachusetts Institute of Technology (MIT), procurou aperfeiçoar os modelos matemáticos de previsão do tempo. Em seu estudo, Lorenz logo notou que diferenças ínfimas nas condições iniciais produziam resultados completamente diferentes. Ele concluiu que o sistema que gera as condições meteorológicas é um sistema caótico. Lorenz, a seguir, passou a desenvolver a teoria do caos aplicada à previsão do tempo. Essa teoria pretende predizer o comportamento provável dos sistemas caóticos utilizando leis físicas deterministas, mas gerando previsões probabilísticas que ficam menos acertadas conforme o sistema se distancia no tempo em relação às condições iniciais.

Em 1972, Lorenz abordou as consequências de mudanças pequenas nas condições iniciais para um sistema caótico em uma palestra de título provocador: "Predictability: does the flap of a butterfly's wings in Brazil set off a tornado in Texas?" ("Predicabilidade: o bater de asas de uma borboleta no Brasil provoca um tornado no Texas?"). O impacto que se seguiu à palestra fez surgir o termo "efeito borboleta" para se referir aos fenômenos caóticos, o que também propiciou uma torrente de críticas da parte dos deterministas (Palmer, 2009).

Como vimos, os sistemas caóticos são imprevisíveis, embora seu desenvolvimento possa ser avaliado por considerações probabilísticas; além disso, esses sistemas são irreversíveis (alteram-se continuamente com o tempo em apenas um sentido). Como os sistemas caóticos de interesse físico são deterministas (a julgar pela sua aderência a leis físicas deterministas, como no caso das previsões de Poincaré), mas só permitindo predições probabilísticas, o estudo desses sistemas não se adéqua ao determinismo laplaciano, que não admite resultados probabilísticos.

A condição atmosférica é um sistema que existe longe do equilíbrio termodinâmico (situação análoga ao início dos sorteios no exemplo dos recipientes com bolas), como grande parte dos sistemas naturais. Esses sistemas se modificam em um sentido definido no tempo e não podem ser descritos por equações simétricas no tempo, como as que são encontradas na Física clássica, assim como na mecânica quântica e na teoria da relatividade. O pioneiro no estudo dos sistemas naturais irreversíveis, a que chamou de dissipativos, foi Ilya Prigogine (1917-2003, Nobel em 1977), físico-químico russo radicado na Bélgica.

Já vimos que os sistemas tendem a se transformar em direção a situações mais prováveis. Quando um sistema não se modifica no tempo, dizemos que está em equilíbrio. A adição de energia ou matéria ao sistema afeta o seu equilíbrio e o induzirá a modificações para atingir novamente o equilíbrio. Um pêndulo deslocado de sua posição vertical, por exemplo, retorna espontaneamente à posição inicial após algumas oscilações.

Consideremos agora um recipiente com água sobre a chama de um fogão. Podemos tirar o sistema do equilíbrio, aquecendo-o ligeiramente com fogo brando. Nessas condições, o equilíbrio do sistema é restabelecido pelo transporte de calor através do líquido até que a temperatura fique homogênea. Podemos explicar o que acontece usando a teoria cinética dos gases (como vimos anteriormente), mas aplicada a moléculas de água. O que ocorre é o choque das moléculas mais rápidas da base do recipiente (resultado do aumento de temperatura) com as demais, transferindo energia e resultando, ao fim, numa distribuição igual de velocidades em todo o volume do líquido, o que, por sua vez, corresponde à temperatura homogênea. Agora, se o recipiente for aquecido acima de determinada temperatura, formam-se colunas ascendentes do líquido mais quente que, uma vez no topo e antes de iniciar a descida, se movimentam lateralmente e esfriam. Essas estruturas auto-organizadas são as correntes de convecção. Se o recipiente for aquecido a uma temperatura ainda maior que aquela que gera correntes de convecção, a água se auto-organiza de forma diferente, agora como turbulência.

O fenômeno da **auto-organização**, isto é, o aparecimento de estrutura ou padrão sem um agente interno que o imponha, é típico de sistemas deslocados para longe do equilíbrio (Nicolis, 1989). As transformações associadas à busca do equilíbrio modificam as interações entre os componentes do sistema, podendo resultar em estruturas organizadas, como exemplificamos pelas correntes de convecção. As propriedades não previstas de um sistema que surgem como resultados da interação dos componentes são chamadas de **propriedades emergentes**, e o fenômeno a elas relacionado é chamado de **emergência**. Em outras palavras, um sistema é emergente quando suas propriedades não são previsíveis pelas propriedades de suas partes. No exemplo anterior, não poderíamos prever as correntes de convecção e o turbilhonamento a partir das propriedades das moléculas de água consideradas isoladamente. É possível, entretanto, conhecendo o fenômeno do turbilhonamento, propor quais propriedades as moléculas de água individuais deveriam ter para gerar turbilhões em certas condições e, a partir dessas considerações, desenvolver equações especiais para lidar com o fenômeno. Contudo, esse processo é *"a posteriori"*, pois não se trata de uma previsão a partir das propriedades das moléculas estudadas separadamente, como no vapor de água.

Outros exemplos de emergência são observados quando se muda de **nível de organização da matéria**. Por exemplo, o vapor de água segue as equações dos gases, como apresentamos anteriormente. A água, porém, possui propriedades que não podem ser previstas a partir apenas do estudo do vapor de água. Outro exemplo: todos já vimos insetos andando sobre a água, como se houvesse na superfície da água uma película suficientemente forte para sustentar o peso do inseto. A película é consequência do que os cientistas chamam de tensão superficial, que não é previsível a partir do estudo do vapor de água. Como no caso do turbilhonamento, é possível, conhecendo o fenômeno da tensão superficial, desenvolver uma teoria que atribua propriedades às moléculas de água e que explique como essas moléculas são capazes de gerar a tensão superficial. Uma vez mais, não se trata aqui de inferir propriedades das moléculas de água em estado líquido a partir daquelas da água em estado gasoso.

A distância da visão usual que se tem da ciência no que concerne à ciência realmente praticada pelos cientistas fica ainda mais evidente no caso dos seres vivos, da mente e da sociedade, que são sistemas dinâmicos (variam no tempo porque estão distantes do equilíbrio), adaptam-se em relação ao ambiente e possuem muitos níveis de organização.

RESUMO

A ciência é a parte do conhecimento culto que descreve objetos e eventos. A partir dessas descrições, são elaboradas conjecturas que são validadas na realidade, no caso de aspectos funcionais, ou produzidas narrativas de eventos históricos, baseados em todos os conhecimentos disponíveis sobre o tema.

A ciência moderna caracteriza-se por apresentar programas de pesquisa que se desenvolvem ao longo do tempo e por constituir uma comunidade de especialistas capazes de questionar certezas, se necessário. Ela surgiu com a revolução científica (1572-1704), cujos protagonistas mais reconhecidos são Galileu e Newton. Os estudos desses cientistas, combinados aos achados sobre calor, eletricidade e magnetismo, formam a Física clássica, a qual se caracteriza pelo formalismo matemático e pela certeza de suas previsões. A equação geral dos gases combina as leis de Boyle e de Charles, que descrevem regularidades no comportamento dos gases em relação à pressão e à temperatura, com o princípio de Avogadro, uma hipótese a respeito da matéria que afirma que, na mesma temperatura e pressão, volumes iguais de gases contêm o mesmo número de moléculas.

A equação geral dos gases permite prever, por exemplo, a pressão em um pneu de carro quando se introduz ar ou quando a temperatura é alterada. A explicação do fenômeno veio com o desenvolvimento da teoria cinética dos gases, que explicava a pressão como consequência dos choques das moléculas de ar com as paredes do pneu. Assim, os eventos macroscópicos (pressão e temperatura do pneu) são explicados por eventos microscópicos. Esse tipo de procedimento é chamado de reducionismo explicativo e tem aplicação ampla, como vimos, podendo ser empregado, por exemplo, para analisar uma sociedade em termos de seus diferentes níveis hierárquicos, como estados, comunidades, famílias etc.

No entanto, a derivação das propriedades dos sistemas a partir de seus elementos constitutivos é impossível devido à emergência. Eventos relacionados a objetos inanimados, como os citados, podem não ser previsíveis por três motivos. Primeiro, em vista de processos caóticos que, embora determinísticos, tornam-se cada vez menos previsíveis ao longo do tempo, por desconhecimento seguro das condições iniciais, como é o caso das previsões dos eventos meteorológicos. Segundo, quando o fenômeno surge por emergência devido à auto-organização, como é o caso da água aquecida que forma correntes de convecção. Finalmente, quando há mudança de nível de organização da matéria (aumento de complexidade) resultante da reunião de grande número de elementos, gerando propriedades emergentes, o que pode ser exemplificado pelos sólidos, que têm propriedades não previsíveis a partir daquela de seus componentes (por exemplo, uma barra de ferro e átomos de ferro). A Química trata das transformações da matéria e as interpreta como resultado da ligação e separação de átomos. A síntese de compostos contendo carbono feita por Liebig mostrou a inexistência de uma força vital que seria necessária para originar compostos nos seres vivos, levando-o a criar a Química Orgânica. Liebig foi também o primeiro a criar um laboratório de ensino e pesquisa, desenvolvendo o modelo para o doutoramento acadêmico. A ligação entre os átomos é estudada pela Química Quântica, que opera por formalismo matemático similar ao da mecânica quântica, embora não se reduza a esta. Como consequência do fenômeno da emergência, a ciência não é apenas uma busca por leis científicas e sua aplicação na elaboração de explicações de eventos relativos aos objetos científicos.

ASPECTOS HISTÓRICOS DA CIÊNCIA E DA FILOSOFIA DA CIÊNCIA

SUGESTÕES DE LEITURA

Uma história da ciência agradável de ler é a de Ronan (1987), uma coleção de quatro volumes curtos (cerca de 140 páginas cada) – os dois primeiros abordam a ciência antiga, os dois últimos lidam com a ciência moderna até aproximadamente 1940. Uma visão geral da tecnologia medieval é oferecida pela coletânea de artigos organizada por Gama (1985); e da educação na Idade Média, por Le Goff (2007). Embora deixem de fora os processos não previsíveis de forma absoluta, Einstein e Infeld (1966) oferecem uma apresentação didática da Física. A física dos processos caóticos é tratada na biografia de Lorenz (Palmer, 2009). Já Prigogine (1996) analisa de forma didática, na primeira parte do livro, a física de processos longe do equilíbrio – não obstante, não é muito bem-sucedido quando, na segunda parte, procura apresentar os recursos matemáticos necessários para tratar dos processos longe do equilíbrio. A física da matéria condensada (ou física de muitos corpos) é introduzida de forma mais ou menos amigável no muito citado artigo de Anderson (1972). A história da Química, assim como suas implicações na origem do doutorado acadêmico moderno, é muito bem relatada em Levere (2001).

QUESTÕES PARA DISCUSSÃO

1. Todo conhecimento é científico?
2. Pode haver uma representação da realidade que seja verdadeira e não seja científica?
3. Qual o papel da lógica para a revolução científica?
4. Há alguma relação entre o desenvolvimento técnico e o surgimento da ciência moderna?
5. Qual a importância da descoberta da América para a revolução científica?
6. O que torna possível o surgimento das universidades?
7. Por que a medida da paralaxe foi importante na revolução científica?
8. Quais as características do método experimental utilizado por Galileu?
9. Qual a diferença entre lei científica e teoria científica?
10. Caracterize o determinismo laplaciano.

11. É possível uma explicação mecanística em Biologia?
12. A Química pode ser redutível à Física?
13. Uma gota de tinta se difunde em copo de água; nunca ocorre o contrário, isto é, nunca ocorre de uma solução colorida ficar incolor com a tinta reunida em um canto do copo. Como se explica esse fenômeno e como ele põe em xeque o determinismo laplaciano?
14. O que é uma propriedade emergente?

LITERATURA CITADA

AGAZZI, E. What Does it Mean Unity of Science? In: AGAZZI, E.; FAYE, J. (eds.). *The Problem of the Unity of Science*. New Jersey: World Scientific Publications, 2001, pp. 3-14.

ANDERSON, P. W. More is Different. *Science*. v. 177, n. 4047, pp. 393-396, 1972. https://doi.org/10.1126/science.177.4047.393.

ATKINS, P. *O dedo de Galileu*: as dez grandes ideias da ciência. Trad. P. M. da Fonseca e J. Lima. Lisboa: Gradiva, 2007.

_____; DE PAULA, J. *Físico-Química:* fundamentos. Trad. E. C. Silva, M. J. E. M. Cardoso e O. E. Barcia. Rio de Janeiro: LTC, 2003.

BECHTEL, W. Mechanism and Biological Explanation. *Philosophy of Science*, v. 78, pp. 533-57, 2011.

BEDAN, M. A.; HUMPHREYS, P. *Emergence*: Contemporary Readings in Philosophy and Science. Cambridge: MIT Press, 2008.

CANTOR, N. F. *The Civilization of the Middle Ages*. New York: Harper Collins, 1993.

DERRY, T. K.; WILLIAMS T. I. *A Short History of Technology*: from the Earliest Times to A.D. 1900. New York: Oxford University Press, 1961.

DRAKE, S. *Galileo*: a Very Short Introduction. Oxford: Oxford University Press, 1980.

ECO, U. *Idade Média*: castelos, mercadores e poetas. Trad. C. A. Brito e D. M. Deus. Alfragide: Dom Quixote, 2014.

EINSTEIN, A.; INFELD, L. *A evolução da Física*. Rio de Janeiro: Zahar, 1966.

FRANCIS, M. R. The Hidden Connections between Darwin and the Physicist who Championed Entropy. *Smithonianmag.com*, 15 dez. 2016. Disponível em: <https://www.smithsonianmag.com/science-nature/hidden-connections-between-darwin-and-physicist-who-championed-entropy-2-180961461/>. Acesso em: 25 mar. 2023.

GALILEI, G. *O ensaiador*. 2. ed. Trad. H. Barraco. São Paulo: Abril Cultural, 1978. (Coleção Os Pensadores.)

_____. *Diálogo sobre os dois máximos sistemas do mundo ptolomaico e copernicano*. 3. ed. Trad. P. R. Mariconda. São Paulo: Associação Filosófica Scientiae Studia/ Editora 34, 2011.

GAMA, R. *História da técnica e da tecnologia*. São Paulo: Edusp, 1985.

GIES, F.; GIES, J. *Cathedral, Forge, and Waterwheel*: Technology and Invention in the Middle Ages. New York: Harper Collins, 1995.

GIMPEL, J. *A revolução industrial da Idade Média*. Trad. Álvaro Cabral. São Paulo: Zahar, 1977.

GLENNAN, S. Mechanisms and the Nature of Causation. *Erkenntnis*, v. 44, n. 1, pp. 50-71, 1996. http://www.jstor.org/stable/20012673.

HANSSON, S. O. Defining Pseudoscience and Science. In: PIGLIUCCI, M.; BOUDRY, M. (eds.). *Philosophy of Pseudoscience*: Reconsidering the Demarcation Problem. Chicago: University of Chicago Press, 2013, pp. 61-77.

HOFFMANN, R. What Might Philosophy of Science Look like if Chemists Built It? *Synthese*, v. 155, pp. 321-336, 2007. https://doi.org/10.1007/s11229-006-9118-9.

LAUREANO, R. "Determinism versus Predictability in the Context of Poincare's Work on the Restricted 3-Body Problem". *Academic Research International*, v. 2, 2011, pp. 449-53.

LAPLACE, P.-S. *Ensaio filosófico sobre as probabilidades*. Trad. P. L. Santana. Rio de Janeiro: Contraponto/Ed. PUC-Rio, 2010.

LE GOFF, J. *As raízes medievais da Europa*. Trad. J. A. Clasen,. Petrópolis: Vozes, 2007.

LEVERE, T. H. *Transforming Matter*: a History of Chemistry from Alchemy to the Buckyball. Baltimore: Johns Hopkins University Press, 2001.

MACHAMER, P.; DARDEN, L.; CRAVER, C. F. Thinking about Mechanisms. *Philosophy of Science*, v. 67, n. 1, pp.1-25. 2000. https://doi.org/10.1086/392759.

MAHNER, M. Science and Pseudoscience. In: PIGLIUCCI, M.; BOUDRY, M. (eds.). *Philosophy of Pseudoscience:* Reconsidering the Demarcation Problem. Chicago: University of Chicago Press, 2013, pp. 29-44.

MAZOYER, M.; ROUDART, L. *História da agricultura no mundo*: do neolítico à crise contemporânea. Trad. C. F. F. B. Ferreira, São Paulo: Editora Unesp, 2010.

NAGEL, E. *The Structure of Science*. New York: Harcourt, Brace & World, 1961.

NICOLIS, G. Physics of far-from Equilibrium Systems and Self-organization. In: DAVIS, P. (ed.). *The New Physics*. Cambridge: Cambridge University Press, 1989, pp. 316-47.

PALMER, T. N. Edward Norton Lorenz. 23 May 1917-16 April 2008. *Biographical Memoirs of Fellows of the Royal Society*, v. 55, pp. 139-155, 2009. https://doi.org/10.1098/rsbm.2009.0004.

PARKER, M. W. "Did Poincaré Really Discover Chaos?". *Studies of History and Philosophy of Modern Physics*, v. 29, n. 4, 1998, pp. 575-88.

PAULING, L. *A natureza da ligação química*. Trad. R. G. Maia. Lisboa: Colibri, 2017.

PRIGOGINE, I. *O fim das certezas:* tempo, caos e as leis da natureza. Trad. R. L. Ferreira. São Paulo: Editora Unesp, 1996.

RONAN, C. A. *História ilustrada da ciência*. Trad. J. E. Fortes. Rio de Janeiro: Jorge Zahar, 1987, 4 v.

RUSSELL, B. *História da filosofia ocidental*. Trad. B. Silveira. São Paulo: Companhia Editora Nacional, 1967, 3 v.

SCHUSTER, P. Boltzmann and Evolution: some Questions of Biology Seen with Atomistic Glasses. In: GALLAVOTI, G.; REITER, W. L.; YNGVASON, J. (orgs.). *Boltzmann's Legacy*. Zurich: European Mathematical Society, 2008, pp. 217-43.

TERRA, W. R.; TERRA, R. R. *Interconnecting the Sciences*: a Historical-philosophical Approach. Saarbrücken: LAP Lambert Academic Publishing, 2016.

WHITE JR., L. *Medieval Technology & Social Change*. Oxford: Oxford University Press, 1962.

_____. Tecnologia e invenção na Idade Média. Trad. S. Ficher e. R. Gama. In: GAMA, R. (org.). *História da técnica e da tecnologia*. São Paulo: Edusp, 1985.

WOOTTON, D. *The Invention of Science:* a New History of the Scientific Revolution. New York: Harper Collins Publishers, 2015.

2.

SERES VIVOS, INFORMAÇÃO E SOCIEDADE

2.1.

OS SERES VIVOS

Os seres vivos têm propriedades únicas que, há séculos, intrigam a humanidade. Essas propriedades incluem a capacidade de autorreplicação, de crescimento e de diferenciação, como se fosse seguido um plano preestabelecido de origem desconhecida. Devido ao fenômeno da **emergência**, essas propriedades não podem ser inferidas das propriedades observáveis das partes dos seres vivos. O ser vivo como sistema emergente condiciona o tipo de inter-relações existentes entre os seus componentes. Assim, conhecendo apenas as propriedades de seus componentes, não é possível descrever as propriedades do sistema. Seria necessário conhecer todas as inter-relações possíveis, o que, como será discutido adiante, não é possível.

Segundo o filósofo alemão Immanuel Kant (1724-1804), os seres vivos seriam constituídos como se tivessem um princípio organizador interno que os tornaria orientados por um propósito, uma finalidade. Assim, os seres vivos seriam organizados teleologicamente e, desse modo, seriam diferentes dos seres inanimados (Kolb, 1992). A partir daí, abriu-se um caminho para uma série de questões relativas aos seres vivos, até que se chegou à afirmação de que o propósito dos seres vivos é a reprodução, e, para isso, eles se adaptariam continuamente ao seu meio ambiente. A explicação para o surgimento desse propósito é fornecida pela teoria da evolução, cujo desenvolvimento teve como pré-requisito a introdução do fator tempo na análise dos fenômenos científicos.

FILOSOFIA DA CIÊNCIA

O ambiente intelectual para a introdução do tempo na análise dos fenômenos científicos, em geral, e para o desenvolvimento de uma teoria da evolução dos seres vivos para explicar sua contínua adaptação ao meio ambiente, em particular, só surgiu após as descobertas científicas que mostraram que a Terra é muito antiga e que sua paisagem é continuamente alterada. Em vista disso, uma breve história da Geologia será apresentada, dada a importância dessa disciplina, a partir do final do século XVIII, no alargamento dos conhecimentos científicos relativos ao fator tempo.

O conhecimento relativo a fenômenos da Terra para fins práticos é muito antigo e envolve principalmente a mineração. No final do século XVIII e início do século XIX, tomou forma a Geologia, ciência que se preocupa com as forças que modelam a Terra e, consequentemente, que estuda a história da Terra. A Geologia desenvolveu-se de maneira mais precoce na Inglaterra, provavelmente acompanhando as demandas por minerais da Revolução Industrial. Um pioneiro importante foi o inglês James Hutton (1726-1797), que, embora tenha se doutorado em Medicina, nunca a exerceu, e preferiu supervisionar a fazenda de sua propriedade enquanto estudava mineralogia e história natural. Por volta de 1785, Hutton estabeleceu os princípios fundamentais da Geologia: a noção de ciclo geológico, que se refere à sucessão de fenômenos que se repetem na mesma ordem em períodos regulares na crosta terrestre; e o princípio do uniformitarismo, que afirma que os cientistas deveriam explicar a história passada da Terra em termos dos processos naturais que atuam no presente. Assim, a Terra como a conhecemos seria o produto de um ciclo sem fim de erosão, deposição, petrificação, elevação e abaixamento de terras (Magner, 2002).

Outro importante pioneiro foi William Smith (1769-1838), considerado o "pai da Geologia inglesa". Por volta de 1799, Smith propôs que o arranjo das camadas de rochas poderia ser inferido se se levasse em conta que as camadas da mesma rocha possuem os mesmos fósseis. Essas ideias, associadas aos cálculos do tempo de sedimentação de material particulado nos rios, por exemplo, mostraram pela primeira vez que, por ter camadas de rochas sedimentares tão altas, a Terra deveria ser muito antiga. Por exemplo, os sedimentos do Grand Canyon no Arizona (EUA) possuem cerca de 1,5 km de altura e tornaram-se visíveis devido ao efeito erosivo do rio Colorado ao longo do tempo. As rochas da base do Grand Canyon têm de 1,7 a 2 bilhões de anos, e as do topo, 400 milhões. O topo correspondeu ao nível do mar quando houve um levantamento de terra em toda a região vizinha. A existência de fósseis de animais marinhos nas rochas do Grand Canyon confirma a origem marinha dos sedimentos. Os princípios da Geologia, cuja sistematização iniciou-se com Hutton, foram desenvolvidos e reunidos por Charles Lyell (1797-1875), em seu famoso livro *Principles of Geology*, publicado em três volumes.

Podemos agora voltar a considerar a teoria da evolução. Já antes da primeira metade do século XIX, antes das publicações de Charles Darwin (1809-1882), muitos autores admitiam que as espécies biológicas não eram fixas, mas que poderiam variar e que novas espécies poderiam surgir (Magner, 2002). O mais importante desses autores foi Jean-Baptiste-Pierre-Antoine de Monet, Chevalier de Lamarck (1744-1829). Lamarck estudou Medicina em Paris, mas nunca a exerceu, e parte importante de sua carreira ocorreu no Museu Nacional de História Natural daquela cidade. Ele propôs sua teoria da variação dos seres vivos em duas versões, uma inicial em 1809 e outra mais amadurecida em 1815. Segundo Lamarck, os seres vivos tinham uma tendência inata para evoluir em direção a uma complexidade maior, e a evolução se dava mediante a transmissão de caracteres adquiridos em cada geração. Os organismos mais simples surgiriam por geração espontânea e, ao longo do tempo, evoluiriam para formas mais complexas. O uso repetido de determinadas partes do organismo poderia, por exemplo, aumentar o tamanho dos órgãos envolvidos – o que é exemplificado na conhecida história do desenvolvimento do pescoço da girafa, que teria sido alongado graças ao esforço para alcançar as folhas mais altas das árvores.

As ideias de Lamarck foram amiúde ignoradas ou ridicularizadas por seus contemporâneos, inclusive por Georges L. C. F. Dagobert, o Barão de Cuvier (1769-1832), que era um grande estudioso da anatomia comparada dos animais e considerado o fundador da Paleontologia, o estudo dos fósseis. Cuvier descreveu cuidadosamente os ossos dos animais contemporâneos. Ao observar descontinuidades entre os seres existentes e os fósseis, ele interpretou esse achado como o resultado de extinções catastróficas. Essas extinções teriam ocorrido em diferentes ocasiões; a última, há cerca de 6 mil anos, seria a responsável pelas condições atuais da Terra. A posição de Cuvier era, assim, contrária à ideia da variação contínua dos seres vivos.

O prestígio de Lamarck só mudou por volta de 1830, quando Lyell introduziu suas ideias no mundo de língua inglesa. Alertado por seu amigo Lyell sobre o trabalho de Lamarck, Charles Darwin (1809-1882) deu a Lamarck o crédito de ser o primeiro a fazer um estudo significativo sobre a origem das espécies. Darwin não deixou de comentar, contudo, que muitas das ideias de Lamarck haviam sido antecipadas por seu avô, Erasmus Darwin (1731-1802).

A originalidade de Charles Darwin não foi propor a variabilidade das espécies, mas um mecanismo para explicar sua evolução. O mecanismo proposto por Lamarck, a transmissão dos caracteres adquiridos, não dava conta de muitos dos fatos observados e reunidos por Darwin em seu famoso livro *A origem das espécies* (Darwin, 2018). A teoria de Lamarck não explica, por exemplo, o surgimento e a existência de formigas estéreis (as formigas-soldado), que não poderiam surgir por transmissão de caracteres adquiridos – pois um indivíduo estéril não tem descendência, e, desse modo, a esterilidade adquirida por um indivíduo ao longo de sua vida não pode ser transmitida a descendentes. Em contrapartida, a teoria da seleção natural formulada por Darwin explica as castas estéreis. As espécies de formigas que apresentassem alguns descendentes estéreis – incapazes, portanto, de competir por machos ou fêmeas –, mas que fossem capazes de ajudar a colônia na defesa ou na manutenção da prole teriam mais descendentes viáveis que as outras espécies de formigas. Disso resultaria a predominância numérica dessas formigas sobre as demais ou, em outras palavras, elas seriam favoravelmente selecionadas. Para sustentar sua teoria, Darwin fez observações muito abrangentes. Assim, ele também chamou a atenção para o fato de que os aspectos anatômicos que, ao longo da evolução, se tornam obsoletos tendem a ser eliminados ou a persistirem de forma vestigial. Esse é o caso, por exemplo, do apêndice nos seres humanos, que corresponde ao apêndice longo existente nos ancestrais dos seres humanos que abrigava bactérias ativas na conversão de folhas em material mais nutritivo (Reece et al., 2011). A teoria da seleção natural explica ainda outros casos, como as adaptações incompletas (exemplificadas pela postura humana ereta que pode resultar em dores nas costas).

Em *A expressão das emoções no homem e nos animais*, Darwin (2009) afirmou que a adaptação comportamental dos seres vivos em relação ao ambiente é tão importante quanto a anatomia e a fisiologia. Como os padrões comportamentais são fixados por seleção natural, podem ocorrer comportamentos vestigiais (como os órgãos vestigiais, exemplificados pelo apêndice humano). Comportamentos vestigiais são aqueles que, embora tenham servido no passado, são inúteis no presente e que, no entanto, não afetam negativamente as espécies atuais a ponto de ameaçar sua competitividade. Veremos exemplos desses comportamentos na discussão sobre a mente humana e a sociedade.

Além de descrever um mecanismo para o processo evolutivo, Darwin também propôs que todos os seres vivos descendem de um ancestral comum. Assim, a chamada teoria da evolução de Darwin consiste em duas proposições científicas fundamentais. Uma, a da seleção natural, explica a diversidade biológica a partir do mecanismo de descendência com variação e seleção; a outra, a da ancestralidade comum, explica as semelhanças compartilhadas entre grupos de indivíduos pela ascendência comum. À época, esta última parte de sua teoria, o princípio da ancestralidade comum, teve aceitação mais fácil que o mecanismo evolutivo proposto, exceto pela conclusão exposta em detalhes em *A origem do homem e a seleção sexual* de que os seres humanos teriam um ancestral comum com os macacos (Darwin, 1974).

A teoria da evolução revolucionou o conceito de espécie. Segundo Mayr (1998), o **enfoque tipológico**, que viria desde Platão, entende as espécies biológicas como tipos definidos nos quais as variações são erros entre os valores médios. Assim, as espécies biológicas poderiam ser tratadas do mesmo modo que os outros objetos da natureza; por exemplo, como cristais, que variam de tamanho, mas são qualitativamente iguais. Essa condição é em geral denominada "fixidez das espécies". A novidade de Darwin foi a introdução do **enfoque populacional**, que considera a espécie uma população de indivíduos únicos; aqui, os tipos são instrumentos conceituais para lidar com a complexidade representada pela população. Os indivíduos de uma espécie são, pois, semelhantes em um dado momento porque têm um ancestral comum próximo.

FILOSOFIA DA CIÊNCIA

O novo conceito de espécie teve duas consequências importantes. A primeira é que a Biologia passou a ser considerada uma ciência histórica, pois seus **objetos de estudo** (as espécies) deixam de ser tratados como **objetos naturais** (idênticos uns aos outros em cada categoria, e invariáveis no tempo e no espaço geográfico) e passam a ser entendidos como objetos históricos (similares uns aos outros por ancestralidade comum, e variáveis no tempo e no espaço geográfico). A outra consequência do novo conceito foi que a classificação biológica, até então baseada em similaridades morfológicas, tornou-se dependente da filogenia, isto é, passou a refletir o grau de ancestralidade comum entre as espécies. Em consequência, o relacionamento entre as espécies passou a ser entendido de modo similar ao das árvores genealógicas de famílias e línguas.

Darwin recebeu ataques de toda a sorte, mas a crítica que mais o abalou foi a do físico William Thomson (1824-1907), o lorde Kelvin. Partindo de seus cálculos baseados no esfriamento da Terra, Kelvin argumentou que a Terra não teria mais do que 100 milhões de anos e que, portanto, não seria velha o bastante para que as mudanças pressupostas pela teoria da evolução tivessem ocorrido. Depois, em uma afirmação algo arrogante, Kelvin ainda completou que, dada a superioridade científica da Física, qualquer pessoa racional escolheria a estimativa oferecida pela Física, em vez daquela oferecida pela Geologia ou pela Biologia. Não obstante, após a descoberta de que a radioatividade natural libera calor, processo que era desconhecido no século XIX, foi possível mostrar que os cálculos de Kelvin estavam errados, e ficou clara a necessidade de prudência quando se analisam dados conflitantes obtidos de pontos de vista diferentes (Magner, 2002). Os dados de que dispomos hoje permitem estimar que a Terra tenha cerca de 4,5 bilhões de anos, o que é mais do que suficiente para as mudanças evolutivas.

A teoria da evolução na forma conhecida como "síntese moderna" é a teoria dominante nos meios científicos. As controvérsias atuais referem-se a detalhes como, por exemplo, se os grandes grupos de animais (como insetos e vertebrados) poderiam ter sido originados por pequenas modificações que se acumularam ao longo dos milênios ou por modificações maiores, causadas por mutações nos genes homeóticos (genes organizadores que

ASPECTOS HISTÓRICOS DA CIÊNCIA E DA FILOSOFIA DA CIÊNCIA

afetam a expressão de outros genes, a fim de controlar o desenvolvimento do embrião) (Carroll, 1995). Os detalhes das evidências que suportam a teoria da evolução podem ser encontrados na seção 8.1.2. e nas sugestões de leitura do presente capítulo.

Após a publicação de *A origem das espécies* (Darwin, 2018), passamos a entender **evolução** como o processo pelo qual os seres vivos se tornam progressivamente mais bem adaptados a um ambiente. Essa adaptação surge do aparecimento ao acaso de indivíduos variantes em dada população, devido a mutações aleatórias em seus genes (DNA). As variantes que forem capazes de gerar mais descendentes (porque são mais eficientes nas condições daquele ambiente) tenderão a predominar na população. Assim, após algumas gerações, encontraremos somente os indivíduos que apresentarem a variação que os deixa mais bem adaptados. Dessa forma, embora o processo seja aleatório na base, tudo se passa como se algo dirigisse a mudança dos indivíduos, no sentido de se tornarem mais bem adaptados em determinado ambiente (Jacob, 1977; Dennett, 1998; Mayr, 2009). A explicação de Darwin para as bases materiais da formação do propósito dos seres vivos gerou comentários entusiasmados na comunidade científica da época, principalmente na Alemanha, como ilustrado por Hermann Helmholtz (1821-1894), fisiologista e aperfeiçoador da teoria da eletricidade. Helmholtz afirmou que a teoria de Darwin "mostra como a adaptação de estruturas de um organismo pode resultar de uma lei natural sem a intervenção de qualquer inteligência" (citado em Kolb, 1992).

O processo primeiro descrito por Darwin foi generalizado nos termos do **algoritmo evolutivo** (Dennett, 1998). Algoritmos, embora sejam mais usados em computação, referem-se a quaisquer procedimentos para gerar um resultado, tal como uma receita culinária. O algoritmo evolutivo assume que temos um ente que se replica com fidelidade (gera cópias idênticas a si mesmo), mas que, ocasionalmente, produz cópias com pequenas alterações. Admitidas essas circunstâncias, o algoritmo prevê que, caso as modificações surgidas tornem os entes que as possuem capazes de gerar mais cópias de si mesmos do que os desprovidos dessas modificações, os primeiros predominarão na população.

> Como todas as características de um organismo vivo foram e são objeto de evolução, a qual lhes confere sentido, o geneticista Theodosius Dobzhansky (1900-1975) cunhou a célebre frase: "Nada em Biologia faz sentido, exceto à luz da evolução" (Dobzhansky, 1973).

As variações a serem selecionadas não podem ser de qualquer tipo, pois têm que ocorrer a partir de estruturas preexistentes. Em outros termos, as estruturas não são formadas como algo inteiramente novo, mas como um reaproveitamento de algo que já existia (Jacob, 1977). Por exemplo, as asas dos vertebrados podem ter evoluído a partir da mão (no morcego, por exemplo) ou do braço (nas aves), mas não das costas, pois ali não há uma estrutura prévia da qual uma asa pudesse ser derivada. Dessa forma, a evolução é um processo histórico: os eventos precedentes limitam as possibilidades dos eventos futuros. A aleatoriedade das mudanças que surgem nos seres vivos e são selecionadas no processo evolutivo tem como consequência o fato de que a evolução não tem objetivo final.

Embora seja muito diferente do homem do Paleolítico superior do ponto de vista cultural, o homem contemporâneo, do ponto de vista biológico, pouco difere daquele. Os cerca de 12 mil a 20 mil anos que nos separam são muito pouco para dar origem a diferenças importantes. Com esse olhar, fica mais fácil compreender certas características da biologia humana. O homem arcaico estava adaptado a percorrer até 12 km em um dia na busca de alimento, como fazem os caçadores-coletores contemporâneos. Associado a esse comportamento do homem arcaico, as vias metabólicas (as cadeias de reações químicas que ocorrem nos seres vivos) favoreciam a formação de reservas de gordura a partir de qualquer alimento (Voet e Voet, 2011). Isso permitia obter energia em fases de carência que eram comuns entre os caçadores-coletores. Essa constatação explica o aumento da obesidade contemporânea, relacionada à fartura de alimentos, assim como os distúrbios cardiológicos consequentes do sedentarismo que foi possibilitado pela sociedade contemporânea (Boron e Boulpaep, 2017).

2.2.
INFORMAÇÃO, EVOLUÇÃO E MENTE

Nos últimos cinquenta anos, a **mente**, isto é, a faculdade humana de pensar, sentir emoções e influenciar o comportamento, passou a ser cada vez mais estudada pela Ciência Cognitiva. A Ciência Cognitiva corresponde à investigação interdisciplinar da mente; engloba Psicologia Cognitiva, Filosofia da mente, Psicologia Evolutiva, Neurociência, inteligência artificial e, mais recentemente, a robótica. No estudo da mente, a Ciência Cognitiva substituiu com sucesso os enfoques behaviorista, freudiano e da Psicologia da *Gestalt* (Clark, 2014; Crane, 2016; Terra e Terra, 2016; Friedenberg e Silverman, 2016).

A Psicologia Cognitiva, parte da Psicologia que trata da mente (ver Friedenberg e Silverman, 2016), produz conjecturas sobre o funcionamento da mente e testa essas conjecturas em experimentos com seres humanos e/ou animais. A Filosofia da mente especula sobre os aspectos relacionados à atividade mental superior, como a geração de consciência (ver Dennett, 1991), o que resulta em conjecturas que podem ser testadas pela Psicologia Cognitiva. A Psicologia Evolutiva contribui para o conhecimento da mente humana a partir da análise das necessidades comportamentais dos ancestrais humanos apoiada pela Arqueologia e pela Antropologia Biológica. A Neurociência mede a atividade cerebral em diferentes partes do cérebro e busca correlacioná-la aos eventos mentais. A inteligência artificial estuda sistemas que mimetizam os processos de pensamento complexo, desenvolvendo programas de computador para realizar tarefas que requerem inteligência humana, como usar linguagem e jogar xadrez. A robótica desenvolve aparelhos que agem com inteligência artificial para manipular de forma autônoma ou semiautônoma procedimentos, em geral, padronizados, com os de uma linha de montagem.

O sucesso da Ciência Cognitiva é resultado da descoberta de um modelo simplificado para compreender a mente. A proposição desse modelo baseou-se em uma série de noções inovadoras. A primeira noção é a de **informação**, que, após o desenvolvimento dos sistemas de comunicações do pós-Segunda Guerra, é definida como qualquer conjunto de elementos

FILOSOFIA DA CIÊNCIA

que podem ser transmitidos por sinais convencionais. Os elementos podem ser sons, imagens, símbolos etc. Outro conceito importante é o de **representação**. Como já vimos no capítulo anterior, representação é um conjunto de elementos de natureza variada que corresponde a qualidades do objeto ou do processo representado.

A conceituação da representação como informação, isto é, como formada por símbolos que podem ser transmitidos, significa também que a representação pode ser transformada segundo sequências de instruções específicas (algoritmos). Esse procedimento é chamado de **processamento**. Vejamos um exemplo simples.

Imaginemos que uma pessoa corte uma cebola em seções finas e, à medida que os cortes são feitos, as fatias são colocadas lado a lado em uma travessa. Outra pessoa, que não viu a produção das fatias, examina as seções e conclui que elas representam uma cebola, pois reconhece a textura e avalia o seu tamanho. A seguir, essa mesma pessoa conclui que os círculos concêntricos, que são menores nas fatias das extremidades e que crescem em direção ao centro da série de fatias dispostas na travessa, representam esferas concêntricas na cebola não fatiada. A operação que a pessoa fez para chegar a essa conclusão foi tomar a informação do conjunto das fatias e, usando um algoritmo intuitivo de processamento de dados em duas dimensões, chegar a uma representação em três dimensões, que representa melhor a cebola que as fatias em duas dimensões. A conclusão que se pode extrair é que é possível usar diferentes representações de um objeto (as diferentes fatias no exemplo) e, mediante processamento, obter uma representação mais fiel (no sentido de prever melhor eventos ou reunir melhor os dados disponíveis) do objeto – em comparação com as representações de partida. O processamento pode usar um algoritmo intuitivo, como o do exemplo da cebola, ou um algoritmo matemático ou computacional. Um algoritmo matemático é exemplificado pelas regras para se fazer uma divisão entre dois termos numéricos. Um algoritmo computacional pode fazer simulações de movimentos de peças de xadrez, respeitando as regras de sua movimentação e avaliá-los quanto à possibilidade de levar vantagem no jogo. O resultado pode não ser familiar, isto é, pode ser contraintuitivo.

ASPECTOS HISTÓRICOS DA CIÊNCIA E DA FILOSOFIA DA CIÊNCIA

Percebeu-se, assim, que a mente pode ser considerada um computador que processa representações. Em consequência disso, os termos relacionados à mente passaram a ser traduzidos pela Ciência Cognitiva para termos similares aos da ciência da computação. Assim, as percepções passaram a ser tratadas como inscrições na cadeia de processamento que são disparadas por sensores (os órgãos dos sentidos); as crenças como inscrições na memória; os desejos como inscrições de objetivos; tentar como realizar operações orientadas para um objetivo; aprender como adquirir um algoritmo (software); e, finalmente, pensar como computar (Pinker, 1998).

Na visão da Ciência Cognitiva, todo o conteúdo da mente é formado por representações. Esse ponto de vista é conhecido como **teoria representacional da mente**. Contudo, há filósofos que pensam que alguns estados mentais, tais como sensações corpóreas como a dor, possuem propriedades que não são representações; esses estados mentais particulares são chamados de *qualia*. Em geral, a tese das *qualia* é confrontada com o ponto de vista da Ciência Cognitiva, segundo o qual as *qualia* são meramente a forma de representação de alguma coisa. Nesse último caso, a dor seria entendida apenas como "dano corpóreo no lugar X" (ver discussão em Dennett, 1991; Feser, 2006).

Outras características da mente foram descobertas a partir de considerações inesperadas. A primeira delas foi obra do linguista estadunidense Noam Chomsky (1928-), professor e pesquisador do Massachusetts Institute of Technology (MIT). Chomsky foi um pioneiro ao explorar questões psicológicas usando sistemas computacionais. Para termos uma ideia de como se faz isso, imagine que se queira que um computador identifique e agarre uma lata de refrigerante dentro de um laboratório. O grande desafio aqui é como programar o computador para distinguir o que é e o que não é relevante no processo (por exemplo, o computador não deve procurar a lata nas paredes e no teto); caso contrário, devido às múltiplas possibilidades, o sistema de processamento não será capaz de resolver o problema (Tooby e Cosmides, 1992). O aprendizado de uma palavra por uma criança apresenta dificuldade parecida. Se toda informação necessária para esse aprendizado viesse apenas dos sentidos, a criança seria incapaz de aprender, pois o número de eventos registrados que são consistentes com os dados sensoriais percebidos é infinito. Logo, não seria possível notar regularidades e, portanto, atribuir significados aos sons ouvidos. Tudo ficará mais fácil se o aprendizado consistir em associar acontecimentos percebidos a padrões preestabelecidos, o que, em linguagem computacional, seria um processamento com balizas (que delimita o que deve e o que não deve ser considerado). O que os psicolinguistas (linguistas que estudam os aspectos psicológicos da linguagem) na tradição de Chomsky mostraram foi que o domínio linguístico de uma criança de 3 anos é muito rico e estruturado para poder ser adquirido por um sistema computacional geral (isto é, sem balizas ou informação previamente incorporada) em tempo real. Ficou evidente a necessidade de introduzir balizas no processamento, isto é, adicionar informações ao programa que limitassem as possibilidades de resultados. A conclusão final foi que os seres humanos têm um dispositivo inato (um módulo cognitivo especializado) de aquisição de linguagem que incorpora características (balizas) que de alguma forma refletem uma "gramática geral", isto é, um conjunto de elementos gramaticais mínimos que parecem comuns a várias línguas (referências em Tooby e Cosmides, 1992; Chomsky, 2009).

Outra descoberta interessante derivou de considerações relativas à ilusão visual de Müller-Lyer causada pela figura a seguir:

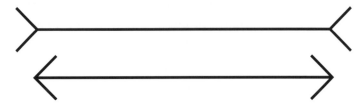

Embora as duas retas paralelas tenham o mesmo comprimento, a de cima parece ser mais longa que a inferior. Mesmo após medi-las, a impressão permanece. Isso mostra que perceber é diferente de julgar. A ilusão levou o filósofo americano Jerry Fodor (1935-2017) a interpretar o resultado como consequência do fato de que o processamento de dados de percepção visual é feito por um módulo mental encapsulado, isto é, sem acesso a outras informações que possam alterar o seu processamento. Essas e outras observações levaram Fodor (1983) a propor que a mente é

ASPECTOS HISTÓRICOS DA CIÊNCIA E DA FILOSOFIA DA CIÊNCIA

formada por vários **módulos cognitivos**, isto é, regiões cerebrais que correspondem a unidades de processamento dedicadas a tarefas definidas. No caso analisado por Fodor, os módulos são encapsulados, isto é, têm acesso exclusivo e específico a um conjunto de entradas sensoriais (no exemplo, visuais), e possuem processamento rápido e inconsciente; por isso, são chamados **módulos cognitivos de percepção**. Ainda segundo Fodor, a mente teria ainda um sistema central de processamento responsável pelo raciocínio, ao qual podemos adicionar o módulo de processamento de linguagem (como o proposto por Chomsky).

A afirmação de que nada em Biologia faz sentido exceto à luz da evolução é também válida no que concerne o estudo da mente, pois a mente faz parte dos recursos de que dispomos para aumentarmos nossas chances de sobrevivência. Por conseguinte, a Ciência Cognitiva ganha um auxílio importante da Psicologia Evolutiva. A partir de dados da Psicologia Comparada dos primatas e de hipóteses referentes às necessidades cognitivas do ser humano no ambiente paleolítico, a Psicologia Cognitiva faz inferências sobre a arquitetura e as propriedades da mente humana. Os dados provenientes da Psicologia Comparada permitem avaliar a natureza das estruturas mentais ancestrais (Tooby e Cosmides, 1989; 1992; Pinker, 1998). As inferências das necessidades cognitivas do ser humano no Paleolítico baseiam-se no conhecimento arqueológico e nas evidências já referidas de que, biologicamente, o ser humano estaria adaptado para viver no Paleolítico.

Com a contribuição da Psicologia Evolutiva, ficou claro que a mente é organizada em um **módulo de processamento geral** e em vários módulos cognitivos dedicados a tarefas específicas. Dentre os módulos dedicados a tarefas específicas, há **módulos cognitivos de percepção** (os descritos por Fodor); e **módulos cognitivos conceituais**, que podem conter conhecimento inato (Sperber e Hirschfeld, 2004) e que orientam ações rápidas. Exemplos de conhecimentos inatos são: sólidos não atravessam sólidos; objetos, uma vez soltos, caem; felinos grandes são perigosos.

A organização da mente é o que se denomina arquitetura da mente (Carruthers, 2006). Os módulos cognitivos correspondem a áreas do cérebro formadas por redes de neurônios, as principais células do cérebro

75

FILOSOFIA DA CIÊNCIA

(Clark, 2014; Crane, 2016; Terra e Terra, 2016). Os módulos conceituais mais bem conhecidos estão descritos na Tabela 2.1. A mente é, pois, modular, e, como a operação dos módulos só faz sentido em relação à própria mente, a mente é também autorreferente. Os módulos cognitivos conceituais descritos são apoiados por amplas evidências provenientes da Neurociência Cognitiva (com base no estudo de lesões cerebrais e de imagens tomográficas de atividade do cérebro), da Psicologia Comparada e da Psicologia do Desenvolvimento.

Tabela 2.1.
Módulos cognitivos conceituais e respectivas habilidades

Módulo	Habilidade
Física Intuitiva	Capacidade de prever o movimento de objetos inertes.
Biologia Intuitiva	Capacidade de reunir os seres vivos em termos morfológicos e de raciocinar sobre eles em termos de princípios biológicos (como crescimento, hereditariedade, digestão etc.).
Reconhecimento de faces	Capacidade de identificar indivíduos pela especificidade de suas faces.
Psicologia Intuitiva (Teoria da Mente, ToM)	Capacidade de interpretar o comportamento em termos de estados mentais, como crenças e desejos.
Sociologia Intuitiva	Capacidade de reunir seus semelhantes em categorias, que se supõe resultar de naturezas inatas compartilhadas.

Baseado em Sperber e Hirschfeld (2004), que listam referências bibliográficas relativas a todos os domínios.

Por exemplo, o módulo referente à capacidade de interpretar as crenças, as intenções e as emoções dos outros (Psicologia Intuitiva na Tabela 2.1) é conhecido como Teoria da Mente (ToM, do inglês *Theory of Mind*). Essa capacidade é assim chamada porque os estados mentais não são visíveis e, portanto, só é possível inferir o que se passa na mente do outro. A ToM é fundamental para o estabelecimento das relações humanas, pois é o que permite a socialização (ver seção 12.3); além disso, ela corresponde a circuitos neurais identificados no cérebro humano (Wiesmann, Friederici e Steinbeis, 2020). Outra capacidade necessária para a socialização é a de reconhecer faces, pois é a que permite reconhecer parceiros que colaboram e retribuem a colaboração.

Em resumo, a mente é descrita pela Ciência Cognitiva como o conjunto de algoritmos que processam representações correspondentes a dados sensoriais e a registros de memória e de intenções. O resultado desses processamentos aumenta a capacidade humana de analisar o ambiente e de gerar respostas comportamentais mais adequadas do ponto de vista evolutivo.

2.3.
CULTURA E SOCIEDADE

As **sociedades** são reuniões de seres humanos que obedecem a regras de certa forma consensuais ou impostas por grupos com poder. Trata-se de sistemas complexos formados por subsistemas hierarquicamente dispostos, tais como grupos familiares, de interesses compartilhados, classes sociais, nações etc. As sociedades são produtos da evolução que aumentam a adaptabilidade humana ao seu meio ambiente, contribuindo para o sucesso evolutivo dos seres humanos. A sociedade que não tivesse como propósito o aumento da adaptabilidade humana seria substituída por outras que tivessem esse propósito, como aconteceu com os primatas pré-humanos substituídos pelos primatas humanos que formaram sociedades. Como no caso dos seres vivos, o propósito da sociedade não está relacionado a uma essência ou causa final, mas é fruto de variação aleatória, seguida da seleção da forma que melhor assegura a adaptabilidade humana ao ambiente.

A estruturação da sociedade em núcleos familiares (parceiros sexuais e sua descendência) é um imperativo biológico. Contudo, uma estrutura social em núcleos maiores que famílias (grupos de caça, grupos de coleta, bandos) requer habilidades cognitivas especiais. Tais habilidades incluem a capacidade de reconhecer faces, cooperar, reconhecer emoções nos outros para predizer suas reações etc., que estão associadas aos módulos cognitivos conceituais e são resultado da adaptação dos ancestrais humanos

FILOSOFIA DA CIÊNCIA

ao nicho sociocognitivo (Pinker, 2010). Este consiste em um modo de vida caracterizado pelo uso de conhecimento causal da natureza e pelo desenvolvimento extraordinário da capacidade de cooperação. O conjunto dessas habilidades cognitivas pode ser chamado de cognição inata, que é a base para a formação da **cultura inata**. Esta é o conjunto de ideias, mitos, rituais e expectativas, que podem ser entendidos como comuns a toda a humanidade, correspondendo aos universais humanos (Brown, 1991; Pinker, 2004).

O passo seguinte na estruturação da sociedade (tribos, sociedades agrárias etc.) requer a capacidade dos indivíduos de ensinar aos outros o que aprenderam, isto é, de transmitir cultura, e, do mesmo modo, de adquirir cultura. A partir desse momento, a população biológica passa a ser uma sociedade humana. A inserção do indivíduo na sociedade depende da vida biológica individual (se o indivíduo é forte, grande caçador etc.), e, além disso, também depende da vida cultural individual, que inclui as habilidades para aprender, liderar, introduzir inovações etc.

As capacidades cognitivas humanas são necessárias para a formação da sociedade e para a orientação da ação humana. Contudo, na tradição antropológica culturalista contemporânea prevalece a concepção de que os comportamentos humanos são aprendidos, isto é, os seres humanos são vistos como *tabula rasa*, não dispondo de conteúdo cognitivo que não foi aprendido socialmente (Rosenberg, 2012). Essa perspectiva, porém, ignora o fato incontornável de que tanto o ambiente natural como o ambiente social não poderiam afetar os seres humanos se eles não fossem capazes de responder aos estímulos, ou seja, se não tivessem processos cognitivos inatos apropriados. Em outras palavras, nenhum ser humano pode se orientar por ultrassom, como fazem os morcegos, já que não pode naturalmente perceber a frequência, tampouco pode se emocionar com uma partitura caso não saiba lê-la.

Como determinados processos cognitivos inatos são necessários para iniciar a formação da sociedade, e não o contrário como postulado pela tradição antropológica cultural contemporânea, vamos analisar o problema com mais exemplos. Por que leões não são capazes de subir em árvores como os macacos são capazes de fazê-lo? A resposta é simples. Os leões, diferentemente dos macacos, não possuem propriedades anatômicas inatas para isso, como as quatro mãos e a capacidade de usá-las para segurar em galhos nos macacos. Podemos fazer outra pergunta. Por que os leões não formam sociedades, ainda que primitivas, como a dos macacos? A resposta é similar à anterior. Leões não dispõem dos processos cognitivos inatos que permitem a formação de laços, isto é, não dispõem de uma ToM (ver Tabela 2.1 e texto correspondente), ainda que primitiva, como a dos macacos. Uma demonstração contundente da necessidade de uma ToM funcional para a socialização é a incapacidade de pessoas com autismo severo (caracterizadas por terem deficiências em sua ToM) estabelecerem relações sociais, mesmo estando inseridas em sociedades e tendo, portanto, possibilidades de aprender socialmente (Brewer, Young e Barnett, 2017).

Embora os macacos já tenham habilidades para iniciar a formação de uma sociedade, eles não são capazes de produzir ciência. Não é possível discutir aqui detalhes do que ocorreu na evolução do cérebro humano, no sentido de ampliar a cooperação com estranhos e de lidar tecnologicamente com o meio ambiente. Para conhecer detalhes desse processo, veja Terra e Terra (2016) e referências ali listadas. O que se pode dizer aqui é que a evolução do cérebro humano ao longo desse processo, ocorrida paralelamente à evolução da sociedade humana ancestral, levou à capacidade de aprender com seus semelhantes (já esboçada em alguns macacos) e ao surgimento do módulo cognitivo para a aquisição de linguagem. Esse módulo, junto a outras habilidades cognitivas – como uma ToM aperfeiçoada e a enorme ampliação na capacidade de processamento –, levou ao desenvolvimento da linguagem gramatical, que, em última análise, permitiu a formação do conhecimento comum e do conhecimento científico.

Além do ponto de vista da Antropologia Cultural relativo à natureza humana, existe um outro que considera que a evolução dotou o homem com características cognitivas que lhe permitem estabelecer relações com outros membros, de forma que os indivíduos tenham vantagens em um ambiente social (Masters, 1982; Pinker, 2004). De acordo com essa perspectiva, os arranjos sociais seriam contingências evolutivas que surgem quando os benefícios da vida em grupo excedem os custos decorrentes da perda de parte da autonomia individual. O cérebro é entendido nessa tradição como constituído por módulos de processamento que foram selecionados por processo evolutivo e que concernem a tarefas definidas, especialmente as relacionadas a respostas rápidas voltadas à sobrevivência. Um exemplo de módulo é a parte do cérebro responsável pela percepção visual, já comentada anteriormente. Usando um algoritmo inato, esse módulo constrói uma representação tridimensional dos dados bidimensionais que atingem a retina (Rosenberg, 2012). Outros detalhes sobre módulos cerebrais foram apresentados na seção 2.2. Embora Masters (1982) afirme explicitamente que a Ciência Social não pode ser reduzida à Biologia, ele e outros pesquisadores defendem uma perspectiva cognitiva de abordagem da sociedade que parece admitir que a sociedade é perfeitamente explicável pelas propriedades de seus membros.

Na verdade, a sociedade não pode ser explicada somente pelas habilidades cognitivas e pelas características biológicas de seus membros, pois é sistema emergente. O filósofo e economista alemão Karl Marx (1883), num certo sentido, antecipou a ideia de que a sociedade humana é um sistema emergente que altera a atitude de seus membros – quando afirma, por exemplo, que: "Não é a consciência do homem que determina o seu ser; mas é seu ser social que determina a sua consciência" (Marx, 1977). Mas foi Émile Durkheim (1858-1917) quem, por meio de análises estatísticas, primeiro mostrou o caráter emergente da sociedade humana. Em seu clássico estudo *O suicídio* (1997), Durkheim atentou para o fato de que havia uma grande diferença nas taxas de suicídios entre católicos e protestantes. Como ele observou, a taxa entre os católicos era menor. Ele procurou investigar as causas dos suicídios que eram classificados pelas autoridades como resultantes de pobreza, problemas familiares, falência financeira, dor física, amor ou ciúme. Em seguida, Durkheim notou que a proporção entre as causas de suicídio era constante e que não dependia do número geral de suicídios, que flutuava bastante ao longo dos anos. Disso, concluiu que mesmo que o suicídio individual fosse causado por fatores psicológicos, as flutuações na taxa total, inclusive a existente entre católicos e protestantes, deveriam ter causas sociais, não psicológicas. Finalmente, além de identificar outros fatores sociais que afetavam a taxa de suicídios, Durkheim explicou que a taxa de suicídio era menor entre católicos porque esses receberiam mais apoio dos outros através da orientação da Igreja do que os protestantes.

Assim, a partir de certo ponto, a estruturação da sociedade depende de fatores sociais representados pela cultura, que funciona induzindo comportamentos adaptados ao sistema social. O modo como essa indução pode ocorrer será tema da Parte C, especialmente do capítulo 12 (seção 12.3).

Há diversas explicações para o mecanismo de evolução da cultura (e da sociedade), que são discutidas por Godfrey-Smith (2012). O conjunto das evidências atuais favorece a visão segundo a qual a evolução das sociedades ocorre de acordo com o algoritmo evolutivo, que promove modificações adaptativas na cultura.

De acordo com essa perspectiva, ainda que o algoritmo da **evolução sociocultural** e da evolução biológica seja o mesmo (isto é, o algoritmo evolutivo já discutido anteriormente), a natureza das variações que surgem nos dois tipos de sistemas é muito diferente. Nos seres vivos, como vimos, a gênese da novidade é uma mutação aleatória no DNA; nas sociedades, em contrapartida, temos a inovação cultural. Esta pode ser causada por **cultura evocada**, a qual corresponde a um conjunto de respostas comportamentais (contramedidas automáticas) que são ativadas por alteração ambiental, e que asseguram a adaptabilidade do sistema ao ambiente variável. Essas contramedidas poderiam ocorrer, por exemplo, quando a formação social se encontrasse numa situação desafiadora (como em casos de grande seca, inundação, guerra etc.) ou sob pressão de um adensamento populacional. Essas condições ativariam um conjunto comum de módulos cognitivos especializados que, por sua vez, evocariam um novo conjunto de atitudes e objetivos. Outros tipos de inovação cultural são causados por **cultura transmissível** por aprendizado. Nesse caso, a inovação poderia surgir de invenção (com a criação de um novo método para fazer algo, por exemplo, rastrear a caça, usar tear mecânico) por algum membro, cujo novo comportamento se difundiria para os demais membros da formação social por aprendizado. Ainda por cultura transmissível, a inovação cultural poderia ser também uma ação política, isto, é um conjunto de atividades com o objetivo deliberado de transformar, pelo menos em parte, a organização social (por exemplo, as ações que culminaram com a queda da monarquia na França em 1789). Em qualquer dos três tipos de inovação cultural referidos haveria uma mudança social, cuja extensão depende das circunstâncias específicas.

Um exemplo pode ilustrar o efeito social notável do que parece apenas uma pequena inovação. O primeiro documento cristão que menciona o termo *purgatório* data de 1176; nele, o purgatório é referido como o lugar onde se termina a expiação dos pecados antes da união com o Senhor. Essa adição ao dogma cristão teve enormes consequências, já que a simples confissão a um sacerdote deixou de ser suficiente para o perdão dos pecados. Tornou-se necessária a prática de boas ações como forma de penitência. Essas boas práticas, em geral, consistiam em doar propriedades e dinheiro à Igreja, principalmente após o século XIII. A consequência dessa prática foi o enriquecimento e o aumento do poder da Igreja, o que se acelerou com a venda de indulgências (para decréscimo do tempo no purgatório). Associadas ao conceito de purgatório, surgiram grandes obras de arte usadas em serviços em benefício dos mortos e à Virgem Maria, considerada intercessora junto ao Senhor. Exemplos dessas obras são as missas para os mortos, como o *Requiem,* de Mozart, ou em homenagem à Virgem Maria, como a *Missa Cellensis in honorem Beatissimae Virginis Mariae,* de Haydn (Haggh, 1992). Outra consequência significativa foi a revolta contra o mercado de indulgências, que culminou com o surgimento do protestantismo.

A forma como o bem-sucedido sistema se impõe é também diferente entre a evolução biológica e a sociocultural. Entre os seres vivos, o ente mais bem-sucedido se reproduz em maior número, acabando por predominar numericamente dentro da espécie. Da mesma forma, a espécie mais bem-sucedida (no sentido de gerar mais descendentes) predominará em determinado ambiente. No caso das sociedades, a inovação cultural predominará caso angarie mais apoio entre os membros da sociedade. Em se tratando de uma competição entre sociedades, o predomínio da sociedade bem-sucedida pode ser numérico, no sentido de uma sociedade gerar sociedades semelhantes, o que, em geral, dá-se por difusão cultural (por exemplo, a dispersão dos processos industriais ao longo da Revolução Industrial) ou por destruição física das sociedades concorrentes (por exemplo, o aniquilamento das sociedades indígenas por europeus).

ASPECTOS HISTÓRICOS DA CIÊNCIA E DA FILOSOFIA DA CIÊNCIA

A identidade do algoritmo da evolução sociocultural e da evolução biológica torna a evolução social, tal como a biológica, imprevisível e sem objetivo final. Existem críticas a esse ponto de vista – como nas afirmações segundo as quais a evolução biológica é "cega", enquanto a evolução sociocultural seria intencionalmente dirigida para algum objetivo específico (por exemplo, Bryant, 2004). Não há, contudo, evidência empírica que indique a existência de objetivos específicos a orientar a evolução sociocultural. Na prática, os estudos sobre inovação tecnológica e criatividade indicam que as invenções e as descobertas bem-sucedidas seriam ou o resultado de tentativas e erros ou subprodutos de tentativas dirigidas a objetivos distintos dos inicialmente pretendidos (Henrich, 2001; Mesoudi, Whiten e Laland, 2006).

A Ciência Social não dispõe de uma teoria unificadora, mas, segundo Giddens (2008), possui três problemas teóricos básicos. Esses três problemas concernem à forma como interpretamos as atividades humanas e as instituições sociais. O primeiro refere-se à controvérsia relativa à extensão do papel da sociedade no condicionamento das ações de seus membros. Vimos que a sociedade, como sistema emergente, impõe um padrão de relações entre os seus membros. Essa afirmação é apoiada por evidência empírica, embora careça de detalhamento dos mecanismos envolvidos. O segundo problema listado por Giddens consiste na disputa entre o ponto de vista que realça a ordem e a harmonia das sociedades e aquele que ressalta o constante conflito social. Finalmente, o último problema ressaltado diz respeito à indagação sobre em que medida a sociedade atual foi moldada apenas por mecanismos econômicos ou se houve outros mecanismos que contribuíram para esse processo. Esses dois últimos problemas são resumidos pelo conceito de evolução sociocultural, dependentes de detalhamento dos mecanismos envolvidos, isto é, da descrição dos processos que levaram de uma situação a outra, como exemplificamos com a origem da missa aos mortos pela invenção do purgatório. Na evolução sociocultural, a sociedade adapta-se às condições a ela impostas, gerando harmonia social, que é afetada por inovações culturais surgidas em seu meio. Em resumo, a sociedade mantém continuamente uma tensão entre estabilidade e mudança. Dessa forma, o surgimento ou não de conflitos no seio da

FILOSOFIA DA CIÊNCIA

sociedade e a natureza da inovação (econômica, política, gerencial etc.) que leva à mudança social podem variar no tempo e no espaço.

Marx é um bom exemplo de um teórico que procurou mostrar a gênese da mudança sociocultural. Segundo ele, as sociedades estão divididas em classes com recursos desiguais, o que resulta em diferentes interesses que levam a conflitos, e os conflitos geram, por sua vez, mudanças sociais. Como se vê, as propostas de Marx podem ser verdadeiras, conforme a sociedade e a época histórica. Isso porque é de se esperar que a gênese da novidade (no caso de Marx, o conflito de classes) pode variar com o nível de complexidade da sociedade (por exemplo, o conflito de classes não pode ocorrer em sociedade de caçadores-coletores, onde as classes não existem) e no tempo (esse conflito é pouco relevante em várias sociedades europeias contemporâneas). Weber (2004; ver também Audi, 1999) propôs que a novidade cultural mais relevante a partir do século XX é de natureza científica e tecnológica, incluindo processos racionais de organização do trabalho e de outras atividades humanas (burocracia). Esse conjunto de inovações que visavam à eficiência e que se baseavam no conhecimento técnico foi chamado por Weber de racionalização.

Em resumo, a identificação dos processos que atuam na evolução sociocultural implica o levantamento de evidências empíricas, principalmente de base histórica, e não basta a especulação teórica. As explicações propostas deverão ser validadas e, posteriormente, consolidadas de forma compatível com o tipo de explicação (ver capítulo 6).

As sociedades, bem como os indivíduos, a partir de certo grau de desenvolvimento, têm condições de adicionar ao seu propósito básico o de aumentar a adaptabilidade dos seres humanos no meio ambiente e o de possibilitar a maior realização pessoal aos seus membros.

RESUMO

Os seres vivos são capazes de gerar descendentes, crescer e se diferenciar de acordo com um plano aparente que os torna orientados para um propósito, a saber, assegurar a sua reprodução. Para isso, os seres vivos adaptam-se continuamente ao seu meio ambiente, como foi explicado

ASPECTOS HISTÓRICOS DA CIÊNCIA E DA FILOSOFIA DA CIÊNCIA

pela chamada teoria da evolução de Darwin. Essa teoria consiste em dois princípios: um que explica a biodiversidade como consequência de descendência com variação e seleção; e o outro, as semelhanças compartilhadas por ascendência comum. O processo identificado por Darwin foi generalizado na forma do algoritmo evolutivo. De acordo com esse algoritmo, um ente se replica com fidelidade, mas ocasionalmente produz cópias alteradas; as cópias alteradas predominarão caso sejam capazes de gerar mais cópias de si do que as não alteradas. O estudo da mente é feito pela Ciência Cognitiva, um tipo de investigação multidisciplinar mais amplo que os enfoques anteriores. O sucesso desse enfoque deveu-se ao reconhecimento da mente como um conjunto de algoritmos que processam representações correspondentes a dados sensoriais e registros de memórias e de intenções. Os experimentos de Neurolinguística de Chomsky e de seus colaboradores mostraram que os seres humanos são dotados de um dispositivo inato de aquisição de linguagem, o qual incorpora características que refletem uma gramática geral. Com isso, foi possível explicar como uma criança aprende o significado das palavras a partir de impressões sensoriais que podem ter infinitas interpretações. Fodor, a partir de observações experimentais, propôs que a mente, além de ter um sistema de processamento geral, possui módulos (unidades cerebrais) associados aos sentidos. Graças à Psicologia Evolutiva e à Neurociência Cognitiva ficou claro que, além dos módulos descritos por Fodor, existem módulos cognitivos conceituais que contêm conhecimento inato, orientadores de ações rápidas. As sociedades são reuniões de seres humanos que obedecem a regras consensuais ou impostas por grupos com poder; são formadas por sistemas hierarquicamente dispostos, como famílias, classes, estados etc. A estruturação da sociedade requer a capacidade dos indivíduos de ensinar aos outros o que aprenderam, isto é, de transmitir e de adquirir cultura. A cultura inicialmente se forma a partir da cultura inata, que, por sua vez, é reflexo do conhecimento inato presente nos módulos cognitivos conceituais. A evolução sociocultural segue o algoritmo evolutivo, que se caracteriza pelo surgimento de inovações culturais e sua seleção. A inovação cultural surge como resposta orientada pela autopreservação mais imediata, por invenção ou por ação política. Na fase de seleção, a inovação cultural que predomina é aquela que angaria mais apoio dentro de uma sociedade ou, em se tratando de competição entre sociedades, aquela que gera mais sociedades semelhantes por difusão cultural ou destruição física das sociedades concorrentes.

SUGESTÕES DE LEITURA

Os seres vivos e suas peculiaridades são apresentados de forma clara por Mayr (2004) e as implicações filosóficas da evolução dos seres vivos por Dennett (1998). Vale a pena consultar também os próprios livros de Darwin (1974, 2009, 2018), que, além de convincentes, são de agradável leitura, ou os livros de Dawkins (2001) e Dennett (1998).

Uma discussão didática sobre o funcionamento da mente pode ser encontrada em Pinker (1998). O uso de dados arqueológicos para inferir as características da mente dos seres humanos ancestrais é discutido em Mithen (1998). O relato de como as bases cognitivas importantes para o desenvolvimento da cultura podem ser inferidas pela Psicologia Evolutiva é apresentado em Tooby e Cosmides (1992). Um excelente manual de Sociologia é o de Giddens (2008).

QUESTÕES PARA DISCUSSÃO

1. Por que o desenvolvimento da Geologia foi importante para a teoria da evolução?
2. Quais as diferenças fundamentais entre as ideias de Lamarck e as de Darwin?
3. Como os princípios de seleção natural e ancestralidade comum revolucionam o conceito de espécie e a sua organização em grupos?
4. Por que a Biologia pode ser considerada uma ciência histórica?
5. A noção de descendência com variação e seleção, proposta por Darwin para os seres vivos, pode ser generalizada para qualquer ente que gere cópias que podem conter variações mais bem adaptadas ao ambiente que as originais. Como se chama essa generalização? Dê também um exemplo que não seja de seres vivos.

ASPECTOS HISTÓRICOS DA CIÊNCIA E DA FILOSOFIA DA CIÊNCIA

6. É correto admitir que a mente humana não tem conteúdo (é uma *tabula rasa*) e que todo aprendizado é adquirido apenas mediante a experiência?
7. Que conceitos fundamentais levaram ao desenvolvimento da Ciência Cognitiva?
8. O que levou Fodor a propor que a mente é formada por módulos cognitivos?
9. Como se dá o aprendizado da linguagem de acordo com Noam Chomsky?
10. Qual o papel do conhecimento inato na formação do conhecimento transmissível?
11. Qual o papel da inovação cultural na evolução sociocultural?
12. Em que sentido podemos dizer que a sociedade tem propriedades emergentes?

LITERATURA CITADA

AUDI, R. *The Cambridge Dictionary of Philosophy*. 2. ed. Cambridge: Cambridge University Press, 1999.

BORON, W. F.; BOULPAEP, E. L. *Medical Physiology*. 3. ed. Philadelphia: Elsevier, 2017.

BROWN, D. E. *Human Universals*. New York: McGraw-Hill, 1991.

BREWER, N.; YOUNG, R. L.; BARNETT, E. Measuring Theory of Mind in Adults with Autism Spectrum Disorder. *Journal of Autism and Developmental Disorders*, v. 47, n. 7, pp. 1927-1941, 2017. https://doi.org/10.1007/s10803-017-3080-x.

BRYANT, J. M. An Evolutionary Social Science? A Skeptic's Brief, Theoretical and Substantive. *Philosophy of Social Sciences*, v. 34, pp. 451-492, 2004. https://doi.org/10.1177%2F0048393104269196.

CARROLL, S. Homeotic Genes and the Evolution of Arthropods and Chordates. *Nature*, n. 376, pp. 479-485, 1995. https://doi.org/10.1038/376479a0.

CARRUTHERS, P. *The Architecture of Mind*. Oxford: Oxford University Press, 2006.

CHOMSKY, N. *Linguagem e mente*. 3. ed. Trad. R. L. Ferreira. São Paulo: Editora Unesp, 2009).

CLARK, A. *Mindware. An Introduction to the Philosophy of Cognitive Science*. 2. ed. Oxford: Oxford University Press, 2014.

CRANE, T. *The Mechanical Mind:* a Philosophical Introduction to Minds, Machines and Mental Representation. 3. ed. London: Routledge, 2016.

DARWIN, C. *A origem do homem e a seleção sexual*. Trad. A. Cancian e E. N. Fonseca. São Paulo: Hemus, 1974.

_____. *A expressão das emoções no homem e nos animais*. Trad. L. S. L. Garcia. São Paulo: Companhia das Letras, 2009.

_____. *A origem das espécies*. Trad. P. P. Pimenta. São Paulo: Ubu, 2018.

DAWKINS, R. *O relojoeiro cego*: a teoria da evolução contra o desígnio divino. Trad. L. T. Motta. São Paulo: Companhia das Letras, 2001.

DENNETT, D. C. *Consciousness Explained*. London: Penguin Books, 1991.

_____. *A perigosa ideia de Darwin*. Trad. T. M. Rodrigues. Rio de Janeiro: Rocco, 1998.

DOBZHANSKY, T. Nothing in Biology Makes Sense except in Light of Evolution. *The American Biology Teacher*, v. 35, n. 3, pp. 125-129, 1973. https://doi.org/10.2307/4444260.

DURKHEIM, E. *O suicídio*. Trad. M. Stahel. São Paulo: Martins Fontes, 1997.

FESER, E. *Philosophy of Mind:* a Beginner's Guide. Oxford: Oneworld, 2006.

FODOR, J. A. *The Modularity of Mind*: an Essay on Faculty Psychology. Cambridge: MIT Press, 1983.

FRIEDENBERG, J.; SILVERMAN, G. *Cognitive Science*: an Introduction to the Study of Mind. 3. ed. Los Angeles: Sage, 2016.

FILOSOFIA DA CIÊNCIA

GIDDENS, A. *Sociologia*. 6. ed. Trad. A. Figueiredo, A. P. Duarte. C. L. Silva, P. Matos e V. Gil. Lisboa: Fundação Gulbenkian, 2008.

GODFREY-SMITH, P. Darwinism and Cultural Change. *Philosophical Transactions of the Royal Society B 367*, pp. 2160-2170, 2012. https://doi.org/10.1098/rstb.2012.0118.

HAGGH, B. The Meeting of Sacred Ritual and Secular Piety: Endowments for Music. In: KNIGHTON, T.; FALLOWS, D. (orgs.). *Companion to Medieval and Renaissance Music*. Berkeley: University of California Press, 1992, pp. 60-8.

HENRICH, J. Cultural Transmission and Diffusion of Innovations: Adoption Dynamics Indicate that Biased Transmission is the Predominant Force in Behavioral Change. *American Anthropologist*, v. 103 n. 4, pp. 992-1013, 2001. http://www.jstor.org/stable/684125.

JACOB, F. Evolution and Tinkering. *Science*. v.196, n. 4295, pp. 1.161-1.166, 1977. https://doi.org/10.1126/science.860134.

KOLB, D. Kant, Teleology and Evolution. *Synthese,* v. 91, pp. 9-28, 1992. https://doi.org/10.1007/BF00484967.

MAGNER, L. N. *A History of the Life Sciences*. 3. ed. Boca Raton: CRC Press, 2002.

MARX, K. *A Contribution to the Critique of Political Economy*. Moscow: Progress Publishers, 1977.

MASTERS, R. D. Is Sociobiology Reactionary? The Political Implications of Inclusive-fitness Theory. *The Quarterly Review of Biology*, v. 57, n. 3, pp. 275-292, 1982. http://www.jstor.org/stable/2827464.

MAYR, E. *O desenvolvimento do pensamento biológico*: diversidade, evolução e herança. Trad. I. Martinazzo. Brasília: Editora da UnB, 1998.

_____. What Makes Biology Unique? New York: Cambridge University Press, 2004. [Trad. bras. *Biologia, ciência única*. São Paulo: Companhia das Letras, 2009].

_____. *Biologia, ciência única*. Trad. M. Leite. São Paulo: Companhia das Letras, 2009.

MESOUDI, A.; WHITEN, A.; LALAND, K. N. Towards a Unified Science of Cultural Evolution. *Behavioral and Brain Sciences*, v. 29, n. 4, pp. 329-383, 2006. https://doi.org/10.1017/s0140525x06009083.

MITHEN, S. *A pré-história da mente*. Trad. L. C. B. de Oliveira. São Paulo: Editora Unesp, 1998.

PINKER, S. *Como a mente funciona*. Trad. L. T. Motta. São Paulo: Companhia das Letras, 1998.

_____. *Tabula rasa*: a negação contemporânea da natureza humana. Trad. L. T. Motta. São Paulo: Companhia das Letras, 2004.

_____. The Cognitive Niche: Coevolution of Intelligence, Sociality, and Language. *Proceedings of the National Academy of Sciences of USA*, v. 107, pp. 8.993-8.999, 2010. https://doi.org/10.1073/pnas.0914630107.

REECE, J. B et al. *Campbell Biology*: Global Edition. 9. ed. San Francisco: Pearson, 2011.

ROSENBERG, A. *Philosophy of Science*: a Contemporary Introduction. 3. ed. New York: Routledge, 2012.

SPERBER, D.; HIRSCHFELD, L. A. The Cognitive Foundations of Cultural Stability and Diversity. *Trends in Cognitive Sciences*, v. 8, n. 1, pp. 40-46, 2004. https://doi.org/10.1016/j.tics.2003.11.002.

TERRA W. R.; TERRA R. R. *Interconnecting the Sciences*: a Historical-Philosophical Approach. Saarbrücken: LAP Lambert Academic Publishing, 2016.

TOOBY, J.; COSMIDES, L. Evolutionary and the Generation of Culture, Part I. Theoretical Considerations. *Ethology and Sociobiology*, v. 10, n. 1-3, pp. 29-49, 1989. https://doi.org/10.1016/0162-3095(89)90012-5.

_____; _____. The Psychological Foundation of Culture. In: BARKOV, J. H.; COSMIDES, L.; TOOBY, J. (eds.). *The Adapted Mind*: Evolutionary Psychology and the Generation of Culture. Oxford: Oxford University Press, 1992, pp. 19-136.

VOET, D.; VOET, J. G. *Biochemistry*. 4. ed. Hoboken: Wiley, 2011.

WEBER, M. *A ética protestante e o "espírito" do capitalismo*. Trad. J. M. M. de Macedo. Ed. A. F. Pierucci. São Paulo: Companhia das Letras, 2004.

WIESMANN, C. G.; FRIEDERICI, A. D.; STEINBEIS, N. Two Systems for Thinking about Others' thoughts in the Developing Brain. *Proceedings of the National Academy of Sciences*, v. 117, n. 12, pp. 6.928-6.935, 2020. https://dx.doi.org/10.1073%2Fpnas.1916725117.

3.

ASPECTOS HISTÓRICOS, TERMINOLÓGICOS E CONCEITUAIS DA FILOSOFIA DA CIÊNCIA

3.1.
ASPECTOS HISTÓRICOS DA FILOSOFIA DA CIÊNCIA

Os seres humanos lidam racionalmente com seu meio ao elaborarem explicações sobre os eventos naturais (a partir do conhecimento disponível sobre os objetos e os eventos da realidade) e ao ajustarem o comportamento em função dessas explicações. **Explicação** é um relato intelectualmente satisfatório que descreve de que maneira ou sob que circunstâncias os eventos acontecem e de que modo os objetos pertinentes estão associados entre si. O que se considera intelectualmente satisfatório varia conforme as expectativas sobre o rigor da análise. Para o senso comum, uma explicação é uma conclusão lógica simples, derivada a partir de dados referentes a objetos sensíveis (percebidos pelos sentidos) e de regularidades conhecidas. Um exemplo de explicação do senso comum é "a criança feriu as mãos e a cabeça porque escorregou, tentou evitar ferir a cabeça com as mãos, mas não conseguiu". As principais regularidades conhecidas são a queda associada à perda de equilíbrio e a geração de ferimentos quando o corpo atinge violentamente o solo. A explicação liga os eventos por passos lógicos, tendo as regularidades como apoio. As explicações vão compondo uma representação da natureza, que é intelectualmente satisfatória e pode orientar ações futuras. Além da representação da natureza, os seres humanos utilizam a **simulação mental** antes de agir. Esta consiste na imaginação de diferentes cenários prováveis, que são derivados tanto das condições iniciais como das regularidades já conhecidas. O uso da simulação mental nos auxilia a evitar atitudes desastradas.

O objetivo da ciência é construir uma representação da realidade com o uso dos processos mais rigorosos possíveis, podendo, em consequência, orientar a ação humana. Aqui, como definido anteriormente, representação significa um conjunto de elementos de natureza variada que corresponde a qualidades do objeto representado. A **Filosofia da Ciência** é o exame crítico das ciências, particularmente no que diz respeito aos métodos para representar a realidade. Assim, as primeiras atividades da Filosofia da Ciência foram as tentativas de distinguir a explicação científica daquela do senso comum, a qual, em geral, explica os eventos conhecidos da natureza a partir de outros eventos igualmente conhecidos, como no exemplo do ferimento da criança. Numa análise mais sofisticada, necessária para lidar com aspectos mais complexos da realidade, os tipos de explicação proporcionados pelo senso comum – por exemplo, a redução para o conhecido, no caso dos fenômenos naturais – são inadequados. O desconhecido (no exemplo anterior, a causa de a criança ter ferido a cabeça) pode ser explicado pelo familiar (como o fato se deu), mas pode ser o contrário, isto é, o familiar pode ser explicado pelo desconhecido. Nesse caso, o senso comum tem de ser substituído por uma explicação científica, como no exemplo trazido por Hempel (1965), que discutiremos adiante. O céu que vemos escuro com pontos brilhantes à noite e com o qual estamos acostumados foi inicialmente um mistério. Como as observações mostram que as estrelas se distribuem uniformemente por todo o universo, o céu deveria ser claro em todas as direções durante o dia e à noite, embora obviamente o dia seria mais claro que a noite. O mistério só foi esclarecido a partir da hipótese de que o universo está em expansão, o que ocasionaria a extinção das fontes de luz longínquas, tornando o céu escuro à noite.

A construção do conhecimento como resultado da operação de observar para reunir fatos e, a seguir, propor explicações é, na verdade, uma compreensão inadequada. Há ampla evidência de que só é possível observar fatos se o pesquisador já tiver uma hipótese sobre o que pretende explicar, pois a escolha dos eventos da realidade que serão usados como fatos dependerá da hipótese formulada (Russell-Hanson, 1967). Deve-se acrescentar, contudo, que a coleta de dados sem hipótese para explicar um evento ou objeto, mas dentro de programas inseridos em contextos científicos, é prática comum e será tratada adiante.

A preocupação crítica em relação aos temas tratados anteriormente, que incluem as explicações e os métodos para desenvolver a ciência, é tarefa da **Filosofia da Ciência**. Antes de continuarmos, vejamos alguns aspectos da Filosofia antes do século XX que nos auxiliam a introduzir um vocabulário que nos será útil.

Em sua origem na Grécia Antiga, a **Filosofia** correspondia a todo o conhecimento culto, que definimos anteriormente como aquele obtido por métodos rigorosos, respeitando a lógica e a coerência interna das proposições. Após a revolução científica, a parte do que hoje chamamos ciência se separou da Filosofia. Permaneceram na Filosofia a **epistemologia** (estudo dos princípios básicos do pensamento e conhecimento), a lógica, a ética, a estética e a **metafísica**. Contudo, todas as partes da Filosofia mantêm relações com a ciência: a epistemologia e a lógica relacionam-se com a Ciência Cognitiva, a ética e a estética relacionam-se com a Ciência Cognitiva e Social, e a metafísica relaciona-se com todas as ciências.

Metafísica é o título dado ao conjunto de livros de Aristóteles que trata do "ser enquanto ser", isto é, da discussão sobre o que é o ser em geral e como o existir entre as coisas pode ser diferente. O título teria sido atribuído porque, na sequência da obra de Aristóteles, esse conjunto de livros foi colocado depois da *Física – meta* significa "depois". Por coincidência, é "depois da Física" também no sentido de que trata de questões que a Física (a ciência dos aspectos mais gerais da realidade) não pode resolver. São questões metafísicas problemas como *se existe uma realidade independente de nós* ou *se todos os eventos têm uma causa*. Em outras palavras, a metafísica tem o mesmo objetivo da ciência, isto é, descrever a natureza dos objetos e os eventos da realidade. A diferença é que a ciência segue um método cujas conclusões são confrontadas empiricamente com a realidade, enquanto a metafísica usa em suas considerações somente a razão (Mumford, 2010). Já para o filósofo alemão Immanuel Kant (1724-1804), a metafísica não mais diz respeito ao conhecimento da própria realidade, mas sim à maneira como podemos conhecê-la. Assim, para Kant, quando a análise crítica leva à afirmação de que todos os eventos têm uma causa, essa afirmação diz respeito à nossa forma de conhecer, a qual exige a busca por uma causa para articular a relação de eventos observados. Diferentemente de Kant, porém, da perspectiva evolutiva, a busca por causas pode ser interpretada como adaptativa para a humanidade, pois assegura que, por exemplo, ao nos depararmos com um animal atacado, procuremos pelo predador. Alguns filósofos, como Stewart-Williams (2005), chegaram a defender que ideias inatas seriam fonte de conhecimento metafísico. Deve-se alertar, contudo, que as ideias inatas também poderiam apoiar crenças sobrenaturais e pseudociências (ver seção 11.2). Outro ponto de vista afirma que a metafísica aponta as possibilidades de existência de algo, enquanto a ciência indica qual delas é real. Por exemplo, em termos metafísicos, poderíamos assumir que os seres vivos seriam animados por um princípio não material ou que suas propriedades se reduziriam às propriedades da matéria. A ciência atual, vale dizer, reuniu argumentos que rejeitam a necessidade de princípio não material para explicar as propriedades dos seres vivos, favorecendo o ponto de vista de que a vida pode ser entendida em termos materiais.

A Filosofia da Ciência como atividade institucionalizada é produto do século XX, mas a Filosofia da Ciência entendida como essencialmente epistemologia e metafísica é tão antiga quanto a própria Filosofia. Como vimos, Aristóteles entendia que a ciência concernia às explicações causais para os eventos observados, e que essas explicações se baseavam em princípios acerca da essência das coisas. Esses princípios eram derivados da razão e conhecidos com certeza. Galileu, por sua vez, rejeitou o estudo das essências das coisas e só levou em consideração os aspectos observáveis dos fenômenos. A ciência, nesse sentido, passa a descobrir as leis que regem os eventos, e a Matemática ganha importância na análise desses acontecimentos (ver seção 1.3).

O filósofo inglês Francis Bacon (1561-1626), que foi contemporâneo de Galileu, tem proeminência como defensor do método indutivo (no qual generalizações são feitas a partir de uma sequência de achados) como algo oposto à dedução a partir dos primeiros princípios baseados em essências que vigoravam na época. A perspectiva de Galileu foi complementada, como vimos, por Newton. O primeiro filósofo a organizar a nova concepção, conhecida como **empirismo**, foi o inglês John Locke (1632-1704), que era amigo de Newton. Como Locke argumentou, a única fonte de conhecimento é a experiência (Russell, 1967).

O filósofo e historiador escocês David Hume (1711-1776) é conhecido por seu ceticismo filosófico. Para ele, o conhecimento real referia-se apenas a relações entre ideias e números e àquele adquirido da experiência por indução, embora considerasse que a indução não tivesse justificativa lógica. Vale a pena citar como ele resumia esse ponto de vista:

> Quando percorrermos as bibliotecas, convencidos destes princípios, que devastação não deveremos produzir! Se tomarmos em nossas mãos um volume qualquer, de teologia ou metafísica escolástica, por exemplo, façamos a pergunta: *Contém ele qualquer raciocínio abstrato referente a números e quantidades?* Não. *Contém qualquer raciocínio experimental referente a questões de fato e de existência?* Não. Às chamas com ele, então, pois não pode conter senão sofismas e ilusão (Hume, 2003: 222).

Diferentemente de Hume, Kant, influenciado pela universalidade e pela solidez das leis de Newton, assumiu que essas leis deveriam conter algo mais que generalizações a partir de indução. Isso o levou a desenvolver uma perspectiva estabelecendo que todo conhecimento é derivado da experiência, mas que o conhecimento seria ativamente modelado por categorias "*a priori*" do entendimento, isto é, categorias que precederiam a experiência e que seriam acessíveis por investigação filosófica. Não se pode deixar de reconhecer nessa formulação de Kant uma antecipação da noção de conhecimento inato que, como vimos, está presente nos módulos cognitivos (sobre o conhecimento inato, ver capítulo 1; seção 2.2; ver também seção 11.2). A versão contemporânea da Filosofia da Ciência, que surgiu com o nome de "teoria da ciência" logo após o fim da Primeira Guerra Mundial, foi uma elaboração principalmente de um grupo que ficou conhecido como **Círculo de Viena**, em conjunto com o chamado Círculo de Berlim. O Círculo de Viena foi estabelecido por Moritz Schlick (1882-1936) e Otto Neurath (1882-1945), e tinha como figura intelectual central Rudolf Carnap (1891-1970). Hans Reichenbach (1891-1953) e Carl G. Hempel (1905-1997) eram do chamado Círculo de Berlim. Esses grupos

FILOSOFIA DA CIÊNCIA

foram muito influentes e suas ideias migraram para o Reino Unido, através de A. J. Ayer (1910-1989), e para os Estados Unidos, com a imigração forçada de Carnap, Reichenbach, Hempel e Herbert Feigl (1902-1988). Juntamente a outros, os filósofos vinculados a esses grupos passaram a ser conhecidos como **positivistas lógicos**, embora houvesse algumas diferenças entre eles (Ayer, 1959).

A preocupação dos positivistas lógicos era com o desenvolvimento de uma Filosofia a que chamaram de científica. Nessa Filosofia, todas as afirmações, para serem consideradas válidas, deveriam em princípio ser passíveis de verificação empírica; do contrário, seriam consideradas metafísicas (meras especulações) e deveriam ser desconsideradas. As afirmações que seriam desconsideradas poderiam ter valor emocional (por expressar emoções) ou similar, mas entendia-se que não continham conhecimento. Também eram desconsideradas as questões relativas à natureza da realidade, incluindo as indagações sobre as teorias científicas descreverem a realidade ou não. Com essa perspectiva, esses autores desenvolveram uma filosofia da ciência, que, na ocasião, nomearam "teoria da ciência" (Ayer, 1959; Godfrey-Smith, 2003; Schmitz, 2019). Nas palavras de Carnap (1966/1995):

> A antiga filosofia da natureza foi substituída pela filosofia da ciência. Essa nova filosofia não está preocupada com a descoberta de fatos e leis (tarefa das ciências empíricas), tampouco com a formulação de uma metafísica [isto é, da discussão sobre a natureza última] a respeito do mundo. Em vez disso, essa nova filosofia volta sua atenção para a própria ciência, estudando os conceitos empregados, os métodos utilizados, os resultados possíveis, as formas das proposições e os tipos de lógica que são aplicáveis.

Como exemplo, Carnap afirma que o filósofo da ciência estuda os fundamentos lógicos e metodológicos da Antropologia, e não a "natureza da cultura", porque esta seria uma discussão metafísica.

Um dos aspectos mais característicos do positivismo lógico foi a tentativa de conferir à ciência uma estrutura lógico-matemática. Nesse sentido, os fatos empíricos seriam organizados em teorias a partir das quais seriam deduzidas explicações ou seriam feitas predições de eventos. Essa

ASPECTOS HISTÓRICOS DA CIÊNCIA E DA FILOSOFIA DA CIÊNCIA

visão baseia-se em larga medida na experiência dos positivistas lógicos com as Físicas Clássica, Quântica e Relativista. Assim, os positivistas lógicos assumiam que os fatos seriam apreendidos empiricamente por indução. Além disso, também entendiam que o sistema lógico e a Matemática valiam-se de proposições básicas evidentes por si (axiomas), que dispensavam qualquer comprovação e a partir das quais se deduziriam consequências lógicas. Desse modo, os positivistas lógicos reconheciam a ciência como uma estrutura lógica (constituída por proposições analíticas), com a qual se poderia organizar o conhecimento incluído nas proposições sintéticas. Uma **proposição analítica** é uma proposição verdadeira em virtude apenas de seu significado, isto é, ela é evidente por si, dispensando qualquer validação. Em outras palavras, uma proposição analítica é uma tautologia, ou seja, é uma proposição que usa palavras diferentes para dizer a mesma coisa, por exemplo, "nenhum homem não casado é casado", ou se puder ser reduzida a uma tautologia com o uso de definições e troca de termos para outros de mesmo significado, caso na formulação "nenhum homem solteiro é casado" substituíssemos "solteiro" por "homem não casado" (Quine, 2011). Logo, a proposição analítica é "*a priori*" (conhecida sem evidência empírica) e necessária (algo que não pode ser falso). Dessa maneira, as proposições analíticas são formais, não contendo qualquer informação sobre a realidade. Já as **proposições sintéticas** são verdadeiras em virtude dos fatos da realidade, isto é, resultam de observações da realidade (por exemplo, "todos os solteiros são albinos" – nesse caso, a sentença é falsa – ou "todo gelo é frio" – a proposição agora é verdadeira). Em outras palavras, as proposições sintéticas contêm conhecimentos necessariamente provenientes de observações empíricas.

Ainda segundo os positivistas lógicos, as leis naturais seriam descrições de eventos necessários da natureza e seriam, portanto, âncoras seguras da explicação científica. Nessa perspectiva, a explicação surge como consequência lógica das leis, tal como os teoremas derivam dos axiomas na Matemática. No caso da Matemática, um axioma é uma afirmação formal ou princípio a partir do qual outras afirmações podem ser feitas, ao passo que teoremas são afirmações cuja correção pode ser demonstrada por raciocínio (por exemplo, por raciocínio lógico-dedutivo). No caso da ciência,

FILOSOFIA DA CIÊNCIA

contudo, as leis são axiomas necessários, não axiomas convencionais como aqueles usados na estruturação da Matemática. As leis naturais sustentam hipóteses que seriam reunidas em teorias. Dessa forma, para os positivistas lógicos, a explicação científica é uma dedução a partir das leis presentes nas hipóteses e nas teorias (Hempel, 1965). De modo esquemático, a explicação científica teria uma estrutura parecida com a explicação do senso comum sobre os ferimentos da criança mencionada anteriormente, porém, no lugar das regularidades, ocorreriam leis e os passos lógicos seriam acrescidos de análise Matemática. Essa maneira de compreender a explicação científica e, portanto, de compreender a ciência, permite construir, em princípio, uma ciência unificada logicamente a partir do conhecimento das leis de todos os campos do saber.

Como as leis são propostas por processos indutivos, que são generalizações a partir de grande número de observações, elas baseiam-se na expectativa de que aquilo que ocorreu muitas vezes continuará a ocorrer. Essa expectativa não é logicamente necessária, o que diminuiria a segurança nas deduções a partir das leis. Em vista disso, procurou-se, sem sucesso, uma demonstração logicamente sustentada desses processos indutivos, isto é, da lógica da indução, de tal forma que ela pudesse oferecer a certeza de uma dedução (Ayer, 1959; Godfrey-Smith, 2003).

As ciências, à medida que se desenvolvem, criam princípios organizadores de seus dados na forma de conceitos e proposições gerais, leis empíricas, teorias etc., que permitem oferecer explicações para os fenômenos. Além desse movimento unificador interno de cada ciência, é corrente a aspiração de que o conjunto das ciências possa ser de alguma maneira unificado. A forma de unificação postulada pelos positivistas lógicos consiste na proposta de que todas as propriedades de quaisquer objetos podem ser compreendidas e explicadas como resultado ou consequência dos preceitos particulares de regras da Física. Por exemplo, todos os aspectos da Biologia poderiam ser explicados nos termos da Química, e os da Química pela Física. Trata-se, portanto, de uma forma de reducionismo, que consiste na substituição de expressões de uma ciência por expressões de outra de menor complexidade.

A partir da segunda metade do século XX, o positivismo lógico perdeu a predominância na Filosofia da Ciência. Vários fatores contribuíram para isso (Godfrey-Smith, 2003), dentre eles a perda da influência dos instrumentalistas. O **instrumentalismo** é um tipo de empirismo em que as teorias são consideradas apenas instrumentos para classificar, reunir e predizer os fenômenos observáveis. Outro fator que afetou o prestígio do positivismo lógico foi o ressurgimento do realismo científico (Godfrey-Smith, 2003), que é a perspectiva de que a ciência procura representar a realidade. Também foi importante o argumento do filósofo americano Thomas S. Kuhn (1922-1996) de que a ciência tem uma história, em oposição à ideia de que a ciência seria uma atividade apenas conceitual (Kuhn, 1998) – mesmo levando-se em conta que a mudança revolucionária de paradigmas proposta por Kuhn seja contestada (ver capítulo 15). Contudo, o fator mais importante na derrocada do positivismo lógico foi a crítica às suas bases feita pelo filósofo americano Willard van Orman Quine (1908-2000), particularmente em "Dois dogmas do empirismo", de 1953.

Quine (2011) argumentou que a distinção entre proposições analíticas e proposições sintéticas não se sustenta. Como vimos, uma proposição analítica é uma tautologia ou pode ser reduzida a uma tautologia, como no exemplo em que "solteiro" foi trocado por "homem não casado" na proposição "nenhum homem solteiro é casado". O que Quine fez foi caracterizar as condições de uso de sinonímias ou transformações que conservam o sentido. A sua argumentação é complexa e não vamos detalhar aqui. Ainda segundo Quine, é possível mostrar que todas as proposições analíticas contêm conhecimento, na medida em que correspondem a hipóteses básicas e aceitas amplamente para representar o pensamento humano, isto é, são sistemas eficazes para caracterizar processos e estruturas abstratas. Assim, os sistemas formais estão sujeitos à modificação, embora em ritmo mais lento do que as ciências empíricas que tratam da realidade.

Quine (2011) também mostrou que os fatos puros que correspondiam ao conhecimento associado às proposições sintéticas (observações empíricas) não podem ser confirmados (ou melhor, não podem ser testados). Os que são confirmados (testados) são partes da ciência, que incluem a conjectura em teste e um conjunto de hipóteses auxiliares (suposições auxiliares). Por exemplo, um rastreador de caça de uma tribo, para concluir qual é a presa indicada pelas observações (conjectura a ser testada), leva em consideração os tipos de animais da região, os tipos de solos (para avaliar os rastros) etc. (hipóteses auxiliares). Sem dúvida, a identificação da caça pode estar errada, seja porque o rastreador errou nas observações, seja porque as hipóteses auxiliares estavam erradas, por exemplo, se ele assumiu que a caça passou em solo seco, quando na realidade ela estava em solo úmido. Essa situação é que se pretende reconhecer quando se diz que as observações estão carregadas de conhecimento.

Como a conjectura não é diretamente testada, mesmo quando rejeitada, ela pode ser mantida, se útil para o edifício da ciência. Nesse caso, a rejeição é atribuída a hipóteses auxiliares inadequadas. Nessas condições, teríamos uma proposição sintética difícil de ser alterada. A possibilidade de uma proposição sintética ser difícil de ser rejeitada a aproximou das proposições analíticas, levando Quine a concluir que as proposições analíticas e sintéticas não são em princípio distintas. Em consequência, ele afirmou que as proposições analíticas (dos sistemas formais) não poderiam ser a base para organizar ciência, como pretendiam os positivistas lógicos. Deve-se enfatizar, contudo, que, em geral, os sistemas formais sofrem poucas alterações ao longo do tempo, e que, além disso, as **conjecturas** não validadas são abandonadas.

Karl Popper (1902-1994) tinha contatos com o Círculo de Viena, mas não fazia parte dele. As principais preocupações de Popper eram demarcar o que era e o que não era ciência, assim como desenvolver uma teoria da ciência menos dependente de processos indutivos. A razão dessa segunda preocupação é que a observação continuada de um evento em certas circunstâncias não torna logicamente necessário que ele ocorra outra vez nas mesmas circunstâncias. Além disso, a indução é uma generalização a partir de observações passadas, enquanto a ciência frequentemente ultrapassa a experiência presente ao postular a existência de entidades teóricas, como prótons, raios gama etc. De acordo com Popper (1975, 2003), a ciência deveria ser caracterizada pelo desenvolvimento de teorias baseadas em **conjecturas**, ou seja, conjuntos coerentes de propostas. Essas teorias permitiriam avançar predições (que Popper entendia como explicações) por derivação lógico-matemática, fazendo uso de leis. A possibilidade de que as derivações gerem predições falsas que possam

ASPECTOS HISTÓRICOS DA CIÊNCIA E DA FILOSOFIA DA CIÊNCIA

ser averiguadas empiricamente, o que Popper chamou de **falseamento** (refutação), é o que garantiria o caráter científico da explicação. Popper afirmava que não era possível confirmar uma teoria. A única coisa que o teste observacional poderia fazer era mostrar que uma teoria era falsa. Para ele, era indiferente o número de vezes que uma teoria resistia ao falseamento como forma de assegurar que uma teoria é correta. Essa última afirmação é contrária à opinião da maioria dos cientistas e da opinião dos positivistas lógicos, que admitem que a resistência continuada aos testes torna a teoria mais confiável. Para Popper, o avanço da ciência ocorreria pelo ciclo de dois passos que se repetem indefinidamente: conjectura e refutação. A coleta de dados não precede a conjectura, pois uma conjectura é necessária para orientar a coleta de dados.

Embora Popper tenha continuado a ser prestigiado, principalmente pelos cientistas, sua Filosofia da Ciência, ao fazer uso de explicações que demandavam a aplicação de leis científicas e de serem em princípio falseáveis, tornou-se inadequada para a maior parte da ciência, como será discutido adiante. Como exemplo, temos a afirmação de Popper de que a teoria da evolução não seria uma teoria científica, mas sim um programa de pesquisa metafísico (Popper, 1977), pois não se baseia em leis, e, sobretudo, porque não é falseável. Considerando a posição segura da teoria da evolução para a Biologia (resumida anteriormente), isso deixou clara a fragilidade do ponto de vista de Popper na definição de critérios para indicar o que é ou não ciência. Posteriormente, Popper revisou sua posição no que tange à teoria da evolução (Popper, 1983), mas não alterou sua Filosofia da Ciência.

Uma variante da posição de Popper, mas com a aceitação do conceito de verificação, é chamada de **método hipotético-dedutivo**. Este método compreende a atividade científica em três etapas: primeiro, o cientista elaboraria hipóteses; em seguida, deduziria predições observáveis a partir dessas hipóteses. Por fim, se as predições de uma hipótese ocorrerem, ela seria considerada confirmada, caso contrário, a hipótese seria rejeitada.

Neste livro, desenvolvemos uma abordagem da **Filosofia da Ciência** que complementa esse método. O método hipotético-dedutivo não permite descrever o processo de formação de proposições em toda a ciência,

99

FILOSOFIA DA CIÊNCIA

como, por exemplo, as narrativas da biologia evolutiva e da história social. Em contrapartida, descreveremos a ciência como uma atividade que se constitui em três etapas: conjectura (que pode envolver os aspectos experimentais ou de organização de dados); validação em confronto com a realidade pelo pesquisador; e consolidação da conjectura com o auxílio da sociedade científica. Optamos pelo termo *conjectura*, em lugar do mais familiar, *hipótese*, pois o vocábulo *hipótese* está tradicionalmente ligado às ciências experimentais, ao passo que conjectura é mais abrangente e pode abrigar, além de hipótese no sentido das ciências experimentais, proposições como as narrativas da biologia evolutiva ou da história.

Dentro desse enfoque de Filosofia da Ciência, vamos iniciar reafirmando que a ciência não é organizada de forma axiomática, segundo a qual haveria o predomínio de leis a partir das quais se deduzem consequências lógicas. Vamos chamar atenção para o fato de que a ciência é organizada de forma ontológica, segundo a qual todos os argumentos levam em conta os objetos da realidade e os eventos a eles relacionados. Para esclarecer esse argumento, precisamos discutir a pesquisa exploratória. A **pesquisa exploratória** é aquela feita sem uma hipótese orientadora, mas que segue um programa de pesquisa. **Programa de pesquisa** é o conjunto de trabalhos coordenados para o alcance de determinados fins, utilizando procedimentos rigorosos consensuais ou em processo de se tornarem consensuais. O produto da pesquisa exploratória não é a confirmação de uma hipótese, mas a descrição e a classificação de objetos e eventos. Vejamos um exemplo simples a seguir.

Um cientista participa de um programa de pesquisa cujo objetivo é obter informações úteis sobre os insetos, com vistas a orientar o desenvolvimento de métodos inovadores de controle deles. Sabe-se que os insetos possuem uma carapaça externa que os torna impermeáveis a muitos produtos elaborados para afetá-los. O interior de seu tubo digestório está ligado ao meio externo pela boca e não é impermeável, pois tem a função de absorver os nutrientes, e, portanto, pode ser porta de entrada de componentes que os afetem. Para que se possa conhecer o que se passa no tubo digestório de um inseto, decidiu-se, dentro do programa de pesquisa, investigar em qual parte do tubo digestório ocorre a digestão de proteínas. Para isso, o

ASPECTOS HISTÓRICOS DA CIÊNCIA E DA FILOSOFIA DA CIÊNCIA

tubo foi seccionado em várias partes e foi medida a presença de enzimas capazes de digerir proteínas em cada uma delas; o experimento foi repetido em vários insetos. O resultado permitiu localizar a região em que ocorre a digestão de proteínas em cada inseto, e organizar os resultados com base nas regularidades sobre onde ocorre a digestão e o tipo de inseto. Como não há hipóteses explícitas a orientar a pesquisa nesse caso, os dados coletados não podem ser validados em confronto com a hipótese de origem. O que torna científicos os procedimentos de coleta de dados é o rigor dos procedimentos para a sua obtenção, o confrontamento dos dados com todas as possibilidades técnicas disponíveis, e, além disso, o fato de que os dados se inserem no âmbito de um programa de pesquisa de uma disciplina científica, a qual os utilizará na elaboração de conjecturas sujeitas à validação.

Embora a pesquisa exploratória fosse feita pelos cientistas desde o início da ciência moderna (por exemplo, os experimentos em mecânica de Galileu e os estudos da difração da luz publicados por Newton na *Óptica*), o conceito de experimentação exploratória surgiu na Filosofia da Ciência apenas no final dos anos 1990. Nessa época, Steinle (1997) mostrou que os cientistas que estudavam o eletromagnetismo no século XIX realizavam experimentos para testar hipóteses, mas também o faziam para descobrir regras a respeito do comportamento eletromagnético para as quais os pesquisadores não dispunham de nenhuma base teórica. Nesse período, também foi importante o trabalho de Burian (1997), que descreveu o tipo de procedimento que permitiu ao bioquímico belga Jean L. A. Brachet (1909-1988) determinar a quantidade e a localização dos aminoácidos. Na ausência de técnicas específicas para esse procedimento, Brachet empregou uma variedade de técnicas, o que exemplifica como o uso de instrumentos e técnicas de diferentes campos pode contribuir para a solução de problemas bioquímicos. Esse tipo de procedimento ainda é utilizado hoje.

Após Steinle e Burian, a experimentação exploratória – que denominamos **pesquisa exploratória**, para incluir a pesquisa histórica e a de fósseis, entre outras – passou a ser muito discutida (Waters, 2007, 2019; Schickore, 2016), mas ainda era considerada atividade menos frequente em comparação com a pesquisa orientada por hipóteses. No entanto, uma pesquisa baseada em 70 artigos científicos publicados pela conceituada revista

101

Nature no ano 2000 mostrou que 49 deles poderiam ser descritos como exploratórios, pois eram relatos de estruturas moleculares, sequências gênicas e mecanismos de reações bioquímicas, o que indica que parte significativa da pesquisa científica é, de fato, exploratória (Hansson, 2006). Segundo Burian (2007), esse tipo de resultado já era esperado, porque os sistemas biológicos são demasiadamente complicados para serem investigados por um enfoque orientado por hipóteses. Tais sistemas contam com uma variedade de mecanismos em diferentes níveis de organização, de tal forma que nenhuma perspectiva teórica pode unificar os dados de seu funcionamento. Assim, o conhecimento detalhado de algum mecanismo em um dado nível de organização fornecerá poucos indícios gerais que possam orientar a pesquisa de outros mecanismos do mesmo sistema. Essas considerações, feitas aqui para os sistemas biológicos, também valem para os demais sistemas histórico-adaptativos: mente e sociedade. A pesquisa exploratória, além disso, é importante atividade também em uma das ciências exatas, a Química, o que pode ser exemplificado pela busca de rotas de síntese de novos compostos, análise de produtos naturais, dentre outras.

A pesquisa exploratória em Biologia, principalmente a relacionada a estruturas moleculares, sequências de genes e de proteínas, segue protocolos validados pela comunidade científica. Os dados coletados são posteriormente depositados em organizações internacionais, que aplicam algoritmos para avaliar a sua qualidade antes de aceitá-los. Essas organizações disponibilizam sítios na internet em que o acesso a todos os dados, assim como aos diferentes algoritmos que auxiliam nas conclusões a partir desses dados, é livre.

Com o desenvolvimento das chamadas técnicas de alto desempenho, aquelas capazes de gerar um número gigantesco de dados com relativa facilidade, uma série de programas de pesquisa exploratória foi iniciada. Por exemplo: a existência de sequenciadores de DNA de alto desempenho tornou possível a metagenômica, que é o estudo do material genético dos seres vivos que convivem em determinado ambiente, permitindo a identificação de todos os seres que vivem em determinada lagoa, por exemplo. Com essa técnica, trechos de DNA do conteúdo intestinal humano, que é rico em bactérias, foram sequenciados. Algoritmos computacionais baseados nas sequências obtidas foram utilizados para montar o genoma de bactérias residentes no intestino. Com isso, foram descobertas milhares de bactérias até então desconhecidas e, após a comparação de diferentes amostras intestinais, concluiu-se que as comunidades microbianas têm correlações com obesidade, imunidade etc.

A pesquisa orientada por hipóteses, embora minoritária no estudo dos seres vivos, da mente e da sociedade, é importante. É através dela que as conjecturas levantadas pela pesquisa exploratória são testadas e validadas e, posteriormente, consolidadas (ver capítulo 6).

3.2.
ASPECTOS TERMINOLÓGICOS DA FILOSOFIA DA CIÊNCIA

É importante comentar a terminologia usada para se referir às proposições científicas. Começaremos com a terminologia que também é utilizada em contextos não científicos, progrediremos para usos científicos e terminaremos com uma proposta terminológica conveniente que possa ser usada em todos os campos científicos.

Lei é uma regra categórica, isto é, que tem de ser obedecida. Na vida em sociedade, a lei emana de uma autoridade soberana e impõe a todos os indivíduos a obrigação de lhe obedecer sob pena de consequências. Em ciência, temos as leis naturais, atualmente chamadas de **leis científicas**, ou seja, regularidades observadas na realidade que independem de tempo e lugar. Essas regularidades são descobertas por meio de experimentos e são passíveis de serem expressas matematicamente.

Princípio é uma ideia básica ou regra que explica ou controla como alguma coisa acontece ou funciona. Nessa acepção, temos os princípios de uma instituição, de uma disciplina etc. Em ciência, **princípio** é uma característica da realidade que se assume como verdadeira e a partir da qual é possível derivar consequências observáveis. Vimos anteriormente o princípio de Avogadro, necessário para o desenvolvimento da teoria cinética dos gases (ver seção 1.3.2). Outro princípio muito conhecido é

FILOSOFIA DA CIÊNCIA

o princípio da incerteza, formulado por Heisenberg, que afirma que não é possível conhecer ao mesmo tempo a localização e a velocidade de uma partícula subatômica.

Conceito é uma noção abstrata que é usada para designar as propriedades e as características de uma classe de objetos ou eventos, como "conceito de árvore" ou "conceito de tempestade". Em ciência, **conceitos** são objetos ou eventos propostos para ajudar na organização de dados obtidos pelas ciências. Por exemplo, o conceito de hormônio refere-se a uma molécula produzida por organismo pluricelular, a qual coordena respostas a um estímulo interno ou externo.

Teoria. A acepção mais antiga para teoria é a de atividade intelectual, em contraste com atividade prática. Essa acepção é usada na distinção que se faz entre aulas teóricas (expositivas ou com participação dos alunos) e aulas práticas, referentes a trabalho experimental ou qualquer outra forma de manipulação de objetos. Teoria é também o conjunto de proposições coerentes entre si, referentes a um domínio do conhecimento. Nessa acepção, temos como exemplo a teoria da linguagem, a teoria econômica etc. Baseando-se na Física, os primeiros filósofos da ciência procuraram definir de forma rigorosa o conceito de a teoria a ser usada em contextos científicos. Nesse ponto de vista, **teoria** é um conjunto de leis científicas e princípios coerentes entre si, a partir do qual é possível derivar equações que permitem prever eventos.

Vejamos agora uma sistematização da nomenclatura relativa às proposições científicas.

A ciência procura representar a realidade através das descrições de objetos e seus eventos relacionados, que são reunidos em proposições (afirmações) primárias e proposições derivadas. As **proposições primárias** são o resultado da pesquisa exploratória, que segue programas de pesquisa, mas não é orientada por conjecturas, enquanto as **proposições derivadas** são conjecturas elaboradas com base nas proposições primárias e validadas por critérios (que serão detalhados na seção 6.2). Nas ciências exatas, as proposições primárias são as leis, e as proposições derivadas são teorias. As descrições de objetos e de eventos são as proposições primárias, ao passo que os mecanismos são as proposições derivadas dos aspectos funcionais das ciências histórico-adaptativas. **Mecanismo** é um conjunto de objetos e eventos encadeados que explicam um resultado. As ciências histórico-adaptativas possuem, em adição aos aspectos funcionais, aspectos históricos. As proposições primárias dos aspectos históricos são os dados históricos brutos (por exemplo, fósseis em Biologia; documentos, na Ciência Social), já as proposições derivadas são as narrativas baseadas nas proposições primárias. **Narrativas** são registros que procuram mostrar como um dado objeto de estudo tem certas características, particularmente mediante a descrição de como esse objeto se originou de outro anterior.

Em geral, as proposições científicas descrevem as causas dos eventos por meio de explicações. A explicação pode ser um mecanismo (nas ciências exatas e na parte funcional das histórico-adaptativas) ou uma narrativa (na parte histórica das ciências histórico-adaptativas). A ciência lida ainda com **predições** obtidas por processos indutivos, por simulação mental ou simulação computacional. **Simulação**, como vimos, é a elaboração de cenários prováveis a partir das condições iniciais e das regularidades conhecidas.

Apesar das definições apresentadas, a terminologia relativa às proposições nem sempre é respeitada, e, por isso, comentaremos alguns casos mais evidentes. A teoria da relatividade, a rigor, não é uma teoria, mas um **princípio**, pois se trata da proposta de que o universo teria certas propriedades e características que podem ser expressas matematicamente e das quais se extraem consequências lógicas. A aceitação do princípio da relatividade baseia-se no rigor das predições conseguidas por seu proponente, o físico alemão Albert Einstein (1879-1955; Nobel em 1921).

Nas ciências histórico-adaptativas, não há teoria, tal como descrito antes em relação à Física, pois as ciências histórico-adaptativas não possuem leis (que seriam organizadas em teorias). Assim, a chamada teoria da evolução seria mais bem caracterizada como um processo – no caso, o processo da evolução biológica. **Processo** é uma sequência de eventos que afetam objetos e que são irreversíveis, como, por exemplo, o processo de envelhecimento. O processo da evolução biológica descreve a evolução dos seres vivos ao se adaptarem ao ambiente, e tem por base dois tipos de proposições científicas: um **mecanismo** e um **princípio**. O mecanismo é aquele descrito pelo algoritmo evolutivo (explicado na seção 2.1), e o princípio é o da ascendência comum,

FILOSOFIA DA CIÊNCIA

isto é, a proposta de que todos os seres vivos têm um ancestral comum. Da mesma forma que a teoria da evolução, a teoria celular também não é uma teoria, mas um **conceito** segundo o qual todos os seres vivos são formados por células que se originam de outras células.

Antes de encerrar o capítulo, cabe ainda discutir a natureza dos objetos científicos.

3.3.
A NATUREZA DOS OBJETOS CIENTÍFICOS

Realidade é onde estamos inseridos e que existe de forma independente de nossos pensamentos, língua ou ponto de vista. A posição filosófica que defenderemos é o realismo. O **realismo científico** é a convicção de que existe uma realidade em que estamos inseridos e que o objetivo da ciência é construir representações exatas dessa realidade. Note-se que o realismo é distinto da posição dos positivistas, que admitem a existência de uma realidade, mas, em última análise, entendem que ela não deve ser levada em conta, porque a ciência deve procurar apenas produzir explicações para apoiar previsões, e não construir representações da realidade.

O conhecimento inato inclui a crença de que existe um mundo fora da mente, isto é, uma realidade. Essa crença passou a fazer parte dos conteúdos dos módulos cognitivos conceituais, provavelmente, porque ao longo da evolução isso era vantajoso para nossos ancestrais no Paleolítico (Stewart-Williams, 2005).

Vimos anteriormente que a ciência constrói uma representação da realidade (conhecimento científico) na forma de descrições de objetos e de diferentes explicações relativas a eventos dos quais os objetos participam, que essas explicações são validadas em confronto com a realidade e, depois de consolidadas pela comunidade científica, formam o conhecimento científico estabelecido.

É interessante comentar como é possível que a ciência proponha objetos e eventos que transgridam o senso comum, como aqueles relativos a elétrons e outras partículas subatômicas. Como se sabe, essas entidades subatômicas

ASPECTOS HISTÓRICOS DA CIÊNCIA E DA FILOSOFIA DA CIÊNCIA

são tratadas tanto como ondas quanto como partículas e, de acordo com o princípio da incerteza, não é possível conhecer suas posições e velocidade ao mesmo tempo. O **senso comum inato** é um sistema para lidar com a realidade que era adaptativo para nossos ancestrais no Paleolítico. Assim, as explicações que organizam eventos importantes no Paleolítico, ou que a eles se assemelham, nos parecem naturais, porque a nossa mente foi formada no Paleolítico. Por outro lado, as explicações da ciência, que envolvem objetos e eventos que nada têm a ver com aqueles do Paleolítico, causam-nos espanto e estranheza, contrariando nossas intuições.

Aceitando-se a tese realista da ciência como uma representação da realidade obtida pelo método científico (**realidade científica**), podemos admitir que os objetos da ciência sejam representações fiéis da realidade? A resposta a essa questão é: depende. Já vimos que o *status* de objetos e eventos científicos não é o mesmo. Aqueles que passam por mais processos de validação e estão mais consolidados podem ser considerados representações mais fiéis da realidade, mesmo que tenham propriedades consideradas bizarras, como é o caso de elétrons e partículas subatômicas. Outra consideração sobre o grau de confiança que podemos atribuir à capacidade da ciência para representar a realidade com fidelidade refere-se à natureza das conjecturas e das validações empregadas. Por exemplo, é mais difícil admitir que nossos modelos dos níveis mais baixos de organização da matéria (por exemplo, partículas subatômicas) sejam fidedignos do que admitir modelos de outros níveis, como os da Biologia (mesmo a Biologia Molecular), da Ciência Cognitiva e da Ciência Social. A razão disso é que, nos níveis mais básicos da organização da matéria, a representação da realidade depende pesadamente de formalismos matemáticos, que são mais difíceis de interpretar que os objetos das demais ciências (Godfrey-Smith, 2003), embora isso em nada afete a sua eficácia em gerar previsões acuradas.

Resumindo o que foi discutido, a opinião majoritária entre os cientistas é que a ciência produz representações da realidade, embora haja alguma discussão quanto ao nível de fidelidade dessa representação. É interessante acrescentar que não se usa em ciência o conceito de verdadeiro; verdadeiro é um sinal que indica nossa concordância ou discordância de outros, e não deve ser utilizado para descrever conexões entre objetos e eventos e a realidade. Para essa última conexão (objeto e realidade/evento e realidade),

FILOSOFIA DA CIÊNCIA

falamos em representação fiel (ver discussão em Godfrey-Smith, 2003, e nas referências ali citadas).

Há dois grupos de oponentes ao realismo científico tal como definido no item 3.2 Um grupo tem origem na Filosofia e o outro na Sociologia da Ciência. O primeiro grupo inclui os **instrumentalistas**, para os quais as proposições científicas têm a finalidade de prever eventos na realidade, e não de descrever a realidade. Em outras palavras, os instrumentalistas entendem que a ciência deveria almejar apenas ser adequada do ponto de vista empírico. Dessa forma, seria inútil discutir se as entidades e os eventos teóricos da ciência são reais ou não. Essa discussão, alega-se, nada acrescentaria em relação às aplicações da ciência, e, portanto, seria perda de tempo. No entanto, o aspecto criticável na posição instrumentalista é o de não descrever adequadamente o objetivo da ciência, o qual inclui uma descrição de processos e objetos subjacentes aos fatos observáveis, quaisquer que sejam eles. Em outras palavras, a ciência almeja construir uma representação acurada da realidade a partir da qual as predições de eventos são consequência (Godfrey-Smith, 2003). O fato de a ciência ser considerada uma representação da realidade apoia suas propostas e predições.

Ainda no primeiro grupo, temos os **empiricistas**, para os quais sempre haverá muitas conjecturas compatíveis com as observações, o que resultaria na indeterminação das conjecturas diante das evidências. Assim, não haveria possibilidade de escolhermos as conjecturas que melhor representariam a realidade. Não obstante, embora seja possível que os fatos se ajustem a conjecturas incompatíveis, isso raramente ocorre. A prova disso é que não se observa uma proliferação de conjecturas concorrentes a respeito do mesmo conjunto de observações. Desse modo, o mais provável é que os fatos determinem a conjectura. Nos casos em que os fatos se ajustam a diferentes conjecturas, o que em geral se tem são diferentes explicações que podem coexistir. Por exemplo, grande parte dos fenômenos relacionados à luz podem ser explicados quer consideremos a luz formada por partículas, quer a consideremos formada por ondas. Quando é necessário escolher entre as conjecturas alternativas, usam-se os critérios de simplicidade, unificação explicativa, precisão na predição (quando isso é possível) e consistência com outras conjecturas adotadas.

ASPECTOS HISTÓRICOS DA CIÊNCIA E DA FILOSOFIA DA CIÊNCIA

O segundo grupo de opositores do realismo científico consiste nos adeptos do relativismo cultural, que será discutido na seção 13.2, "Crítica à visão construtivista da ciência".

RESUMO

A Filosofia, em sua origem, correspondia a todo o conhecimento culto, mas, após a revolução científica, passou a incluir apenas a epistemologia, a lógica, a ética, a estética e a metafísica. A Filosofia da Ciência é o exame crítico das ciências, particularmente o relacionado aos métodos científicos para representar a realidade. Os positivistas lógicos defendiam que a ciência possuía uma estrutura lógica. Desse modo, a ciência seria constituída de proposições lógico-matemáticas (proposições analíticas) que organizariam o conhecimento dos fatos (proposições sintéticas), os quais, por sua vez, seriam verificados de forma empírica direta. As explicações de casos particulares derivavam das proposições lógico-matemáticas por dedução. A perda de protagonismo do positivismo lógico resultou da difusão do pensamento de que a ciência procura representar a realidade, das ideias de Kuhn (1998), segundo as quais a ciência não é atividade conceitual, mas muda historicamente, e, em especial, da crítica de Quine. Quine mostrou que não há diferença entre as proposições analíticas e sintéticas e que, devido ao uso necessário de hipóteses auxiliares, os fatos não podem ser verificados diretamente. Popper afirmou que a ciência propõe teorias que gerariam predições com o uso de leis. O caráter científico da explicação era garantido pela possibilidade de que a predição pudesse ser falseada (refutada). A inexistência de teorias e leis (no sentido usado pela Física) nas ciências da vida, da mente e da sociedade, exige outra Filosofia da Ciência. Essa filosofia reconhece que a maior parte da investigação em Biologia, Ciência Cognitiva e Ciência Social, além de parte das investigações em Química, é do tipo exploratório. A pesquisa exploratória se caracteriza por seguir um programa de pesquisa, mas, ao contrário da pesquisa orientada por hipóteses, não visa testar hipóteses. O realismo científico admite que os objetos científicos são representações da realidade cuja fidelidade pode variar. Os adversários do realismo científico são, por um lado,

FILOSOFIA DA CIÊNCIA

os instrumentalistas, para os quais as proposições científicas têm somente a finalidade de prever eventos na realidade, e, por outro, os defensores do relativismo cultural.

SUGESTÕES DE LEITURA

A história da Filosofia ocidental é descrita de forma agradável por Russell (1967). Uma visão abrangente dos positivistas do Círculo de Viena, que influenciou toda a discussão da Filosofia da Ciência subsequente, encontra-se em Schmitz (2019). Um resumo da filosofia popperiana, apresentada por ele mesmo em uma autobiografia, pode ser encontrado em Popper (1977). Finalmente, uma ampla discussão das visões contrastantes da Filosofia da Ciência encontra-se em Godfrey-Smith (2003).

QUESTÕES PARA DISCUSSÃO

1. Ainda faz sentido elaborar uma metafisica hoje à luz dos problemas científicos?
2. Quais as críticas de Quine aos positivistas lógicos?
3. O que é uma Filosofia da Ciência realista?
4. Qual a importância da pesquisa exploratória?
5. Por que não podemos afirmar que as ciências histórico-adaptativas têm teorias em sentido estrito?
6. É possível afirmar que os mecanismos usados nas ciências histórico-adaptativas fazem o papel das teorias nas ciências exatas?
7. Outras ciências, além da História, utilizam narrativas?
8. Os objetos da ciência são representações fiéis da realidade?

LITERATURA CITADA

AYER, A. J. (ed.). *Logical Positivism*. New York: Free Press, 1959.

BURIAN, R. "Exploratory Experimentation and the Role of Histochemical Techniques in the Work of Jean Brachet, 1938-1952". *History and Philosophy of the Life Sciences*, v. 19, 1997, pp. 27-45.

_____. On MicroRNA and the Need for Exploratory Experimentation in Post-genomic Molecular biology. *History and Philosophy of the Life Sciences*, v. 19, n. 1, pp. 285-311, 2007. http://www.jstor.org/stable/23332033.

CARNAP, R. *An Introduction to the Philosophy of Science*. Ed. M. Gardiner. New York: Dover Publications, 1995. (Obra originalmente publicada em 1966.)

ASPECTOS HISTÓRICOS DA CIÊNCIA E DA FILOSOFIA DA CIÊNCIA

GODFREY-SMITH, P. *Theory and Reality*: an Introduction to the Philosophy of Science. Chicago: University of Chicago Press, 2003.

HANSSON, S. O. Falsificationism Falsified. *Foundations of Science*, v. 11, pp. 275-286, 2006. https://doi.org/10.1007/s10699-004-5922-1.

HEMPEL, C. G. *Aspects of Scientific Explanations and other Essays in the Philosophy of Science*. New York: Free Press, 1965.

HUME, D. *Investigações sobre o entendimento humano e sobre os princípios da moral*. Trad. J. O. de Almeida. São Paulo: Editora Unesp, 2003.

KUHN, T. S. *A estrutura das revoluções científicas*. 5. ed. Trad. B. V. Boeira e N. Boeira. São Paulo: Perspectiva, 1998.

MUMFORD, S. Metaphysics. In: PSILLOS, S.; CURD, M. (eds.). *The Routledge Companion to Philosophy of Science*. London: Routledge, 2010.

POPPER, K. *A lógica da pesquisa científica*. 2. ed. Trad. L. Hegenberg e O. S. Mota. São Paulo: Cultrix/Edusp, 1975.

_____. *Autobiografia intelectual*. Trad. O. S. Mota e L. Hegenberg. São Paulo: Cultrix/Edusp, 1977.

_____. *A Pocket Popper*. Ed. D. Miller. Oxford: Fontana Paperbacks, 1983.

_____. *Conjecturas e refutações*. Trad. B. Bettencourt. Lisboa: Edições 70, 2003.

PSILLOS, S.; CURD, M. Introduction. In: PSILLOS, S.; CURD, M. (eds.). *The Routledge Companion to philosophy of Science*. London: Routledge, 2010.

QUINE, W. V. O. Dois dogmas do empirismo. In: _____. *De um ponto de vista lógico*. Trad. A. I. Segatto. São Paulo: Editora Unesp, 2011.

RUSSELL, B. *História da filosofia ocidental*. Trad. B. Silveira. São Paulo: Companhia Editora Nacional, 1967, 3 v.

RUSSELL-HANSON, N. Observação e interpretação. In: MORGENBESSER, S. (org.). *Filosofia da Ciência*. Trad. L. Hegenberg e O. S. Mota. São Paulo: Cultrix, 1967.

SCHICKORE, J. "'Exploratory Experimentation' as a Probe into the Relation between Historiography and Philosophy of Science". *Studies in History and Philosophy of Science*, v. 55, 2016, pp. 20-6.

SCHMITZ, F. *O Círculo de Viena*. Trad. E. S. Abreu. Rio de Janeiro: Contraponto, 2019.

STEINLE, F. Entering New Fields: Exploratory Uses of Experimentation. *Philosophy of Science*, v. 64 (Proceedings), 1997, pp. S65-S74. Disponível em: <http://www.jstor.org/stable/188390>. Acesso em: 9 maio 2023.

STEWART-WILLIAMS, S. Innate Ideas as a Source of Metaphysical Knowledge. *Biology and Philosophy*, v. 20, pp. 791-814, 2005. https://doi.org/10.1007/s10539-004-6835-7.

WATERS, C. The Nature and Context of Exploratory Experimentation: an Introduction to Three Case Studies of Exploratory Research. *History and Philosophy of the Life Sciences*, v. 29, n. 3, 2007, pp. 275-84. Disponível em: <http://www.jstor.org/stable/23334262>. Acesso em: 9 maio 2023.

_____. Presidential Address, PSA 2016: an Epistemology of Scientific Practice. *Philosophy of Science*, v. 86, n. 4, pp. 585-611, 2019. https://doi.org/10.1086/704973.

BASES METODOLÓGICAS DA CIÊNCIA

Em função de sua complexidade, isto é, da quantidade de informação necessária para sua descrição, os objetos e os eventos são classificados em básicos, como os da Física e da Química, e histórico-adaptativos, como os seres vivos, a mente e a sociedade. Os objetos histórico-adaptativos são aqueles que se adaptam ao ambiente, são históricos por ascendência comum e apresentam propriedades emergentes, as quais,

FILOSOFIA DA CIÊNCIA

como já apontado, são aquelas não previsíveis a partir dos componentes desses objetos. A adaptabilidade é devida ao projeto executável, representado nos seres vivos pelo genoma; na mente, pelo programa mental; e, na sociedade, pela cultura. Os eventos relacionados aos objetos básicos e aos aspectos funcionais dos sistemas histórico-adaptativos são explicados por meio de mecanismos que são, por sua vez, subsidiados por hipóteses auxiliares, por modelos materiais, matemáticos ou filogenéticos, ou por simulação. As explicações mecanísticas podem ser quantitativas, probabilísticas ou qualitativas. No caso das explicações mecanísticas qualitativas, pode ser necessário o uso de estatística para avaliar o significado dos resultados. Os eventos que envolvem os aspectos históricos dos sistemas histórico-adaptativos são explicados por meio de narrativas. Nos casos funcionais, as explicações são validadas pelo acerto nas predições; nas vertentes históricas, pelo ajuste a todos os dados conhecidos. As ciências se caracterizam pelas disciplinas nucleares e são interconectadas por disciplinas de conexão. O desenvolvimento da ciência é afetado pela existência da ciência sem importância, da má ciência e da ciência fraudulenta, assim como pela pseudociência. A pseudociência é ou má ciência ou uma fraude que aparenta ser ciência respeitável. O desenvolvimento da ciência é prejudicado, por um lado, pelo excesso de reducionismo explicativo nas áreas da Biologia e, por outro, pela resistência de parte da Ciência Social de se integrar às outras ciências por disciplinas de conexão e de tomar emprestadas metodologias das demais ciências.

4.

OS OBJETOS E OS EVENTOS
DA REALIDADE

4.1.

INTRODUÇÃO

O objetivo da ciência é explicar os fenômenos que ocorrem na realidade e se não são explicáveis, como na Biologia Evolutiva e na História, reuni-los em conjuntos inteligíveis, a fim de orientar a nossa ação ou de satisfazer a nossa curiosidade. Tendo isso em vista, vamos começar nosso estudo das bases metodológicas da ciência detalhando que tipos de objetos ocorrem na realidade e a natureza dos eventos que os afeta. Na verdade, vamos retomar os objetos e os processos que foram discutidos de uma perspectiva histórica na Parte A, mas agora vamos discuti-los de forma mais abstrata. Isso facilitará o estabelecimento de ligações entre os objetos e os processos.

Para começar, suponhamos que estamos diante de uma mesa de bilhar com duas bolas e que precisamos encaçapar uma delas utilizando um taco. Não é difícil imaginar os movimentos necessários para impulsionar uma das bolas com o taco, de forma que essa bola atinja a outra e a dirija para a caçapa. Agora, se, em vez de duas, tivéssemos cinco bolas, a tarefa de colocar uma bola específica na caçapa usando outra impulsionada pelo movimento do taco ficaria mais complicada devido ao aumento no número de movimentos possíveis entre as bolas. Suponhamos ainda que, dentre as cinco bolas, algumas têm pequenos quadrados de material macio aplicados em sua superfície. Com esses pequenos amortecedores distribuídos aleatoriamente, parte dos choques entre as bolas será do tipo elástico usual (que ricocheteia sem perder energia), mas alguns dos choques terão seu impacto

FILOSOFIA DA CIÊNCIA

reduzido. Nessas condições, podemos presumir que será muito mais difícil colocar as bolas escolhidas na caçapa.

Com esses exemplos simples, podemos concluir que as dificuldades crescem (i) com o aumento do número de objetos a serem considerados (no exemplo, o aumento de duas para cinco bolas); e, (ii) mantido o mesmo número de objetos, com as variações na qualidade das interações entre esses objetos (com cinco bolas, ora com todas as bolas sem amortecedores, ora com algumas com amortecedores).

Consideremos agora, de forma muito esquemática, a formação de um ciclone. Como sabemos, diferenças de aquecimento em pontos distintos da atmosfera criam regiões de ar ascendente, que resultam em baixa pressão, e regiões de ar descendente, que resultam em alta pressão. A tendência dos fenômenos naturais, como já vimos ao discutir as leis termodinâmicas (ver seção 1.4), é voltar para situações de equilíbrio, o que, nesse caso, leva o ar a se deslocar das regiões de alta pressão para as regiões de baixa pressão. Sabemos também que o ar não se move em linha reta entre os centros com diferença de pressão, pois a rotação da Terra desloca lateralmente a massa de ar em movimento, que passa a se mover em círculos, formando um ciclone. Por conta da umidade e da pressão das regiões vizinhas, a intensidade do ciclone pode variar e seu deslocamento pode ser afetado tanto em intensidade como em direção. Dessa forma, é muito mais difícil fazer previsões relativas ao ciclone do que em relação ao sistema de bolas de bilhar do exemplo anterior. A razão é que o ciclone é formado por moléculas de ar que se movimentam na direção de uma situação de equilíbrio e, além disso, que, ao incorporar moléculas de água e mais moléculas de ar, o ciclone se modifica ao longo do tempo.

Vejamos agora uma terminologia mais rigorosa para lidar com os objetos e os eventos que exemplificamos anteriormente.

Podemos dividir os objetos encontrados na natureza em simples e compostos. Os objetos simples ou são únicos ou são formados por poucos elementos não interconectados de modo funcional. Já os objetos compostos são formados por muitos elementos, e, quando esses elementos são componentes interconectados que trabalham juntos, recebem o nome de **sistemas**. Os sistemas simples são formados por poucos elementos que mantêm poucas relações entre si, enquanto os sistemas complexos são aqueles cujos elementos mantêm muitas relações entre si. Nos exemplos anteriores, o sistema formado por poucas bolas de bilhar é um sistema simples; já o sistema de muitas bolas, o de muitas bolas com algumas com amortecedores e o ciclone são sistemas complexos. Assim, a complexidade depende não só do número de elementos, mas também de sua organização, isto é, depende da quantidade e da qualidade das relações estabelecidas entre os elementos. Para mencionar ainda outro exemplo, um cristal de quartzo de 1 kg tem muitos mais átomos do que um relógio. O relógio, porém, é mais complexo que o cristal, pois os átomos do cristal se organizam de maneira uniforme, o que não ocorre com os átomos do relógio.

A **complexidade** está, portanto, relacionada à quantidade de informação necessária para descrever um sistema. Quanto mais elementos um sistema tiver, quanto mais subsistemas ele incluir, ou, ainda, quanto mais inter-relações os elementos do sistema estabelecerem entre si, mais complexo esse sistema será (Nicolis e Prigogine, 1989; Heylighen, 2002; Heylighen, Cilliers e Gerhenson, 2007; Mazzocchi, 2008). Os sistemas que possuem subsistemas, que, por sua vez, podem conter subsistemas, são chamados de **sistemas hierárquicos**. Os diferentes subsistemas de um sistema correspondem a níveis crescentes de complexidade na organização da matéria e são referidos como **níveis de organização da matéria**.

Os seres vivos são considerados sistemas hierárquicos desde o século XIX, quando se descobriu que eram compostos de células, reunidas em tecidos, que, por sua vez, formavam órgãos, que, finalmente, davam origem a indivíduos (Reece et al., 2011). O termo **emergência** foi criado no século XIX para se referir ao princípio de que o todo é mais que a soma de seus componentes. Admitindo que a vida é fenômeno emergente, Morgan (1923) concluiu que isso poderia justificar o surgimento da vida a partir de componentes inanimados, já que o conjunto desses componentes poderia ter propriedades que cada componente, separadamente, não tinha. Contudo, a difusão da ideia de que sistemas hierárquicos são comuns a toda a matéria foi obra de Anderson (1972), assim como de Prigogine e Nicolis (como detalhado em Nicolis, 1989).

Anderson (1972) chamou atenção para o fato de que o comportamento de agregados grandes e complexos de partículas elementares não pode ser compreendido pela simples extrapolação das propriedades de um pequeno número de partículas. Tendo isso em vista, ele propôs uma hierarquia das ciências, baseada nos diferentes níveis de organização da matéria que cada uma estuda. De acordo com Anderson, as ciências são: Física de partículas elementares, Física da matéria condensada (ou Física de muitos elementos, entendidos aqui como partículas elementares), Química, Bioquímica/Biologia Molecular, Biologia Celular, Fisiologia, Ciência Cognitiva e Ciência Social. As ciências de maior nível hierárquico obedecem às regularidades (leis, regras, conceitos etc.) das ciências de nível menor, embora tenham suas próprias regularidades.

Se as inter-relações entre os elementos de um sistema complexo mudam com o tempo, denominamos esse sistema de sistema complexo dinâmico. Em geral, esses sistemas são termodinamicamente abertos, isto é, trocam matéria com o meio ambiente; em contrapartida, os sistemas fechados, como a maioria dos sistemas simples, não o fazem (Juarrero, 2008). (Sobre a termodinâmica, ver seção 1.4.)

Os objetos das ciências são denominados básicos se forem membros de classes de entidades com as mesmas propriedades qualitativas, independentemente do espaço e do tempo. Por exemplo, as moléculas de água são objetos básicos, pois, a despeito do tempo e do posicionamento, todas têm as mesmas propriedades. Os **objetos básicos** podem ser estacionários ou dinâmicos. Por se tratar de sistemas fechados, objetos básicos estacionários estão envolvidos em processos previsíveis de forma absoluta, como vimos no caso da Física clássica (e das bolas de bilhar em nosso exemplo). Contudo, os objetos básicos estacionários também podem estar envolvidos em processos chamados de caóticos (ver seção 1.4). Processos caóticos são aqueles que obedecem a leis científicas matematicamente expressas, mas cujo comportamento torna-se imprevisível no longo prazo – porque as condições iniciais não são conhecidas com precisão absoluta, ou porque os processos possuem um número muito grande de variáveis, ou ainda porque incluem eventos aleatórios (Nicolis e Prigogine, 1989; Prigogine, 1996). Um exemplo que já foi mencionado é a condição atmosférica, cuja previsão fica mais incerta conforme se alonga o prazo de previsão, pois, por melhores que sejam os processos de cálculo da evolução das condições atmosféricas, esse cálculo é prejudicado pela impossibilidade de se conhecer de forma absoluta as condições iniciais dos processos atmosféricos.

Os objetos básicos dinâmicos estão envolvidos em processos fora de equilíbrio. Um sistema está em equilíbrio quando não se modifica em relação ao tempo. Sistemas deslocados do equilíbrio tendem ao equilíbrio como uma consequência da segunda lei da termodinâmica, já que a entropia no equilíbrio é maior que fora do equilíbrio (como já discutimos na seção 1.4). Alguns objetos básicos, como os elementos da paisagem terrestre (montanhas, lagos, desertos etc.), e os corpos celestes modificam-se de forma irreversível no tempo, seguindo processos físicos e químicos que incluem eventos aleatórios. Esses objetos possuem, portanto, uma história.

Outra classe de objetos, muito distinta da dos objetos básicos, é a classe dos **objetos histórico-adaptativos**. Esses objetos são membros dessa classe por terem ancestralidade comum e por variarem no tempo e no espaço como consequência de respostas adaptativas. Os eventos relacionados a esses objetos estão sujeitos a regularidades, muitas vezes não passíveis de previsão teórica probabilística, mas apenas de previsões qualitativas. Uma previsão qualitativa é aquela que afirma que, nas condições A, B acontece com frequência não previsível, e que, em condições distintas de A, B jamais é observado. No capítulo 6, discutiremos exemplos reais.

Os objetos histórico-adaptativos apresentam dois aspectos: aspectos funcionais e aspectos históricos. Os aspectos funcionais referem-se às características dos objetos que garantem a realização de seu propósito, incluindo a resistência a variações internas e externas. Fazendo uma analogia com uma máquina, os aspectos funcionais dos objetos corresponderiam à descrição da operação do mecanismo da máquina. Os aspectos históricos dos objetos histórico-adaptativos referem-se às informações sobre a sua origem e suas modificações posteriores.

A Tabela 4.1 resume os principais conceitos vistos até agora.

FILOSOFIA DA CIÊNCIA

Tabela 4.1.

Tipos de sistemas encontrados na realidade

Características	Básicos		Histórico-adaptativos	
Aspectos do sistema[1]	Estacionário	Dinâmico	Histórico	Funcional
Sistema termodinâmico[2]	Fechado	Aberto	Aberto	Aberto

[1] Os sistemas estacionários têm poucos elementos; os dinâmicos, muitos elementos com inter-relações variáveis em relação ao tempo. Os sistemas histórico-adaptativos podem ser analisados quanto a sua historicidade ou funcionalidade.

[2] Sistema termodinâmico fechado é aquele que não troca matéria com o ambiente, mas troca energia, enquanto o aberto, troca matéria e energia com o ambiente.

4.2.
OS SERES VIVOS

Para facilitar o levantamento das principais características das ciências histórico-adaptativas, apresentaremos uma visão geral do sistema representado pelo ser vivo, a qual nos servirá de orientação para o desenvolvimento de uma lista de suas características fundamentais. Essa lista será usada para ser contrastada com outras de igual teor dos sistemas representados pela mente e pela sociedade. O objetivo é identificar os aspectos nos sistemas histórico-adaptativos que podem ser estudados com os instrumentos de análise teórica já desenvolvidos pela Biologia ou nela inspirados, uma vez que esta é a ciência histórico-adaptativa mais desenvolvida.

Os seres vivos são sistemas cujo propósito é se reproduzir. Embora a afirmação possa parecer estranha para muitos, basta imaginarmos o que ocorreria com um ser vivo que não tivesse a reprodução como sua prioridade. Ele necessariamente seria sobrepujado pelos demais e se extinguiria. Os demais seres naturais – rochas e estrelas, por exemplo – não têm propósito. Vejamos agora outras características fundamentais dos seres vivos.

Os seres vivos são compostos de módulos. **Módulos** são componentes, partes ou subsistemas de um sistema maior que contém interfaces identificáveis com outros módulos de um mesmo sistema. Os módulos mantêm alguma identidade quando isolados, mas derivam parte significativa de sua identidade do restante do sistema. Cada módulo pode ser modificado independentemente e facilita a construção do sistema do qual faz parte. Módulos são subsistemas estrutural-funcionais, isto é, são unidades de estrutura ou de função, dispostas hierarquicamente (subunidades proteicas, proteínas, módulos moleculares, organelas, células, órgãos), cuja operação possibilita ou auxilia os seres vivos a alcançarem seu propósito. Dessa forma, os módulos só são inteligíveis do ponto de vista do organismo, isto é, seu significado só aparece em relação ao organismo.

Os seres vivos modificam-se intergeracionalmente de acordo com o chamado algoritmo evolutivo (Dennett, 1998). Como já mencionado, esse algoritmo seleciona favoravelmente as funções mais benéficas para o sucesso reprodutivo dos seres vivos (ver seção 2.1). Essa seleção se dá pela ocorrência de mutações aleatórias no genoma, seguida da seleção dos seres reprodutivamente mais eficientes no contexto ambiental. É por conta desse processo que os módulos estrutural-funcionais são significativos apenas do ponto de vista do organismo. Por exemplo, o significado do rim só fica claro quando ele é entendido como um órgão excretor dos vertebrados. Ao mesmo tempo, as mudanças dos seres vivos conforme o algoritmo evolutivo são o que nos permite compreendê-los do ponto de vista de sua história.

O desenvolvimento embrionário do indivíduo está programado no genoma e é balizado pelos genes homeóticos. Os genes homeóticos controlam a expressão dos demais genes e são, desse modo, responsáveis pelos padrões corporais básicos, tais como a simetria (radial, como na estrela-do-mar, ou bilateral, como em quase todos os outros seres), a organização anteroposterior do corpo etc. A expressão sequencial dos genes homeóticos, em sintonia com os demais genes e em resposta a sinais químicos, paulatinamente cria as estruturas a partir das quais são formadas as estruturas subsequentes, e assim por diante.

A expressão dos genes é modulada por sinais químicos advindos da própria célula, das células vizinhas e do meio ambiente, o que explica o fenômeno da **causação descendente**. Esse fenômeno, como será tratado na seção 5.1, é o mecanismo pelo qual a estrutura do sistema impõe o padrão relacional entre seus componentes (Campbell, 1974; Schröder, 1998; Andersen et al., 2000). Em outras palavras, no caso dos seres vivos, a rede de sinais químicos é o mecanismo pelo qual o sistema orgânico impõe um padrão de relações entre os seus componentes.

FILOSOFIA DA CIÊNCIA

Os seres vivos se desenvolvem da célula original até a forma adulta por crescimento e com aumento de complexidade. Como os demais entes materiais, os seres vivos obedecem às leis da termodinâmica, o que exige que consumam matéria e energia para repor as perdas materiais e para adquirir energia para executar todas as suas atividades. O conjunto das reações químicas responsáveis pelas transformações do material ingerido em biomassa e pela geração de energia é o que se chama de metabolismo. Este é definido por um conjunto de moléculas de proteínas (enzimas) que aceleram as velocidades das reações pertinentes. O surgimento das enzimas é regulado pelo genoma, e a atividade enzimática reage à sinalização química, o que dá coerência ao conjunto.

A partir da discussão precedente, podemos listar as principais características dos seres vivos: seres vivos são sistemas intencionais, autorreferentes, modulares, adaptativos e históricos.

Os seres vivos são **sistemas intencionais** porque têm um propósito. O propósito dos seres vivos, como já foi observado, é se reproduzir. É necessário acrescentar que mesmo um indivíduo que não se reproduz, mas que auxilia seus parentes a assegurarem o sucesso reprodutivo de seus descendentes, favorece a família, como revelado por simulações computacionais que avaliam como se propagam os genes compartilhados entre parentes, um dos quais se sacrifica em prol dos demais. Em um ambiente social, não particularmente o familiar, aquele que não se reproduza, mas aumente a adaptabilidade de seu grupo social com suas ações, quaisquer que sejam elas, é positivo para o conjunto.

Os seres vivos são **sistemas autorreferentes**, uma vez que suas partes só fazem sentido em relação ao conjunto. Por exemplo, as pernas têm como função movimentar o organismo, permitindo a busca de alimento, a fuga de predadores etc., e essa função é necessária para que o organismo se reproduza.

Os seres vivos são também **sistemas adaptativos**, pois os processos biológicos respondem adaptativamente ao meio ambiente. Por exemplo, transpirar para se refrescar, arrepiar os pelos para conservar calor, produzir leite para amamentar o recém-nascido. Há também os processos mais sofisticados, como tornar-se resistente a certas infecções após uma infecção

122

primária. A capacidade dos seres vivos de se adaptarem a variações ambientais dentro de uma mesma geração resulta do elenco de possibilidades pré-programadas em seu **projeto executável**. Este concerne a um conjunto de instruções que organiza o sistema em direção a seu propósito e, nos seres vivos, é representado pelo genoma (conjunto de informações genéticas armazenadas no DNA).

Podemos também dizer que os seres vivos são **sistemas históricos**. No nível individual, essa historicidade surge devido ao acúmulo de variações resultantes de adaptações a alterações ambientais, intergeracionalmente, pelas modificações do projeto executável mediante o algoritmo evolutivo. Esse processo torna os seres vivos assemelhados pelo fato de terem um ancestral comum (tal como irmãos têm um ancestral comum), mas que podem divergir razoavelmente por conta da interação adaptativa individual com o meio ambiente.

Finalmente, podemos dizer que os seres vivos são **sistemas modulares**, porque são formados por módulos estrutural-funcionais. Na realidade, todo sistema composto por muitos componentes é organizado em subsistemas (ou módulos) que podem se combinar em complexos de ordem superior, e assim por diante (Simon, 1962). Assim, os constituintes mais básicos da matéria são as partículas elementares. Essas partículas se organizam espontaneamente em complexos e formam as partículas maiores, os prótons, os nêutrons e os elétrons, que originam complexos como os átomos. Os átomos originam a matéria condensada (sólidos e líquidos), as moléculas, e assim por diante.

A ocorrência generalizada de módulos é consequência do fato de que a produção de qualquer componente que se possa imaginar está associada a um possível erro que o torna imprestável. Suponhamos que a possibilidade de erro seja de um erro a cada 10 mil componentes formados. Nesse caso, um sistema com 100 mil componentes muito provavelmente será defeituoso, pois, estatisticamente, poderia ter 10 erros. Se esse sistema com 100 mil componentes for uma organização hierárquica de 100 subsistemas com 1.000 componentes cada, apenas cerca de 10% dos subsistemas apresentarão erro, e, em consequência, a imensa maioria dos sistemas estará livre de erro (os sistemas incluem apenas os componentes "certos", pois os "errados" ou são descartados ou não se acomodam). Esse padrão é válido para qualquer sistema: sociedades, organismos vivos e moléculas.

Ainda, seres vivos são **sistemas hierárquicos**, pois seus módulos estão dispostos hierarquicamente do mais simples para o mais complexo, tais como subunidades proteicas, macromoléculas, complexos proteicos, organelas (estruturas internas de células), células e órgãos.

Em suma, seres vivos são **sistemas intencionais** (têm um propósito), **autorreferentes** (suas partes só fazem sentido em relação ao conjunto), **adaptativos** (ajustam-se ao ambiente), **históricos** (modificam-se ao longo do tempo individual e intergeracional), **modulares** (são construídos em módulos) e **hierárquicos** (são compostos por subsistemas formados por subsistemas).

Ainda em relação aos seres vivos, é importante chamar atenção para duas importantes contribuições à teoria da evolução que não foram comentadas anteriormente. Tais acréscimos foram decisivos para o desenvolvimento das ideias sobre a evolução da mente humana e da sociedade. A primeira adição trata do problema da evolução de grupo, que deve ser considerada além da evolução do indivíduo. Foi o evolucionista britânico William D. Hamilton (1936-2000) quem, em 1964, primeiro formalizou o conceito de evolução de grupo. Hamilton (1964a, 1964b) demonstrou matematicamente que um animal, ainda que sacrifique seus filhos, pode ampliar sua representação genética na geração seguinte, caso auxilie certo número de parentes a aumentar sua descendência. Isso será importante na compreensão da origem da sociedade humana e será objeto de outras considerações adiante.

A outra adição à teoria da evolução foi feita pelo americano James M. Baldwin (1861-1934). A tese por ele defendida ficou conhecida como efeito Baldwin e afirma que, embora os caracteres adquiridos na vida de um organismo não possam ser transferidos hereditariamente para seus descendentes, o aprendizado de recursos que contribuem para a adaptabilidade individual afeta as pressões seletivas (Baldwin, 1896). Por exemplo, o desenvolvimento da sofisticada técnica de caçar que envolvia o rastreamento das presas permitiu que tanto aqueles que desenvolveram a técnica como aqueles que eram cognitivamente hábeis para aprendê-la (ainda que de modo incompleto) fossem capazes de melhor alimentar sua descendência, tornando-a assim mais numerosa. Essa descendência, por sua vez, herdava as habilidades cognitivas necessárias para aprender a técnica. Rapidamente, os portadores das habilidades cognitivas mencionadas predominariam na população. A tese foi recebida com ceticismo e sua aceitação só foi ampliada depois que simulações matemáticas mostraram que o efeito Baldwin tornava a evolução mais rápida que a produzida por variações aleatórias do genoma, seguida da seleção dos indivíduos mais bem adaptados ao ambiente (Hinton e Nowlan, 1987). Atualmente, o efeito Baldwin é usado para explicar a rapidez da evolução da mente humana (Dennett, 1998; Depew, 2007; Wozniak, 2009).

A predição de eventos relativos aos seres vivos é dificultada pelo fato de serem sistemas em que os efeitos são desproporcionais às causas, o que torna impossível descrevê-los de forma determinística. Além disso, os seres vivos são sistemas histórico-adaptativos, o que aumenta a variabilidade entre seres assemelhados. Isso explica, por exemplo, por que as melhores vacinas não imunizam cerca de 10% da população. Adiante, no capítulo 5, ao tratar das ciências histórico-adaptativas, discutiremos como a ciência lida com esse tipo de sistema.

No que concerne aos objetos histórico-adaptativos em geral, podemos, a partir das características descritas para os seres vivos, elencar as características a seguir.

Os objetos histórico-adaptativos têm um **propósito** (intencionalidade), um **projeto executável** (que contém instruções para assegurar a finalidade do objeto e para ativar os mecanismos de adaptação ao meio ambiente) e são capazes de sofrer **evolução** (que explica as mudanças no projeto executável). Essas características estão reunidas na Tabela 4.2. Os seres vivos foram discutidos aqui, a mente e a sociedade serão comentadas nas seções seguintes.

O surgimento na natureza do sistema histórico-adaptativo, representado pelos seres vivos, é fenômeno de baixíssima probabilidade e, simplesmente, poderia nunca ter ocorrido. A opinião majoritária entre os especialistas é que isso ocorreu apenas uma vez, por uma série de eventos possíveis, mas não determinísticos. Isto é, o processo não teria sido determinístico, mas contingente (Monod, 1971).

FILOSOFIA DA CIÊNCIA

Tabela 4.2.
Aspectos gerais dos sistemas histórico-adaptativos

		Ser vivo (ser humano)	Mente	Sociedade
Propósito[1]		Reproduzir-se Realização pessoal	Ganho adaptativo e realização pessoal	Ganho adaptativo Ganho em realização pessoal
Projeto executável[2]		Genoma	Programa mental	Cultura
Componentes[3] (módulos estrutural-funcionais)		Órgãos, células, organelas, módulos moleculares, macromoléculas	Módulos cognitivos Neurônios	Estados, tribos, famílias etc.
Determinantes organizacionais[4]	Primários	Genes homeóticos[5]	Cognição inata	Cultura inata derivada da cognição inata
	Secundários	Outros genes	Aprendizado social	Cultura adquirida
	Terciários	Vida individual	Aprendizado individual	Vida biológica individual[6]
	Quaternários	--------------	--------------	Vida cultural[7] individual
Manutenção e crescimento		Incorporação de matéria	Formação de memória e sinapses	Incorporação de indivíduos ou de sociedades
Evolução		Algoritmo evolutivo: mutação/seleção reprodutiva	Algoritmo evolutivo: mutação/seleção reprodutiva (efeito Baldwin?)[8]	Algoritmo evolutivo: inovação cultural e seleção numérica ou guerra de extermínio

[1] Propósito é a consequência do algoritmo evolutivo. Privilegiar a reprodução necessariamente leva ao predomínio sobre os concorrentes que não a privilegiarem. Realização pessoal é subproduto da cultura.

[2] Projeto executável é um conjunto de instruções que organiza o sistema em direção a um propósito. Sua natureza pode ser química (seres vivos), pode ser formada por algoritmos computacionais associados a neurônios, isto é, programa mental (mente) ou informações culturais (sociedade).

126

[3] Módulos estrutural-funcionais são as unidades de estrutura (organização da matéria ou padrão de relações entre os elementos do sistema) ou as unidades de função acionadas pelo projeto executável.

[4] Determinantes organizacionais são as instruções do projeto executável que iniciam a formação dos sistemas, sejam eles seres vivos, mentes ou sociedades. Os determinantes primários iniciam a organização do sistema, servindo de base para a ação dos determinantes secundários, e assim por diante.

[5] Genes homeóticos são aqueles que controlam a expressão de outros genes. Os genes são instruções contidas no genoma.

[6] Refere-se a características como forte, grande caçador etc.

[7] Refere-se a características como habilidades para aprender, liderar, inovar etc.

[8] Processo em que o conhecimento afeta o ritmo da evolução.

Com base nessas características principais, vejamos agora a mente e a sociedade à luz do enfoque histórico-adaptativo.

4.3.
A MENTE

A mente é descrita pela Ciência Cognitiva como o conjunto de algoritmos que processa representações correspondentes a dados sensoriais, registros de memória e de intenções, as quais aumentam a capacidade humana de analisar o ambiente e gerar respostas comportamentais mais adequadas do ponto de vista evolutivo. Esse conjunto de algoritmos mentais corresponde ao projeto executável da mente e assegura o propósito de aumentar a adaptabilidade humana. Dessa forma, a mente é intencional. A evolução da mente segue o algoritmo evolutivo, que atua no cérebro, a base material (o hardware, por assim dizer) da mente, e, em menor proporção, nos algoritmos básicos que organizam a operação da mente. Isso significa que a mente é histórica e adaptativa. É importante observar que grande parte da evolução da mente ocorreu em ambiente pré-linguístico. Os seres humanos vivem em sociedade e começaram a produzir instrumentos há cerca de 2 milhões de anos, enquanto a anatomia da fala como a existente atualmente data de 50 mil anos atrás (Lieberman, 2007), o que coincide com os registros arqueológicos que sugerem o uso de **pensamento simbólico**. Pensamento simbólico é a atividade cognitiva que concerne a um tipo de comportamento que abarca produção artística, tecnologia aperfeiçoada de caça (que inclui o rastreamento), decoração do corpo etc. (Terra e Terra, 2016). A Tabela 4.2 resume aspectos gerais sobre a mente.

4.4.
SOCIEDADE

Como já discutimos em outro lugar (Terra e Terra, 2016), é possível compreender a sociedade como objeto histórico-adaptativo com base nos seguintes conceitos: (1) conceito de sistema complexo autorreferente intencional; (2) conceito de projeto executável; (3) conceito de estruturas sociais funcionais; e (4) conceito de evolução sociocultural.

O conceito de sociedade como um sistema complexo autorreferente significa que a sociedade é entendida como um sistema com muitos membros em diferentes níveis hierárquicos que, por sua vez, são organizados de forma que só é compreensível em referência ao próprio sistema. *Operário*, por exemplo, só faz sentido em referência à *sociedade industrial*. Afirma-se que o sistema é intencional porque tem um propósito, isto é, ampliar a adaptabilidade dos seres humanos tanto no seu meio ambiente como em relação a sociedades concorrentes. Não é difícil perceber a validade dessa afirmação. As sociedades que não tiverem esse propósito serão ou suplantadas em número, ou controladas ou suprimidas pelas sociedades com propósito.

O conceito de projeto executável refere-se ao conjunto de instruções que organiza o sistema em direção a um propósito, isto é, o projeto executável corresponde à **cultura inata** (formada ao longo da evolução biológica até o homem moderno e incorporada nos módulos cognitivos) e à **cultura adquirida** (incorporada por aprendizado a partir dos demais membros da sociedade).

O conceito de estruturas sociais descreve os sistemas de relações interpessoais que caracterizam uma sociedade e que são formados por diferentes níveis hierárquicos. Em outras palavras, as instituições sociais são formadas por regras às quais os indivíduos obedecem e que, combinadas entre si, estabelecem papéis sociais (por exemplo, de juiz, policial ou professor). Os papéis, por sua vez, combinam-se com outros e geram instituições (como tribunais e escolas) (Rosenberg, 2012).

O conceito de **evolução sociocultural** refere-se ao efeito da mudança da sociedade sobre suas estruturas e, em consequência, sobre o

BASES METODOLÓGICAS DA CIÊNCIA

projeto executável, de forma a melhor adequá-lo a meio variável. A evolução sociocultural ocorre, como já mencionado, de acordo com o algoritmo evolutivo.

Tal como os indivíduos, a sociedade, a partir de certo grau de desenvolvimento, tem condições de, além de seu propósito básico de aumentar a adaptabilidade dos seres humanos ao meio ambiente, adicionar o de proporcionar maior realização pessoal aos seus membros. A Tabela 4.2 resume aspectos gerais da sociedade.

RESUMO

Os objetos da realidade são simples (constituídos de um ou poucos componentes) ou complexos (constituídos por muitos componentes). Caso esses componentes estejam interconectados e operando em conjunto, o objeto é um sistema que pode ser dinâmico e hierárquico. Os sistemas básicos são aqueles cujos eventos são previsíveis de forma absoluta, como no caso de sistemas termodinâmicos fechados, ou somente de forma probabilística, quando forem caóticos ou estiverem longe do equilíbrio. Os sistemas histórico-adaptativos, como os seres vivos, a mente e a sociedade, são autorreferentes (suas partes só fazem sentido em relação ao conjunto), adaptativos (ajustam-se ao ambiente), intencionais (têm um propósito), históricos (modificam-se ao longo do tempo individualmente e entre gerações) e modulares (construídos em módulos). Esses sistemas apresentam aspectos funcionais (seus mecanismos) e históricos (sua origem e evolução). A adaptabilidade dos seres vivos ao ambiente resulta do elenco de possibilidades pré-programadas em seu projeto executável (genoma), que é modificado entre gerações pelo algoritmo evolutivo. A mente e a sociedade, tal como os seres vivos, são sistemas histórico-adaptativos. O projeto executável no caso da mente é o conjunto dos algoritmos mentais (programa mental), e, em se tratando da sociedade, é a cultura. O propósito desses sistemas é a reprodução (seres vivos) ou o ganho adaptativo humano (mente e sociedade).

FILOSOFIA DA CIÊNCIA

SUGESTÕES DE LEITURA

Simon (1962) discute de forma abrangente a noção de complexidade, enquanto Mazzocchi (2008) introduz de maneira clara a noção de complexidade em Biologia, que serve de exemplo para as outras ciências histórico-adaptativas.

QUESTÕES PARA DISCUSSÃO

1. Qual a diferença entre objetos básicos e objetos histórico-adaptativos?
2. Qual a relevância das noções de sistema e de complexidade para as ciências?
3. Como o conceito de emergência auxilia na articulação de diferentes ciências, tendo em vista o nível de organização da matéria?
4. Existem sistemas históricos que não são adaptativos?
5. Explique o que significa afirmar que os seres vivos são sistemas autorreferentes, intencionais, históricos, modulares e hierárquicos.
6. O que é e como evolui o projeto executável de um ser vivo?
7. Discuta como os módulos estrutural-funcionais podem determinar o corpo físico, a mente e a cultura humana.
8. Como o efeito Baldwin pode explicar a rapidez da evolução da mente humana?
9. Compare as características dos seres vivos com as características da mente e das sociedades.

LITERATURA CITADA

ANDERSEN, P. B.; EMMECHE, C.; FINNEMANN, N. O.; CHRISTIANSEN, P. V. *Downward Causation*. Minds, Bodies and Matter. Aarhus: Aarhus University Press, 2000.

ANDERSON, P. W. More is Different. *Science*. 177(4047), pp. 393-396, 1972. https://doi.org/10.1126/science.177.4047.393.

BALDWIN, J. M. A New Factor in Evolution. *The American Naturalist*, 30 (354), pp. 536-553, 1896. http://www.jstor.org/stable/2453130.

CAMPBELL, D. T. "Downward Causation" in Hierarchical Organized Biological Systems. In: AYALA, F.; DOBZHANSKY, T. (eds.) Studies in Philosophy of Biology. Berkeley: University of California Press, 1974.

DENNETT, D. C. *A perigosa ideia de Darwin*. Trad. T. M. Rodrigues. Rio de Janeiro: Rocco, 1998.

DEPEW, D. J. Baldwin and His Many Effects. In: WEBER, B. H.; DEPEW, D. J. (eds.). *Evolution and Learning: the Baldwin Effect Reconsidered*. Cambridge: MIT Press, 2007, pp. 3-31.

HAMILTON, W. D. The Genetical Evolution of Social Behavior. I. *Journal of Theoretical Biology*, v. 7, n. 7, pp. 1-16, 1964a. https://doi.org/10.1016/0022-5193(64)90038-4.

_____. The Genetical Evolution of Social Behavior. II. *Journal of Theoretical Biology*, v. 7, n. 1, pp. 17-52, 1964b. https://doi.org/10.1016/0022-5193(64)90039-6.

HEYLIGHEN, F. The Science of Self-organization and Adaptivity. In: Encyclopedia of Life Support Systems 5 (EOLSS). Oxford: EOLSS Publishers, 2001, pp. 253-80.

_____; CILLIERS, P.; GERHENSON, C. Complexity and Philosophy. In: BOGG, J.; GEYER, R. (orgs.). *Complexity, Science and Society*. Oxford: Oxford University Press, 2007.

HINTON, G. E.; NOWLAN, S. J. "How Learning Can Guide Evolution". *Complex Systems 1*, 1987, pp. 495-502.

JUARRERO, A. "Dynamics in Action: Intentional Behavior as a Complex System". *Emergence*, n. 2, v. 2, 2008, pp. 24-57.

LIEBERMAN, P. The Evolution of Human Speech: Its Anantomical and Neural Bases. *Current Anthroplogy*, v. 48, n. 1, pp. 39-66, 2007. https://doi.org/10.1086/509092.

MAZZOCCHI, F. Complexity in Biology. *Embo Reports* 9, pp. 10-14, 2008. https://doi.org/10.1038/sj.embor.7401147.

MONOD, J. *O acaso e a necessidade*. Trad. B. Palma e P. P. S. Madureira. Petrópolis: Vozes, 1971.

MORGAN, C. L. *Emergent Evolution*. London: Williams and Morgate, 1923.

NICOLIS, G. Physics of Far-from Equilibrium Systems and Self-organization. In: DAVIS, P. (ed.). *The New Physics*. Cambridge: Cambridge University Press, 1989, pp. 316-47.

_____; PRIGOGINE, I. *Exploring Complexity*: an Introduction. New York: Freeman, 1989.

PRIGOGINE, I. *O fim das certezas*: tempo, caos e as leis da natureza. Trad. R. L. Ferreira. São Paulo: Editora Unesp, 1996.

REECE, J. B. et al. *Campbell Biology*: Global Edition. 9. ed. San Francisco: Pearson, 2011.

ROSENBERG, A. *Philosophy of Science*: a Contemporary Introduction. 3. ed. New York: Routledge, 2012.

SCHRÖDER, J. "Emergence: Non-Deducibility or Downwards Causation?" *The Philosophical Quaterly*, n. 48, 1998, pp. 433-52.

SIMON, H. A. "The Architecture of Complexity". *Proceedings of the American Philosophical Society*, v. 106, n. 6, 1962, pp. 467-82.

TERRA, W. R.; TERRA R. R. *Interconnecting the Sciences:* a Historical-philosophical Approach. Saarbrücken: Lambert Academic Publishing, 2016.

WOZNIAK, R. H. Consciousness Social Heredity and Development: the Evolutionary Thought of James Mark Baldwin. *American Psychologist*, v. 64, pp. 93-101, 2009. https://doi.org/10.1037/a0013850.

5.

ADAPTABILIDADE, EMERGÊNCIA E A FRATURA ENTRE AS CIÊNCIAS

5.1.
AS PROPRIEDADES EMERGENTES DOS OBJETOS HISTÓRICO-ADAPTATIVOS

Vimos anteriormente os conceitos de emergência e de propriedades emergentes. Cabe agora detalhar como esses conceitos são operacionalizados no caso dos objetos histórico-adaptativos.

Como podemos recordar, no **reducionismo explicativo**, as explicações (não históricas) em um nível de análise são dadas em termos de eventos e componentes do nível de análise inferior (ver seção 1.3). Já o **reducionismo filosófico** postula que, conhecidas as propriedades dos componentes de um sistema, é possível derivar todas as suas propriedades. Os defensores do reducionismo filosófico rejeitam o fenômeno da **emergência**, que é exatamente o reconhecimento de que um sistema possui propriedades que não são previsíveis a partir das propriedades dos seus componentes. Luisi (2002) oferece um exemplo proveniente da Biologia, a ciência histórico-adaptativa mais avançada, que nos permite compreender essa contraposição ao reducionismo filosófico.

A molécula de mioglobina é uma proteína responsável por ligar oxigênio nos músculos. Ela é formada por uma sequência de 152 moléculas de aminoácidos ligados entre si e é dobrada espontaneamente de forma específica, assumindo uma estrutura espacial. Com base nessa estrutura foi possível mostrar, em um nível molecular, como a mioglobina liga oxigênio. Esse processo é reconstruído mediante reducionismo explicativo: a propriedade de ligar oxigênio, que é observada experimentalmente, foi explicada em termos de interações entre regiões da molécula de mioglobina e o oxigênio.

FILOSOFIA DA CIÊNCIA

Mas há também um processo inverso: a previsão de a propriedade da mioglobina ligar oxigênio a partir de seus componentes, isto é, os aminoácidos. Aqui, a possibilidade de reconstruir o processo estaria baseada no reducionismo filosófico. Como existem 20 aminoácidos diferentes, é possível formar cerca de 10^{200} possíveis sequências de 152 aminoácidos, dos quais a mioglobina é apenas uma. Supondo que haja um algoritmo que possa definir em apenas um minuto se dada sequência de aminoácidos teria a propriedade de ligar oxigênio, seriam necessários cerca de 1.800 anos para computar todas as sequências. A situação é menos favorável ainda, pois, segundo Luisi (2002), o referido algoritmo não existe e dificilmente existirá. Assim, embora em princípio seja possível a derivação das propriedades do sistema a partir de suas partes, na prática a derivação é impossível.

Cabe acrescentar que seria possível desenvolver um algoritmo para, a partir de sequências ligantes de oxigênio já conhecidas, prever se determinada sequência teria essa capacidade ligante. Tal algoritmo, entretanto, seria um algoritmo "*a posteriori*", isto é, ele não é desenvolvido a partir das propriedades dos componentes das sequências iniciais, mas usa as sequências já conhecidas para concluir se determinada sequência é ou não capaz de ligar oxigênio. Já vimos algo semelhante nas teorias "*a posteriori*" que permitem prever as propriedades da água em forma líquida a partir das propriedades da água em forma de vapor (ver seção 1.4).

No entanto, o problema relacionado às funções biológicas é muito maior que o ilustrado no caso da mioglobina. Boa parte das funções biológicas surge das interações entre uma multiplicidade de componentes que estão, em geral, espacialmente separados, o que torna impossível a previsão das funções biológicas a partir das propriedades das moléculas componentes isoladas (Hartwell et al., 1999). Enquadram-se nessa categoria fenômenos como o desenvolvimento do embrião, as redes de sinalização para ligar impressões sensoriais e as atividades enzimáticas, a síntese de ATP (adenosina trifosfato), a automontagem de vírus etc. Nesses casos, é necessário identificar todos os elementos e suas interações no nível do próprio sistema. Para entender o funcionamento de uma célula, por exemplo, é preciso integrar todas as informações referentes às interações de todas as moléculas no interior celular. Em outras palavras, como já vimos, para compreender o funcionamento de um sistema complexo, é necessário entender o conjunto das interações dos elementos do sistema no nível do próprio sistema. Sem dúvida, o número de interações possíveis daqueles elementos extrapola em escala gigantesca as que ocorrem no sistema em consideração. Por isso, dadas as propriedades dos componentes de um sistema, é impossível inferir como elas poderiam estar em interação no sistema, gerando as propriedades observadas apenas no nível sistêmico. O termo emergência é usado para descrever essa situação. As propriedades emergentes resultam das interações específicas dos componentes de um sistema e são observáveis apenas no nível de análise do próprio sistema.

Dessa forma, é possível que as propriedades emergentes sejam explicadas (**emergência fraca**), ainda que essa tarefa possa ser de dificuldade técnica intransponível, como foi exemplificado. Por outro lado, admitir que as propriedades emergentes não possam ser, em princípio, explicadas (**emergência forte**) adiciona uma aura de mistério, como é o caso do princípio vital imaterial que animaria os seres vivos, segundo a Biologia em seus primórdios, hipótese já ultrapassada na ciência contemporânea (Luisi, 2002), além de ser conceito desnecessário (Bedau, 1997). É preciso ainda considerar dois complicadores. Em primeiro lugar, sistemas complexos podem conter processos estocásticos (que contêm aspectos aleatórios) – por exemplo, sistemas químicos distantes do equilíbrio e apresentando, em consequência, bifurcações que geram produtos em proporções variáveis. Nesse caso, o melhor que se pode fazer, mesmo em princípio, é prever as propriedades do sistema a partir de seus componentes em termos probabilísticos. Existem experimentos reais, só que os seus resultados não podem ser previstos com segurança, apenas em termos de probabilidades, como descrito no exemplo do sistema químico a seguir. Por exemplo, um sistema químico com os reagentes A e B (seus componentes) distante do equilíbrio tem $x\%$ de probabilidade de gerar o produto C, $y\%$ do produto D e $z\%$ do produto E. A situação seria a mesma se o sistema contivesse processos caóticos. Desse modo, só consideraremos a emergência fraca, a qual chamaremos simplesmente de emergência.

As propriedades emergentes de um sistema resultam das interações entre seus componentes. O sistema, entendido como o conjunto de seus componentes e suas inter-relações, causa alterações nas propriedades individuais de seus componentes. Esse tipo de causação é chamado de **causação descendente**. Trata-se da influência que as relações entre os componentes de um sistema exercem sobre as propriedades desses mesmos componentes. Por exemplo, o comportamento de uma pessoa muda em diferentes ambientes sociais, devido à natureza das relações que se estabelecem entre as pessoas em cada ambiente. Esse fenômeno também é verificado em Química. A capacidade de absorção de luz de um aminoácido livre é diferente quando se observa esse mesmo aminoácido em uma sequência de aminoácidos que constitui uma proteína. Podemos agora fazer algumas generalizações sobre o tema deste item.

As propriedades emergentes dos sistemas histórico-adaptativos são notáveis em comparação com as dos sistemas físicos e químicos. Nos sistemas físicos e químicos, as propriedades emergentes resultam da formação de novas estruturas mediante processos auto-organizados e espontâneos. Isso significa que essas propriedades não são dedutíveis das propriedades dos compostos dos sistemas, mas a formação dessas propriedades está sujeita a regularidades cujo inventário de possibilidades é grande, embora finito. Já os sistemas histórico-adaptativos são portadores de um projeto executável que, em função de seu propósito, organiza os componentes do sistema em estruturas de alta complexidade. Nesse caso, em comparação com os sistemas físicos e químicos, as possibilidades de relações entre os componentes são muito maiores. Além disso, com as variações do meio, para atingir seu propósito, o próprio projeto sofre modificações, as quais, por sua vez, seguem uma lógica distinta daquela derivada das propriedades dos componentes do sistema.

Podemos definir um **sistema emergente** como um conjunto de componentes cujos processos são balizados pela estrutura do próprio sistema através da imposição de padrões relacionais entre seus componentes. Como consequência, as relações entre os componentes de um sistema complexo são, em geral, uma fração ínfima das relações possíveis que esses componentes poderiam estabelecer.

BASES METODOLÓGICAS DA CIÊNCIA

A estrutura do sistema é o conjunto dos relacionamentos existentes entre seus elementos. Essa estrutura pode ser material, e, nesse caso, gera um condicionamento espacial dos componentes – por exemplo, as membranas de uma célula que criam compartimentos que isolam os componentes celulares (as moléculas constituintes). Quando a estrutura é material, as propriedades do sistema não podem ser inferidas das propriedades dos componentes, pois essas propriedades têm a sua manifestação afetada pelo condicionamento espacial, que não é uma propriedade dos componentes. Para deixar mais claro, é possível tomar como exemplo a síntese de ATP (adenosina trifosfato), molécula que armazena energia para os processos biológicos, como a contração muscular, e que é produzida pelas mitocôndrias.

As mitocôndrias são organelas (corpúsculos no interior das células) que têm forma similar à de um feijão – só que microscópico – e que sintetizam ATP. A síntese de ATP pode acontecer em mitocôndrias isoladas em tubo de ensaio. Se o tubo for guardado na geladeira, observamos que, no dia seguinte, as mitocôndrias continuam a produzir ATP. Entretanto, se o tubo for armazenado no congelador, já não se observa mais a síntese de ATP no dia seguinte. O que ocorreu? Nada foi tirado ou colocado no tubo! A resposta, dada por Peter Mitchell (1920-1992, Nobel em 1978) em 1961, é que a síntese de ATP envolve a transferência de íons H^+ entre dois compartimentos da mitocôndria devido ao mecanismo chamado de quimiosmose. A existência de um lado enriquecido de íons possibilita a síntese de ATP energizada pela migração de íons do lado rico para o lado pobre de íons. (Essa transferência é análoga à que ocorre na geração hídrica de energia elétrica – com o deslocamento espontâneo da água das partes altas para as partes baixas de um terreno, que, nesse processo, roda uma turbina, a qual, por sua vez, aciona o gerador de eletricidade.) Durante o congelamento, porém, os cristais de gelo em formação rasgam as membranas mitocondriais, impedindo o acúmulo de íons de um dos lados da membrana e, em consequência, a formação de ATP (Voet e Voet, 2011). Em resumo, a emergência fica clara pelo fato de que os componentes individuais não bastam para explicar o comportamento do sistema. É necessário considerar a organização espacial do próprio sistema.

FILOSOFIA DA CIÊNCIA

A pergunta que surge dessas observações é: como o sistema impõe um padrão relacional entre seus componentes gerando o fenômeno da emergência? A resposta a essa questão é a já mencionada **causação descendente**. No caso da síntese de ATP, a causação descendente é o próprio mecanismo da quimiosmose. Nesse caso, o condicionamento foi espacial, mas o condicionamento também pode ser temporal. Exemplo de condicionamento temporal é a sequência de sinais químicos que organiza o desenvolvimento embrionário de um ser vivo até se tornar um adulto, discutido por Gilbert e Sarkar (2000).

Em relação à Ciência Cognitiva, podemos dizer que a cognição modifica o comportamento ao influenciar a rede neural associada à previsão do futuro e ao planejamento de conduta em função dessa previsão, tornando mais fácil ou difícil a aquisição de novo algoritmo. Esse tema ainda foi pouco desenvolvido na Ciência Cognitiva.

As propriedades emergentes de uma sociedade (as particularidades de sua cultura – por exemplo, os tipos de partidos políticos que venha a ter) são resultado da história da imposição de uma ordenação temporal e espacial nas relações entre os indivíduos. Essa imposição é a causação descendente da estrutura social sobre o comportamento dos seus componentes. Um exemplo desse fenômeno pode ser encontrado na descrição feita por Giddens (2008) de um experimento no qual se simula uma prisão onde alguns estudantes voluntários faziam o papel de prisioneiros e outros de guardas prisionais. O resultado do experimento foi que o comportamento dos voluntários variava conforme a execução dos diferentes papéis: enquanto os "guardas prisionais" tornavam-se hostis e autoritários em relação aos "prisioneiros", os "prisioneiros" oscilavam entre a apatia e a rebelião, como se observa em condições reais. O estudo do mecanismo da causação descendente requer o conhecimento de como a estrutura organizacional é percebida pelos indivíduos e como isso os afeta. Em outras palavras, como a organização social afeta a cognição individual. Trataremos dessa questão adiante, na Parte C.

5.2.
A FRATURA METODOLÓGICA ENTRE AS CIÊNCIAS

Em sua busca pelos fundamentos lógicos da unidade da ciência, Carnap, em 1934, no interior do positivismo lógico, procurou caracterizar os principais campos da ciência (para detalhes sobre o positivismo lógico, ver capítulo 3). Carnap (1934/1991) distinguiu dois grandes campos: a Física em sentido amplo e a Biologia, também em sentido amplo. O campo da Física compreendia as investigações sistemáticas e históricas, que incluíam a Química, a Mineralogia, a Astronomia, a Geologia (que é histórica) etc. Já o campo da Biologia compreendia a investigação dos organismos e os processos que ali ocorrem. Embora reconhecesse a existência de subdivisões no campo da Biologia (Biologia propriamente dita e Psicologia/Ciência Social), ele considerava que a distinção fundamental era aquela entre o campo da Física e o da Biologia (ambas em sentido amplo).

Por volta da mesma época da publicação de Carnap, ganhava destaque um programa de desenvolvimento da Biologia, conhecido como a **Nova Biologia**, em que se procurava imitar os métodos da Física e da Química (Allen, 2005). Esse programa havia sido iniciado no final do século XIX, mas, nos anos 1930, recebeu um grande impulso financeiro da Fundação Rockefeller (Kay, 1993). Essa situação favoreceu a reunião da Biologia com a Física e a Química como **ciências naturais**, em contraste com a Ciência Cognitiva e a Social, então chamadas de ciências humanas. Essa separação entre ciências naturais e humanas ainda é predominante hoje, embora a Ciência Cognitiva não seja mais incluída nas ciências humanas.

Vimos que a Física e a Química lidam com objetos básicos estacionários, que não variam no tempo, ou dinâmicos, que variam de acordo com processos físicos e químicos. Como as previsões dessas ciências são quantitativas ou probabilísticas, elas também são chamadas de ciências exatas. As demais ciências lidam com objetos histórico-adaptativos, que são autorreferentes, adaptativos, intencionais, históricos, modulares e hierárquicos. Assim, fica evidente que a fratura metodológica entre as

FILOSOFIA DA CIÊNCIA

ciências não se dá entre ciências naturais (Física, Química e Biologia) e ciências humanas, mas entre ciências básicas e ciências histórico-adaptativas. Essa observação autoriza a utilização dos avanços alcançados na Biologia como inspiração para as demais ciências histórico-adaptativas. Deve-se acrescentar ainda que as ciências exatas não são necessariamente determinísticas, pois incluem eventos estocásticos, isto é, eventos que dependem ou resultam de variável aleatória. A Tabela 5.1 resume as características das ciências básicas e histórico-adaptativas e em que se baseia a fratura entre elas.

Tabela 5.1.
Tipos de sistemas (objetos) e as ciências a eles associadas

Características	Básicos		Histórico-adaptativos	
Aspectos do sistema[1]	Estacionários	Dinâmico	Histórico	Funcional
Sistema termodinâmico[2]	Fechado	Aberto	Aberto	Aberto
Projeto executável[3]	Não	Não	Sim	Sim
Ciências envolvidas	Física e Química	Física, Química, Geociências e Cosmologia	Biologia, Ciência Cognitiva e Ciência Social	Biologia, Ciência Cognitiva e Ciência Social

[1] Os sistemas estacionários têm poucos elementos e não variam no tempo; os dinâmicos têm muitos elementos com inter-relações que variam em relação ao tempo. Os sistemas histórico-adaptativos podem ser analisados tanto a partir de sua historicidade como de sua funcionalidade.

[2] Sistema termodinâmico fechado é aquele que não troca matéria com o ambiente; sistema termodinâmico aberto é aquele que troca matéria com o ambiente.

[3] Projeto executável é o conjunto de instruções que organiza o sistema para um propósito; pode ser formado por sinais químicos (seres vivos), algoritmos computacionais associados a neurônios, isto é, programa mental (mente), ou informação cultural (sociedade).

RESUMO

O reducionismo explicativo é a prática científica de oferecer explicações relativas a um nível de organização em termos de componentes e eventos do nível de organização inferior. O processo inverso, isto é, o reducionismo filosófico, afirma que, conhecidas as propriedades dos componentes de um sistema, é possível derivar suas propriedades. Embora, em princípio, o reducionismo filosófico possa ser aceito, caso contrário estaríamos aceitando a existência de princípios misteriosos – como o chamado "princípio vital" –, na prática, não é possível deduzir as propriedades do sistema a partir de seus componentes. Isso porque teríamos de compreender o conjunto de interações dos elementos do sistema no nível do próprio sistema, o que é tarefa de dimensões incontornáveis. Essa é a razão que torna impossível, dadas as propriedades dos componentes de um sistema, inferir como essas propriedades poderiam estar em interação, gerando as propriedades que só são observáveis do ponto de vista do sistema, as quais são, por isso, denominadas de emergentes. Tradicionalmente, as ciências são separadas em ciências naturais (Física, Química e Biologia) e ciências humanas (Ciência Cognitiva e Social). Contudo, a verdadeira fratura entre as ciências ocorre entre as ciências dos sistemas básicos (Física e Química), também chamadas de ciências exatas, e aquelas dos sistemas histórico-adaptativos (Biologia, Ciência Cognitiva e Social).

SUGESTÕES DE LEITURA

Allen (2005) descreve os desenvolvimentos na Biologia Funcional que fizeram com que fosse reunida com a Física e a Química no conjunto das ciências naturais, o que foi posteriormente contestado. Schröder (1998) discute como o sistema pode impor um padrão de relações entre os seus componentes gerando propriedades emergentes.

QUESTÕES PARA DISCUSSÃO

1. Explicite as diferenças entre o reducionismo explicativo e o reducionismo filosófico.
2. Como o reducionismo filosófico organiza as diversas ciências?
3. A causação descendente é compatível com o reducionismo filosófico?
4. Por que a distinção das ciências em ciências exatas e ciências humanas é imprecisa?

LITERATURA CITADA

ALLEN, G. E. Mechanism, Vitalism and Organicism in Late Nineteenth and Twentieth Century Biology: the Importance of Historical Context. *Studies in History and Philosophy of Science Part C: Studies in History and Philosophy of Biological and Biomedical Sciences*, v. 36 n. 2, pp. 261-283, 2005. https://doi.org/10.1016/j.shpsc.2005.03.003.

ANDERSEN, P. B. et al. *Downward Causation. Minds, Bodies and Matter*. Aarhus: Aarhus University Press, 2000.

BEDAU, M. A. Weak Emergence. *Noûs*, v. 31(s11), pp. 375-99, 1997. https://doi.org/10.1111/0029-4624.31.s11.17.

CAMPBELL, D. T. "Downward Causation" in Hierarchical Organized Biological Systems. In: AYALA, F.; DOBZHANSKY, T. (orgs.). *Studies in Philosophy of Biology*. Berkeley: University of California Press, 1974.

CARNAP, R. Logical Foundations of the Unity of Science (1934). In: BOYD, R.; GASPER, P.; TROUT, J. D. (orgs.). *The Philosophy of Science*. Cambridge: MIT Press, 1991, pp. 393-404.

GIDDENS, A. *Sociologia*. 6. ed. Trad. A. Figueiredo, A. P. Duarte, C. L. Silva, P. Matos e V. Gil. Lisboa: Fundação Gulbenkian, 2008.

GILBERTS, F.; SARKAR, S. Embracing complexity: organicism for the 21st century. *Developmental Dynamics*, v. 219, n. 1, 2000, pp. 1-9. Disponível em: <https://doi.org/10.1002/1097-0177(2000)9999:9999%3C::aid-dvdy1036%3E3.0.co;2->.

HARTWELL L. H. et al. "From Molecular to Modular Cell Biology". *Nature*, v. 402 (Supp.), 1999, pp. C47-C51.

KAY, L. E. *The Molecular Vision of Life: Caltech, the Rockefeller Foundation and the Rise of the New Biology*. Oxford: Oxford University Press, 1993.

LUISI, P. L. "Emergence in Chemistry: Chemistry as the Embodiment of Emergence". *Foundations of Chemistry*, v. 4, 2002, pp. 183-200.

SCHRÖDER, J. "Emergence: Non-deducibility or Downwards Causation?". *The Philosophical Quaterly*, 48, 1998, pp. 433-52.

VOET, D.; VOET, J. G. *Biochemistry*. 4. ed. Hoboken: Wiley, 2011.

6.

PROPOSIÇÕES, VALIDAÇÕES E CONSOLIDAÇÕES DE ARGUMENTOS CIENTÍFICOS

6.1.
EXPLICAÇÕES E CONCEITOS

As explicações como as da teoria cinética dos gases que apresentamos anteriormente (ver seção 1.3.2) são chamadas de **explicações mecanísticas** (Glennan, 1996; Machamer, Darden e Craver, 2000; Bechtel, 2011). É importante não confundir explicação mecanística com **mecanicismo** ou filosofia mecanicista. Com origem no século XVIII, o **mecanicismo**, também chamado de fisicalismo, presume que é possível explicar todos os fenômenos, inclusive os relacionados aos seres vivos, apenas em termos físicos. Além disso, o mecanicismo estabelece que, uma vez conhecidas as características de cada componente, as possibilidades de interação para formar um todo se tornam previsíveis. Já vimos que a existência do fenômeno da emergência desafia esse tipo de reducionismo filosófico.

Em contrapartida, as **explicações mecanísticas** são aquelas que descrevem um mecanismo, isto é, um conjunto de entidades e atividades que explicam um resultado em um nível de análise, em termos de eventos e componentes de nível de análise inferior. Esse procedimento é o chamado **reducionismo explicativo** (ver seções 1.3.2 e 5.1). Como também já vimos, a predição quantitativa representada pela equação geral dos gases ($PV=nRT$) é anterior ao desenvolvimento da teoria cinética dos gases. Desse modo, a capacidade de prever é anterior à possibilidade de explicar. Em vista disso, o que os positivistas lógicos concebem como explicação científica, isto é, uma dedução a partir de princípios gerais (ver seção 3.1; Hempel, 1965), seria mais adequadamente denominado **predição**.

FILOSOFIA DA CIÊNCIA

Outro exemplo similar à predição possibilitada pela equação geral dos gases é a chamada **predição algorítmica**. Esse tipo de predição tem sido cada vez mais usado em Biologia. Um algoritmo é um conjunto de operações necessárias para calcular algo. Em geral, usa-se um computador, mas o cálculo também pode ser feito com papel e lápis – por exemplo, quando montamos as parcelas de uma soma, divisão ou radiciação e efetuamos as operações necessárias. Para ilustrar uma predição algorítmica, vejamos como foi estabelecido o algoritmo para prever a possibilidade de glicosilação (adições de moléculas de açúcar) e as posições (sítios) em uma sequência de aminoácidos (que forma uma proteína) onde esse processo ocorre: toma-se um número elevado de proteínas cujos sítios de glicosilação sejam conhecidos por experimentos prévios. Com o auxílio de um computador, buscamos séries pequenas de aminoácidos associados a sítios de glicosilação. Com esses dados, podemos desenvolver um algoritmo que, dada uma sequência qualquer de aminoácidos de uma proteína, prevê em quais posições haveria glicosilações e com qual probabilidade isso ocorreria. Embora os algoritmos preditivos sejam muito úteis, eles não são explicativos. Em nosso exemplo, falta a descrição do mecanismo que reconhece padrões (sequências definidas de aminoácidos) nas sequências de proteínas e como esse reconhecimento levaria à glicosilação. Algoritmos preditivos também são usados em economia, e nada impede que possam ser desenvolvidos para outras áreas da Ciência Social, como a Arqueologia, dentre outras.

Já vimos na seção 1.3 como o comportamento dos gases é explicado por uma conjectura que, após a sua validação, veio a ser conhecida como teoria cinética dos gases. Essa teoria foi validada pelo desenvolvimento de uma equação formalmente semelhante à equação empírica $PV=nRT$, a partir da qual são feitas predições acertadas. Examinemos agora um exemplo de **explicação mecanística quantitativa** com mais detalhes. Trata-se do mecanismo de uma enzima (proteína que acelera reações) denominada laminarinase (Genta et al., 2007), como descrito em Terra e Terra (2016).

A laminarinase é uma enzima que atua sobre a laminarina (cadeia de moléculas de glicose ligadas entre si) e que, com isso, libera sucessivamente moléculas de glicose. Dados empíricos, a serem explicados, informam que o aumento da concentração de laminarina em contato com a enzima aumenta a produção de glicose por minuto, isto é, aumenta a velocidade de reação da enzima; por outro lado, o excesso de laminarina leva à diminuição da velocidade de reação da enzima, ou seja, à diminuição da produção de glicose. A Figura 6.1 indica o esquema que ilustra o mecanismo proposto (conjectura) para explicar o fenômeno. Na figura, a laminarina é representada por contas (moléculas de glicose) ligadas entre si, e a enzima é representada pela estrutura onde a laminarina se aloja. A enzima vazia (1) recebe e acomoda a laminarina em sítio superior (2). Na sequência, a laminarina passa para a posição inferior (3). Em seguida, (4) ocorre a quebra da ligação de uma molécula de glicose (uma conta), liberando-a do restante da cadeia de laminarina (ver conta solta indicada pela ponta de seta curta). A laminarina com uma glicose a menos volta a se acomodar no sítio superior e a glicose sai da enzima (5). A seguir, ou tudo começa de novo (em 2), ou, se a laminarina estiver em excesso, ela pode se ligar nos dois sítios (6), interrompendo o processo de transferência sucessiva de laminarina entre os dois sítios e diminuindo a velocidade de formação de glicose livre (contas soltas). Como se vê, o mecanismo proposto é capaz de explicar por que a laminarina em excesso diminui a velocidade de reação da enzima. É necessário agora validar esse mecanismo, o que pode ser feito com o auxílio do esquema de equilíbrios químicos e de equações.

Figura 6.1.
Esquema correspondente ao mecanismo proposto para explicar os resultados observados para a ação de enzima sobre a laminarina. Baseado em Genta et al. (2007)

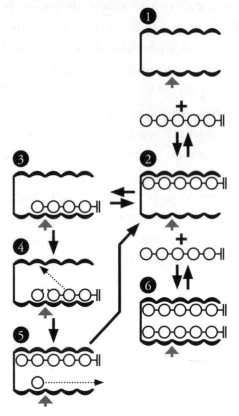

A partir do esquema do mecanismo proposto (Figura 6.1), é possível derivar uma equação matemática com a qual as velocidades de formação de glicose livre são previstas para qualquer concentração de laminarina. Experimentos feitos com a laminarinase em diferentes concentrações de laminarina resultaram na formação de glicose na velocidade prevista pela equação proposta para o fenômeno, validando o mecanismo proposto como explicação.

Vimos como uma explicação mecanística quantitativa pode ser desenvolvida para um sistema determinístico. Vejamos agora outras possibilidades. Em casos que envolvam processos caóticos (aqueles que se tornam menos previsíveis com o tempo) ou processos estocásticos (que incluem eventos aleatórios), as explicações mecanísticas são validadas por predições probabilísticas. Nesse caso, as explicações são chamadas **explicações**

mecanísticas probabilísticas. Um exemplo de sistema caótico é a condição atmosférica (comentada na seção 1.4).

Para exemplificar um processo estocástico, vamos analisar a seguinte questão: por que Gabriela possui olhos azuis se seus três irmãos e pais têm olhos castanhos? O mecanismo genético pode ser descrito como se segue.

As partículas portadoras das características hereditárias encontram-se nos genes que ocorrem em pares, um membro vindo do pai e o outro da mãe. Existem genes que são dominantes, isto é, que se manifestam mesmo em dose única, enquanto os recessivos têm de estar em dose dupla para que as características se manifestem. Vamos chamar de *A* o gene para castanho, que é dominante, e *a* o gene recessivo para olhos azuis. Obviamente, se ambos os pais de Gabriela tivessem composição gênica *AA*, não seria possível que qualquer um dos filhos tivesse olhos azuis. Se um dos pais fosse *AA* e o outro *Aa*, também não seria o caso – pois a combinação dos gametas (espermatozoide e óvulo) teria os arranjos possíveis: *AA, Aa, Aa* ou *Aa* (sem originar, portanto, a combinação *aa* determinante de olhos azuis). Desse modo, o que explica a cor dos olhos de Gabriela e de seus irmãos é o seguinte mecanismo: os pais de Gabriela teriam composição gênica *Aa*, e, portanto, olhos castanhos. Os gametas (espermatozoides masculinos e óvulos femininos) seriam do tipo *A* ou *a*. Esses gametas combinados aos pares (um de cada um dos pais) formariam a geração de Gabriela e de seus irmãos nos seguintes arranjos possíveis: *AA, Aa, Aa, aa*. Podemos concluir então que, para que 25% dos descendentes de pais de olhos castanhos tenham olhos azuis, é preciso que ambos os pais tenham composição gênica *Aa*.

As explicações mecanísticas validadas pela realização de predições quantitativas ou probabilísticas são a regra nas ciências exatas e em ramos das ciências histórico-adaptativas susceptíveis a enfoques similares. Explicações mecanísticas quantitativas existem em aspectos da Bioquímica (como no exemplo da laminarina), e explicações mecanísticas probabilísticas ocorrem em genética (exemplo das cores de olhos), ambas as disciplinas da Biologia que, como vimos, é uma ciência histórico-adaptativa.

As ciências histórico-adaptativas utilizam principalmente explicações mecanísticas qualitativas, isto é, explicações mecanísticas com predição qualitativa. Vejamos alguns exemplos desse tipo de predição.

FILOSOFIA DA CIÊNCIA

O topo de uma célula intestinal é coberto por projeções de sua membrana que lhe conferem um aspecto de escova. As projeções que formam a escova são chamadas de microvilosidades e são preenchidas por filamentos que as mantêm eretas. Sabe-se que, em alguns tipos de insetos, como as lagartas, pequenas esferas (vesículas secretoras) que transportam enzimas digestivas (moléculas de proteína que aceleram a quebra das moléculas de alimento) movem-se no interior da microvilosidade. Antes de se fundirem com a microvilosidade e esvaziarem seu conteúdo para fora das células, as vesículas quase alcançam o topo da microvilosidade. O problema que se coloca aqui é como as vesículas de secreção podem migrar no interior da microvilosidade, que está cheio de filamentos. O mecanismo proposto para o fenômeno é que a gelsolina, uma proteína especial, tem a propriedade de quebrar os filamentos à frente das vesículas, que, assim, podem avançar antes que os filamentos se reorganizem atrás das vesículas. Para validar a explicação mecanística (ou mecanismo) proposta, imaginou-se que, caso a produção de gelsolina fosse inibida, as vesículas ficariam na base das microvilosidades, pois seriam incapazes de penetrar no seu interior nessas condições. Feita a inibição da síntese da gelsolina, a observação ao microscópio eletrônico mostrou que algumas células de fato apresentavam vesículas de secreção na base das microvilosidades (Silva et al., 2016). O avanço das vesículas no interior da microvilosidade envolve muitas proteínas e apenas parte do processo, isto é, o papel da gelsolina, está sendo considerado. Dessa forma, não é possível qualquer previsão quantitativa ou probabilística. Contudo, o fenômeno só ocorre nos casos em que a síntese de gelsolina tenha sido inibida. Trata-se, pois, de explicação mecanística com predição qualitativa ou, ainda, de uma **explicação mecanística qualitativa**. Na hipótese de que o fenômeno da retenção das vesículas na base das células ocorresse sem inibição da produção de gelsolina, mas se, com a inibição, a redução fosse maior, a explicação ainda seria chamada de explicação mecanística qualitativa. Nesse caso, se a diferença de retenção de vesículas com ou sem a inibição da produção de gelsolina fosse ou pequena ou muito variável, seria necessário avaliar estatisticamente se o aumento observado é significativo ou é aleatório.

Vejamos agora dois exemplos de explicações mecanísticas qualitativas na Ciência Social. Uma dessas explicações é o mecanismo do capitalismo. Segundo Karl Marx (1818-1883), o capitalismo caracteriza-se (em termos contemporâneos, não os utilizados por Marx) pela existência de empresários que possuem o capital necessário para comprar os instrumentos de trabalho e os insumos para a produção, que é executada por trabalhadores, cujos salários são fixados pelo mercado. O montante apurado com a venda dos produtos, após a dedução dos custos, gera um excedente (lucro), que corresponde à parcela do trabalho feito que não é remunerada e é apropriada pelo empresário. Esse lucro é reinvestido parcialmente para aumentar a produção (Sweezy, 1962). Como se observa, o mecanismo proposto não gera previsões quantitativas, apenas descreve a natureza dos eventos que se pode esperar.

Retomando o exemplo anterior, os empresários precisam de um capital inicial e da disciplina necessária para reinvestir o excedente após o ciclo produtivo. Assim, é possível assegurar a expansão do empreendimento, fazendo avançar o capitalismo. A questão que se coloca é: qual mecanismo levou os primeiros empresários a acumular riqueza pessoal, mas, diferentemente das elites econômicas de todas as outras eras, sem gastá-la na manutenção de um estilo de vida luxuoso?

Quem procurou uma explicação para o fenômeno foi o alemão Max Weber (1864-1920), em seu livro *A ética protestante e o "espírito" do capitalismo*. De forma esquemática, a interpretação de Weber (2004) poderia ser entendida como uma explicação mecanística qualitativa de base cognitiva: os calvinistas ascéticos queriam saber se iriam para o céu (desejo ou intencionalidade) e acreditavam (possuíam informação real ou fantasiosa) que o sucesso econômico era uma evidência de se ter sido escolhido por Deus. Isso os levou a poupar para investir e gerar riqueza. Assim, o mecanismo que levou os primeiros empresários a poupar para investir pode ser descrito por uma intenção complementada pela informação (fantasiosa ou real) de como alcançar o intento. Como seres humanos, justificamos nossas ações com base em razões, que são as nossas intenções (motivos, interesses, valores, tradições) complementadas por informações de como alcançá-las, isto é, por uma **razão cognitiva**.

FILOSOFIA DA CIÊNCIA

Em Biologia, os mecanismos são frequentemente organizados em diferentes níveis (órgãos, células, complexos moleculares, moléculas). Na Biologia Funcional, os conjuntos de esquemas mecanísticos organizados hierarquicamente desempenham o papel das teorias na Física. Esses esquemas podem ser usados para descrever, predizer, explicar fenômenos, planejar experimentos e interpretar resultados experimentais (Machamer, Darden e Craver, 2000). É importante ressaltar que os arcabouços teóricos mencionados não têm estrutura matemática, e, em consequência, as explicações que podem ser fornecidas para casos particulares não têm a estrutura formal de uma dedução matemática. Assim, as explicações mecanísticas resultantes são qualitativas, e não quantitativas ou probabilísticas. Esses arcabouços teóricos são em geral chamados simplesmente de mecanismos ou modelos. Ainda que, no momento, só sejam frequentes em Biologia, é questão de tempo para que os mecanismos se tornem mais comuns nas demais ciências histórico-adaptativas.

Os exemplos de explicações mecanísticas considerados até agora são relatos mecanísticos estacionários (não se alteram com o tempo) que correspondem a caracterizações das interações entre as partes de um processo descrito. Nesses casos, os mecanismos são analisados por meio de sua decomposição em partes e operações. Quando se procura recompô-los, para averiguar se esses mecanismos podem realmente explicar o fenômeno estudado, isso é feito reconstruindo a sequência das diferentes operações na mente. Essa reconstrução mental costuma ser auxiliada por esquemas, como no exemplo da laminarinase (Figura 6.1). O mecanismo imaginado com ou sem o auxílio de esquemas deve ser validado. O mecanismo corresponderá a uma explicação mecanística quantitativa se, a partir dele, for possível gerar equações matemáticas que permitam predições quantitativas. O mecanismo será uma explicação mecanística probabilística se resultar em predição probabilística; e, finalmente, será uma explicação mecanística qualitativa se dele as predições forem qualitativas, isto é, sem probabilidades definidas associadas.

Contudo, para alguns fenômenos, as entidades alteram-se continuamente ao longo do tempo. Com isso, deixa de ser possível acompanhar mentalmente as diferentes condições que, em momentos diversos, afetam as operações de uma parte específica do processo. Nesse caso, é necessário usar a modelagem computacional. Tal modelagem descreve a dinâmica temporal mediante equações diferenciais (ver a seguir) e usa variáveis introduzidas a partir do relato mecanístico. Esse tipo de explicação mecanística foi denominado **explicação mecanística dinâmica** (Bechtel e Abrahamsen, 2010; Bechtel, 2011; Skillings, 2015).

Antes de continuarmos, cabe esclarecer o que são equações diferenciais. Suponhamos um fenômeno que seja descrito pela equação:

$$E = 10 + (V \times 100)$$

onde:

E é o espaço total percorrido em metros;
10 corresponde ao espaço percorrido inicial em metros;
V é a velocidade em metros por segundo; e
100 é o tempo considerado em segundos.

O valor da variável E pode ser calculado para qualquer valor da variável V. Por exemplo, para um valor de V de 10 (m/s), o valor de E será 1.010 metros.

Suponhamos, porém, que V não seja constante e que varie ao longo do tempo de 100 segundos. Como é possível calcular o espaço percorrido nessas condições? Isso é um problema de dinâmica, e, para a solução desse tipo de problema, técnicas de cálculo foram desenvolvidas no século XVII pelo físico inglês Isaac Newton (1643-1727), e, na versão que usamos atualmente, pelo alemão Gottfried Leibniz (1646-1716). Nessa nova situação, as equações diferenciais são usadas no lugar de equações semelhantes à anterior. Equações diferenciais relativas a muitos mecanismos incluem diferentes variáveis, cujas velocidades de mudança podem depender de outras variáveis.

Deve-se notar que o resultado da resolução computacional da equação diferencial, nesse caso, permite verificar se o mecanismo proposto poderia resultar no fenômeno observado. Não se trata, assim, de geração de dados quantitativos. Em outras palavras, a simulação computacional tem o

FILOSOFIA DA CIÊNCIA

mesmo papel que a **simulação mental** teve no caso de relatos mecanísticos estacionários, como o da ação da laminarina e da gelsolina, assim como do mecanismo do capitalismo segundo Marx.

Explicações funcionais não são, a rigor, explicações. Elas indicam uma ou mais funções que uma unidade desempenha na manutenção ou na realização de certas características do sistema ao qual pertence, ou descrevem o papel de uma ação no alcance de algum objetivo. Um exemplo de explicação funcional em Biologia é a afirmação de que o rim serve para desintoxicar o sangue. Na Ciência Social, temos explicações funcionais ao tratar de sistemas e organizações sociais. Exemplo do primeiro caso é a afirmação de que lavrador é quem lavra a terra, e, do segundo caso, de que o estoquista é o responsável pela manutenção dos estoques em um empreendimento comercial. Uma explicação funcional frequentemente pode ser detalhada na forma de uma explicação mecanística; por exemplo, é possível descrever um mecanismo para o funcionamento do rim em detalhes até do ponto de vista molecular. As explicações funcionais são também chamadas de teleológicas ou finalistas (Nagel, 1961), mas são mais bem descritas como funcionais.

Tanto o reducionismo explicativo como as explicações funcionais e mecanísticas são mobilizados na parte funcional das ciências histórico-adaptativas. Na parte evolutiva dos objetos dessas ciências, temos a **explicação histórica** (ou **narrativa**). Como já foi apontado, uma explicação histórica é um registro que procura mostrar como um dado objeto de estudo tem certas características por meio da descrição de como esse objeto originou-se de outro anterior (Nagel, 1961). As explicações históricas são também conhecidas como explicações genéticas (Nagel, 1961; Hempel, 1965). Contudo, devido ao grande desenvolvimento da disciplina Genética da Biologia, é mais apropriado reservar a explicação genética para aquelas oriundas dessa disciplina. Também como já foi apontado, um exemplo de explicação histórica em Biologia é a afirmação de que a asa do morcego tem origem em transformações adaptativas ao longo da evolução da mão de mamífero ancestral (ver seção 1.3.2). Na Ciência Social, esse tipo de explicação permite, por exemplo, responder à questão: por que a língua inglesa possui tantas palavras de origem latina?

A resposta conhecida inclui a descrição da tomada da Inglaterra pelos normandos de língua francesa no século XI e sua influência no desenvolvimento do inglês, principalmente a partir da língua germânica dos saxões (Hook, 1974).

As ciências também empregam conceitos. **Conceitos** são objetos ou eventos propostos para auxiliar na organização dos dados das ciências histórico-adaptativas. Em Biologia Funcional, um exemplo de conceito é *hormônio*, o qual se refere a uma molécula que é liberada por um tecido para gerar respostas em outros tecidos. Glucagon é o hormônio secretado pelo pâncreas em situação de baixa glicemia e que estimula o fígado a liberar glicose para refazer a glicemia. Em Ciência Social, um exemplo de conceito é *classe social*, o qual se refere a um conjunto de indivíduos com inserção e interesses semelhantes dentro de uma sociedade.

6.2.
VALIDAÇÃO DE ARGUMENTOS CIENTÍFICOS

Validação é o conjunto de critérios para aceitação de proposições científicas. Embora o processo de validação dos argumentos científicos já tenha sido parcialmente antecipado (ver seções 1.3. e 6.1), nesta seção, examinaremos com mais detalhes esse processo e introduziremos a noção de **consolidação de argumentos científicos**.

Vimos anteriormente que a validação das explicações mecanísticas é feita a partir de sua capacidade de previsão (quantitativa, probabilística ou qualitativa) de um evento observável. Caso a previsão falhe, a explicação costuma ser refutada. Para o estabelecimento do acerto ou da falha na previsão, a conjectura é usualmente acompanhada de **hipóteses auxiliares**. Essas hipóteses não são testadas na situação em análise, mas, ainda assim, são assumidas como verdadeiras em vista de conhecimento precedente. No caso da laminarinase (analisado anteriormente), o teste do mecanismo apresentado na Figura 6.1 (a conjectura) exigiu a hipótese de que os processos estivessem em equilíbrio, a fim de derivar as equações necessárias para fazer previsões que ao serem confirmadas validaram a conjectura.

Assumir que os processos estivessem em equilíbrio é uma hipótese auxiliar nessa validação. Dessa forma, a conjectura relativa ao mecanismo da laminarinase poderia ser refutada, não porque estivesse errada, mas caso a hipótese auxiliar não fosse válida nas circunstâncias testadas.

O processo de validação de uma conjectura é, portanto, mais complicado do que inicialmente pode ter parecido. Além disso, em caso de refutação, é necessário avaliar se a conjectura deve ser abandonada ou se as hipóteses auxiliares devem ser revistas com critérios diferentes dos utilizados anteriormente. No caso da cor dos olhos de Gabriela, as suposições auxiliares foram as regularidades conhecidas da genética; no caso do movimento de vesículas dentro das microvilosidades, o que já se conhece sobre o papel da gelsolina na Biologia Celular.

As explicações históricas são validadas principalmente pela coerência com os dados conhecidos. Assim, o surgimento das manifestações de atividade agrícola reveladas pela Arqueologia foi explicado pela difusão cultural que avançou da Anatólia (atual Turquia), por volta de 9500-8000 a.C., em direção à Europa (Gray e Atkinson, 2003). Contudo, a análise do DNA de esqueletos datados de antes da introdução da agricultura e da criação de animais na Europa, isto é, dos caçadores-coletores, e de depois desse evento, mostrou a descontinuidade genética entre as duas populações (Bramanti et al., 2009). Dessa forma, a explicação para o avanço da agricultura não podia mais ser baseada na difusão cultural, pois isso implicaria a continuidade genética entre as populações de caçadores-coletores e de fazendeiros. A explicação passa a ser de que o que houve de fato foi o deslocamento de fazendeiros da Anatólia para a Europa.

A maior parte da atividade científica pode ser descrita como **coleta de dados** (ou **pesquisa exploratória**) e não é orientada por nenhuma hipótese explícita. Como não há hipóteses explícitas a orientar a pesquisa nesse caso, os dados coletados não podem ser validados em confronto com a hipótese de origem. O que torna científicos os procedimentos de coleta de dados é o rigor na sua obtenção. Para isso, os procedimentos são confrontados com todas as possibilidades técnicas disponíveis, e estão inseridos no âmbito de um programa de pesquisa de uma disciplina científica que os utilizará na elaboração de conjecturas sujeitas à validação.

BASES METODOLÓGICAS DA CIÊNCIA

Devido às dificuldades de validação das conjecturas (porque, além dos aspectos mencionados na aceitação de hipóteses auxiliares inadequadas, pode haver influência de atitudes irracionais por parte dos cientistas individuais em suas avaliações de validações de conjecturas), as conjecturas validadas precisam ser consolidadas de forma a integrar o **conhecimento científico estabelecido**. Já vimos que o processo de fazer ciência pode ser descrito, em sua maior parte, como a formulação de uma conjectura e sua subsequente validação. A incorporação desse conhecimento na literatura científica segue um processo, geralmente longo, de **consolidação**. Esse processo está sempre aberto, e o conhecimento pode ficar mais consolidado, mas, em determinadas circunstâncias, pode vir a ser rejeitado. Em outras palavras, consolidação significa o reconhecimento progressivo de um trabalho científico pela comunidade científica. As validações são repetidas em condições diferentes por essa comunidade científica, o que leva à sua incorporação na ciência estabelecida. Dessa forma, a ciência como um todo é racional, mesmo que os pesquisadores individuais possam ser ocasionalmente irracionais (a despeito de serem treinados para evitar essas atitudes). É importante também que a comunidade de pesquisadores inclua muitos grupos independentes trabalhando dentro da mesma área, que esses grupos compartilhem resultados, e, finalmente, que esses resultados sejam publicados e submetidos ao debate e à crítica por outros pesquisadores dentro da mesma temática.

Vamos acompanhar a trajetória da consolidação de um trabalho científico dentro da Bioquímica, que serve de exemplo para o que acontece na maior parte das ciências experimentais. Em seguida, faremos algumas observações sobre áreas que podem apresentar algumas diferenças.

6.3.
CONSOLIDAÇÃO
DE ARGUMENTOS CIENTÍFICOS

O trabalho científico costuma ter início no interior de um grupo de trabalho formado por um pesquisador experiente – chamamos esse

155

FILOSOFIA DA CIÊNCIA

pesquisador de pesquisador sênior. Um grupo de trabalho pode incluir outros pesquisadores seniores e uma série de outros em uma escala descendente de experiência: pós-doutorandos, pós-graduandos (doutorandos e mestrandos) e estudantes de iniciação científica, que ainda são estudantes de graduação. As conjecturas geradas e a validação correspondente ao trabalho dos pesquisadores em formação são apresentadas em reuniões semanais do grupo em que são discutidas. A discussão se refere à solidez dos procedimentos utilizados, tanto dos procedimentos teóricos (que levaram às conjecturas) como dos experimentais (validação). Como resultado das discussões, o trabalho de cada membro do grupo é aperfeiçoado. Quando o trabalho de um dos membros chega a um ponto de desenvolvimento que apresenta um corpo de resultados interessante e com validação apropriada, esse pesquisador é chamado a apresentar uma exposição para o grupo. Essa exposição é uma apresentação formal dos resultados e sua validação, precedida de exposição do conhecimento prévio relacionado para a contextualização e a avaliação do progresso trazido ao conhecimento pelo trabalho realizado. A apresentação é criticada pelo grupo, levando a seu aperfeiçoamento.

A primeira fase de consolidação do trabalho externo ao grupo costuma ser feita como apresentação livre em congresso nacional da especialidade. Por exemplo, em reunião da Sociedade Brasileira de Bioquímica e Biologia Molecular (SBBq).

A SBBq é uma sociedade organizada por considerações de mérito científico. Assim, seus membros ordinários (os membros permanentes com direito a voto) são sempre doutores em Bioquímica ou ciência correlata, com pelo menos dois trabalhos publicados em revistas renomadas (a avaliação de revistas será tratada no capítulo 15). Esses membros elegem a diretoria (presidente, vice-presidente, secretário-geral, primeiro secretário, tesoureiro, primeiro tesoureiro) e um conselho de oito membros, sempre de cientistas destacados. A SBBq mantém relações próximas, com troca de palestrantes em suas reuniões, com sociedades congêneres de Uruguai, Argentina, Chile, Portugal e Espanha; faz também parcerias eventuais com a Sociedade Britânica de Bioquímica e a Federation of the European Biochemical Societies, e, além disso, é afiliada a organizações científicas internacionais, como a International Union of Biochemistry and Molecular Biology (IUBMB), que, por sua vez, relaciona-se com organizações multidisciplinares internacionais, como o International Council for Science (ICSU). O ICSU foi formado em 2018 pela fusão do International Council of Scientific Unions (fundado em 1931) com o International Social Science Council (fundado em 1952), para se dedicar à cooperação internacional para o avanço da ciência em todas as áreas. Seus membros são as associações multidisciplinares científicas nacionais (como as Academias Nacionais de Ciência) e outras associações, como a IUBMB, representando 142 países.

A SBBq também tem assento no Conselho da Federação das Sociedades de Biologia Experimental e é membro da Sociedade Brasileira para o Progresso da Ciência (SBPC). A SBBq participa igualmente de atividades com outras sociedades científicas, como o congresso que organizou em 2021 em conjunto com a Sociedade Brasileira de Biofísica. Assim, a SBBq, como é a regra em todas as sociedades científicas, articula-se com toda a comunidade científica nacional e internacional, seja de forma direta, seja através das comunidades com as quais possui contatos mais estreitos.

A reunião anual da SBBq é iniciada por uma conferência plenária de cerca de 60 minutos. Essa conferência é proferida ou por um convidado estrangeiro ou por um brasileiro de grande notoriedade – algumas vezes o conferencista é um ganhador do Prêmio Nobel ou de estatura correspondente. Ao longo da reunião, há ainda um conjunto de conferências (também de 60 minutos), além de seminários temáticos de cerca de 2 horas com 4 pesquisadores, cada um com tempo alocado de 30 minutos. As conferências e os seminários são escolhidos pela diretoria e pelo conselho a partir de indicações dos membros ordinários da SBBq. Todos os participantes de conferências e seminários têm seus currículos avaliados antes de serem aceitos. A reunião inclui ainda apresentações orais (de 20 minutos) de pesquisadores menos experientes, em regra mestrandos e doutorandos, para as quais as escolhas são feitas a partir de uma análise competitiva dos currículos e da qualidade do conteúdo dos resumos previamente enviados. Os inscritos para essa modalidade podem ser de qualquer um dos países do Cone Sul (Brasil, Argentina, Uruguai e Chile). Os mais bem classificados (cerca de 20) têm suas despesas

FILOSOFIA DA CIÊNCIA

de participação na reunião pagas pela SBBq. Finalmente, há ainda as apresentações livres na forma de painéis, que ficam expostos em lugares e horários predeterminados. A aceitação dos painéis é feita de maneira menos rigorosa que as demais atividades – apenas cerca de 5% dos painéis são rejeitados, e, em geral, por insuficiência de resultados (avaliada por pareceristas escolhidos dentre os pesquisadores seniores de diferentes especialidades). Os melhores painéis de cada subárea da reunião ganham um troféu da SBBq. Outros prêmios específicos são oferecidos por empresas, como o prêmio para incentivar jovens pesquisadores da América Latina, os prêmios de incentivo à inovação etc. Esses prêmios são sempre julgados por comissões indicadas pela SBBq.

Podemos voltar a discutir agora como os trabalhos ainda imaturos iniciam sua consolidação (reconhecimento) fora do grupo em que foram produzidos. Eles o fazem de regra na forma de apresentação de painéis, como descrito no caso da SBBq. Se os trabalhos estiverem mais amadurecidos, podem concorrer para uma vaga de apresentação livre oral. Como veremos adiante, a SBBq também tem espaço para reconhecimento em níveis mais elevados que os de pesquisadores iniciantes.

Tendo apresentado o trabalho na forma de painel (ou de apresentação oral livre) em congresso nacional, a etapa seguinte é fazer o mesmo em congresso internacional. Os congressos internacionais podem ser organizados por sociedades internacionais que congregam sociedades nacionais de uma região (por exemplo, da Europa) ou de todo o mundo (como é o caso da já mencionada IUBMB). Os congressos podem ser organizados também por grupos de especialistas (em geral, de uma universidade) e terem abrangência mundial – por exemplo, o encontro anual da Molecular Insect Science, organizado por um grupo da Universidade do Arizona (EUA), cuja última edição, em 2019, foi realizada em Barcelona, Espanha. A aceitação de um painel nesses congressos segue etapas semelhantes às de um congresso nacional. A participação em congressos internacionais é importante, pois propicia uma exposição mais ampla de um trabalho em consolidação e o contato mais amplo com a comunidade científica mundial da área do trabalho.

A terceira fase na consolidação de um trabalho, após a apresentação em congressos, é a publicação em periódico de circulação internacional, que pode ser brasileiro, mas costuma ser do exterior. A publicação nesses periódicos

BASES METODOLÓGICAS DA CIÊNCIA

segue uma rotina. Inicialmente, o trabalho (sempre em inglês) é enviado ao editor (pessoa responsável pelo aceite ou rejeição do trabalho). Após uma avaliação preliminar, quando se pode rejeitar o trabalho por considerá-lo de baixo padrão científico ou por discrepar da temática da revista, o editor envia o trabalho a três assessores especialistas para elaborarem um parecer sobre o trabalho submetido. A escolha dos assessores frequentemente é auxiliada por consulta a membros do corpo editorial. O corpo editorial consiste em um conjunto de pesquisadores renomados na temática da revista, porém especialistas em diferentes aspectos dessa temática. Os pareceres dos assessores consistem em críticas da contextualização e das conjecturas relativas ao trabalho feito e, principalmente, na avaliação da pertinência e da qualidade das técnicas empregadas e no uso adequado dos resultados obtidos para validar as conjecturas formuladas. Após reunir os pareceres, o editor pode julgar que as críticas são concludentes e rejeitar o trabalho, comunicando as razões de sua decisão ao pesquisador ou à pesquisadora responsável pelo artigo. Se, em contrapartida, o editor avaliar que as críticas podem ser contornadas, ele solicita ao pesquisador que faça alterações no trabalho (o que pode acarretar em meses de reelaboração) para responder às críticas. O pesquisador responsável, após alterar o trabalho, volta a submetê-lo à revista. O processo inicia-se novamente: envio ao editor, que remete aos assessores e, a seguir, toma nova decisão – rejeitar, solicitar outras modificações ou aceitar. O processo de envio, incorporação de modificações e reenvio pode se repetir várias vezes até que o trabalho seja aceito ou rejeitado de forma definitiva. Caso o trabalho não seja aceito, o processo é reiniciado em outro periódico. Quanto maior o prestígio da revista, mais difícil a publicação. Por sua vez, pesquisadores têm seu prestígio ampliado quando publicam em revistas com notoriedade e, com isso, suas publicações são lidas e comentadas por outros em seus respectivos trabalhos – iniciando a sua consolidação como parte da ciência estabelecida.

A menção por outros (citação) dos trabalhos publicados por um pesquisador, o que é facilitado por publicações em revistas renomadas, leva esse pesquisador a ser convidado para participar em seminários temáticos, conferências e inclusive em conferências plenárias em reuniões científicas nacionais e inclusive internacionais. Isso permite uma consolidação maior do trabalho do pesquisador.

FILOSOFIA DA CIÊNCIA

Uma forma adicional de consolidação da pesquisa do cientista é a preparação de revisões sobre temas de sua especialidade, nas quais o pesquisador tem a oportunidade de situar sua própria pesquisa no contexto das demais com detalhes, dando-lhe destaque. Essas revisões podem ser propostas para publicação em revistas que têm seções especiais para esse tipo de trabalho e passam pelo mesmo processo de avaliação dos trabalhos originais. Muitas vezes, porém, as revisões também são escritas a convite do corpo de editores de determinada revista e podem ou não passar por sistema de avaliação similar ao descrito para as revisões submetidas de forma espontânea. As revistas dedicadas a revisões podem ser de especialidades restritas ou de temas amplos. Um trabalho de revisão a convite por uma revista de temática ampla indica um nível elevado de reconhecimento do autor cientista e de seu trabalho.

Outras formas de consolidação do trabalho científico são, além das já mencionadas premiações, as indicações para Academias de Ciências e a atribuição de comendas.

No Brasil, a Academia Brasileira de Ciências (ABC) é a entidade que reconhece e convida pesquisadores de excelência para serem membros e que representa a comunidade científica brasileira, nacional e internacionalmente, visando à promoção do desenvolvimento da ciência em benefício da sociedade. A aceitação de um pesquisador como membro titular da ABC é feita em etapas que ocorrem apenas uma vez por ano. Inicialmente, um cientista é indicado para a Academia Brasileira de Ciências por um ou mais membros da ABC. Com essa indicação, as qualidades de seu trabalho são ressaltadas, e essas qualidades são avaliadas em uma primeira instância pelo conjunto dos membros da área temática do indicado ou indicada (por exemplo, Física, Biologia, Ciência Social etc.). Os indicados que atingirem certo nível nessa primeira etapa são avaliados a seguir pelo conjunto de todos os membros da ABC para preencher as posições disponíveis por área temática, a qual varia a cada ano. Em geral, são apresentados pelo menos dois candidatos para cada vaga. Dessa avaliação, surge a lista dos aceitos como novos membros da ABC – o que é uma grande honraria, pois a ABC possui apenas cerca de 450 membros titulares, representando todas as áreas da ciência.

A Ordem do Mérito Científico Nacional é a que concede a maior comenda científica no Brasil. Existem dois níveis: o de Comendador, e um nível muito mais restrito, o da Grã-Cruz. As indicações para a honraria são feitas por entidades científicas, como a ABC e a SBPC. A entrega de comendas é feita em cerimônia presidida pelo presidente da República, que decide sua periodicidade e data.

Honrarias internacionais existem na forma de medalhas de temas específicos. De longe, a mais conhecida de todas é o Prêmio Nobel. O Nobel é um conjunto anual de prêmios concedidos por instituições suecas e norueguesas a várias categorias em reconhecimento a avanços científicos e culturais. As escolhas são baseadas em indicações feitas por cerca de 3 mil indivíduos proeminentes em suas áreas acadêmicas ao redor do mundo. Com base nessas indicações, o Comitê Nobel indica 300 agraciados em potencial, com descrição do papel de cada um deles e pareceres de especialistas sobre os indicados nessa fase. A seguir, as entidades que concedem o Prêmio votam naqueles de sua preferência, e os mais votados são agraciados.

O processo de consolidação no caso de pesquisa exploratória (descrição de estruturas de proteína, da biodiversidade etc.) ou histórica (narrativas) segue passos semelhantes aos do trabalho experimental que foram detalhados anteriormente. O exame da qualidade das conjecturas é substituído aqui pela escolha qualificada, tanto do que deve ser explorado ou historiado (programa de pesquisa) como dos procedimentos para obtenção rigorosa dos dados desejados. Nesse caso, a consolidação feita pela comunidade científica consiste na avaliação dos dados obtidos à luz das possibilidades técnicas disponíveis ou na verificação da concordância da narrativa produzida com todos os dados conhecidos.

Resumindo, um trabalho que foi validado pelos procedimentos apresentados só inicia a sua incorporação na ciência estabelecida por um processo de consolidação. Esse processo conta com várias etapas de reconhecimento pela comunidade científica, e culmina com a incorporação do trabalho em livros especializados e em livros de textos universitários da especialidade.

RESUMO

A noção positivista de explicação entendida como predição vem sendo contestada, pois predição não implica explicação. Por exemplo, a equação geral dos gases faz predições que só puderam ser explicadas com o desenvolvimento posterior da teoria cinética dos gases. Nessa mesma direção, as predições algorítmicas que preveem a ocorrência de peculiaridades em proteínas, e que são comuns em Biologia, também não são explicações. Uma explicação mecanística é a descrição de um mecanismo, isto é, um conjunto de entidades e atividades que explicam um resultado. Para serem validadas, as explicações devem fazer previsões confirmadas e sempre utilizam hipóteses auxiliares, assumidas como verdadeiras com base no conhecimento presente. As explicações podem ser quantitativas – regra entre as ciências básicas e em aspectos das ciências histórico-adaptativas; probabilísticas – comuns no tratamento de eventos básicos caóticos e fora do equilíbrio e em parte das ciências histórico-adaptativas; e, finalmente, qualitativas – só encontradas nas ciências histórico-adaptativas. As explicações históricas (narrativas) são utilizadas nos aspectos evolutivos das ciências histórico-adaptativas. Elas consistem em um relato de como um objeto de estudo tem certas características a partir da descrição de como esse objeto se originou de outro anterior. A validação de explicações históricas é feita pela coerência com todos os fatos conhecidos. A maior parte da pesquisa é exploratória e, portanto, não é orientada por nenhuma hipótese explícita. O que torna científica a pesquisa exploratória é o fato de se inserir em programas de pesquisa, fazendo uso de rigor nos procedimentos. Os resultados da pesquisa exploratória podem gerar conjecturas a serem validadas. A incorporação dos dados validados na literatura científica, a sua consolidação, é feita pela comunidade científica, que critica os resultados validados e repete as validações em condições diferentes das usadas anteriormente. O reconhecimento progressivo do trabalho científico pela comunidade científica tem seu início em grupos de pesquisa, passa pelas apresentações em congressos científicos e termina em publicações científicas de diferentes níveis e pelo reconhecimento por academias científicas.

SUGESTÕES DE LEITURA

Duas boas discussões sobre explicações mecanísticas encontram-se em Machamer, Darden e Craver (2000) e Bechtel (2011), enquanto Gray e Atkinson (2003) mostram a validação de explicações históricas.

BASES METODOLÓGICAS DA CIÊNCIA

QUESTÕES PARA DISCUSSÃO

1. Qual a diferença entre mecanicismo e mecanismo?
2. Quais os tipos de explicações mecanísticas comuns nas ciências exatas e quais as explicações típicas para a parte funcional das ciências histórico-adaptativas?
3. Quais são as explicações usadas na parte evolutiva das ciências histórico-adaptativas?
4. A que se refere a noção de conceitos?
5. Discutir o que são conjecturas e hipóteses auxiliares.
6. Como os mecanismos e as narrativas são validados?
7. O que assegura o caráter científico da pesquisa exploratória?
8. Como se dá o processo de consolidação do conhecimento científico?
9. Quais instituições contribuem para a consolidação do conhecimento científico?

LITERATURA CITADA

BECHTEL, W. Mechanism and Biological Explanation. *Philosophy of Science*, v. 78, n. 4, pp. 533-557, 2011. https://doi.org/10.1086/661513.

_____; ABRAHAMSEN, A. Dynamic Mechanistic Explanation: Computational Modeling of Circadian Rhythms as an Example for Cognitive Sciences. *Studies in History and Philosophy Science*, v. 41, n. 3, pp. 321-333, 2010. https://doi.org/10.1016/j.shpsa.2010.07.003.

BRAMANTI, B. et al. Genetic Discontinuity between Local Hunter-gatherers and Central Europe's First Farmers. *Science 326*(5949), pp. 137-140, 2009. https://doi.org/10.1126/science.1176869.

GENTA, F. A. et al. The Interplay of Processivity, Substrate Inhibition and a Secondary Substrate Binding Site of an Insect Exo-β-1,3-glucanase. *Biochimica et Biophysica Acta*, 1774(9), pp. 1.079-1.091, 2007. https://doi.org/10.1016/j.bbapap.2007.07.006.

GLENNAN, S. Mechanisms and the Nature of Causation. *Erkenntnis*, v. 44, pp. 50-71, 1996. http://www.jstor.org/stable/20012673.

GRAY, R. D.; ATKINSON, Q. D. Language-tree Divergence Times Support the Anatolian Theory of Indo-European Origin. *Nature*, v. 426, pp. 435-439, 2003. https://doi.org/10.1038/nature02029.

HEMPEL C. G. *Aspects of Scientific Explanations and other Essays in the Philosophy of Science*. New York: Free Press, 1965.

HOOK, J. N. *The Story of British English*. Glenview: Foremann and Company, 1974.

MACHAMER, P.; DARDEN, L.; CRAVER. C. F. Thinking about Mechanisms. *Philosophy of Science*, v. 67, n. 1, pp. 1-25, 2000. https://doi.org/10.1086/392759.

NAGEL, E. *The Structure of Science*. New York: Harcourt, Brace & World, 1961.

SILVA, W. et al. Gelsolin Role in Microapocrine Secretion. *Insect Molecular Biology*, v. 25, n. 6, pp. 810-820, 2016. https://doi.org/10.1111/imb.12265.

SKILLINGS, D. J. Mechanistic Explanation of Biological Processes. *Philosophy of Science*, v. v. 82, n. 5, pp. 1.139-1.151, 2015. https://doi.org/10.1086/683446.

SWEEZY, P. M. *Teoria do desenvolvimento capitalista*. Trad. W. Dutra. Rio de Janeiro: Zahar, 1962.

TERRA, W. R.; TERRA R. R. *Interconnecting the Sciences:* a Historical-philosophical Approach. Saarbrücken: Lambert Academic Publishing, 2016.

WEBER, M. *A ética protestante e o "espírito" do capitalismo*. Trad. J. M. M. de Macedo; Ed. A. F. Pierucci. São Paulo: Companhia das Letras, 2004.

7.

MODELOS MATEMÁTICOS E MÉTODOS ESTATÍSTICOS E FILOGENÉTICOS

7.1.

ASPECTOS GERAIS DE MODELOS E TIPOS IDEAIS

Modelos são representações da realidade, no sentido de que correspondem a qualidades do objeto representado. Os modelos podem ser físicos, tipos ideais ou matemáticos.

Nas ciências exatas, é frequente o uso de **modelos físicos**, que são representações sensíveis idealizadas ou simplificadas de objetos científicos criadas para facilitar o entendimento, ou, em outras palavras, para representar a realidade. Um exemplo de modelo físico é a "cuba de ondas" para representar a propagação do som. A cuba de ondas é uma caixa retangular cheia de água, onde uma trave em movimento ascendente e descendente gera ondas, permitindo observar o que acontece quando a onda passa por um orifício, encontra outra onda etc. Outro modelo físico é o modelo de bolas e bastões para representar moléculas, em Química. Um outro tipo de modelo amplamente usado nas ciências é o **tipo ideal**, que pode ser um objeto ou processo idealizado de forma a isolar aspectos essenciais do problema em estudo.

Como exemplo de tipos ideais, já vimos as esferas consideradas carentes de atrito idealizadas por Galileu, e, na teoria cinética dos gases, as moléculas que não se atraíam. A proposição de tipos ideais facilita a geração de explicações ou o desenvolvimento de teorias. Essas explicações e teorias servem de base para o desenvolvimento de explicações e teorias relativas a objetos ou processos reais.

FILOSOFIA DA CIÊNCIA

A Ciência Social também faz uso de modelos na forma de tipos ideais. Nas palavras de Weber (1979, p. 106): "O tipo ideal [é] a *acentuação* [...] de um ou vários pontos de vista [seguido do] encadeamento de grande quantidade de fenômenos *isoladamente dados*, [...] que se ordenam [...] a fim de se formar um quadro homogêneo de *pensamento*". Em outras palavras, em Ciência Social, o tipo ideal é a ênfase mental de determinados elementos da realidade, tornando possível caracterizar de modo abrangente aspectos da sociedade – por exemplo, classificar o caráter econômico de determinada cidade como "economia urbana". Como se vê, da mesma forma que os objetos de Galileu e os gases ideais, os tipos ideais da Ciência Social são simplificações da realidade que servem de base para discutir objetos e processos reais. Em todos os casos, o ajustamento de objetos e eventos ideais à realidade pode ser usado para o desenvolvimento de explicações e teorias. A eficácia dos tipos ideais na explicação desses processos é que os justifica.

Por fim, há também os **modelos matemáticos**. Esses modelos correspondem à descrição matemática de fenômenos observáveis e podem ser baseados em equações diferenciais, modelos estocásticos ou em agentes múltiplos (como veremos nas duas seções seguintes). A modelagem matemática é sempre uma representação que permite fazer previsões relativas a eventos na realidade. Além de representar a realidade, a modelagem matemática pode também subsidiar explicações mecanísticas, como no caso das explicações dinâmicas discutidas no capítulo 6. Assim, temos modelos matemáticos preditivos (que são apenas representativos) e modelos matemáticos mecanísticos (que representam e são explicativos) (Craver, 2006; Brigandt, 2013). Em poucas palavras, um modelo matemático explicativo é aquele que revela aspectos da estrutura causal do fenômeno estudado e, por isso, pode servir de base para hipóteses de como controlá-lo (Kaplan e Craver, 2011). Como exemplo deste último tipo, temos o modelo matemático do impulso nervoso, que explica como as moléculas subjacentes ao fenômeno se comportam e como o impulso pode ser afetado pela adição ou subtração de moléculas (Le Novere, 2007).

7.2.
MODELOS BASEADOS EM EQUAÇÕES DIFERENCIAIS E MODELOS ESTOCÁSTICOS

Fenômenos modelados matematicamente podem ser de interesse para as ciências exatas, nas quais são mais comuns, mas também são bastante usados em pesquisas em Biologia, em economia e em evolução sociocultural na Ciência Social. Nesses modelos matemáticos, as características de um determinado fenômeno são relacionadas a parâmetros de uma equação, e as alterações desses parâmetros entre si podem ser acompanhadas ao longo do tempo.

A aplicação de modelagem matemática para produzir explicações mecanísticas dinâmicas em Biologia é cada vez mais comum, principalmente na análise de sistemas complexos com retroalimentação. Esse tipo de análise permitiu explicar as oscilações circadianas (ritmos biológicos com período de 24 horas observáveis em seres vivos), a biestabilidade (possibilidade de que um sistema se mantenha em qualquer de dois estados alternativos, por exemplo, uma célula que pode se dividir ou manter-se estacionária), a geração de pulsos de atividade etc. (Alberts et al., 2015). Algumas dessas explicações foram analisadas de um ponto de vista filosófico (Brigandt, 2013).

A modelagem matemática de fenômenos sociais é frequentemente criticada por aqueles que a consideram simplificações excessivas da realidade – isso, como veremos na seção 10.3, também ocorreu na história da Biologia. Contudo, o sucesso da modelagem matemática já foi mostrado para várias temáticas sociais relacionadas à evolução sociocultural. Um exemplo é a modelagem matemática que demonstrou que a difusão da inovação em ambiente social deve ocorrer por transmissão cultural e é afetada por predisposições inerentes aos indivíduos (Henrich, 2001). Essa tese contrariava a hipótese de alguns psicólogos evolutivos, segundo a qual a difusão cultural resultaria de resposta individual à variação ambiental (Tooby e Cosmides, 1992).

Outro exemplo interessante refere-se ao aprendizado social. Intuitivamente, o aprendizado social (aquele alcançado com o auxílio de membros do grupo) parece ser adaptativo, pois se espera que esse aprendizado gere menos erros do que o obtido por aprendizado individual. Embora isso seja verdadeiro, o problema é mais complicado. O aprendizado social envolve tomadores de decisão que utilizam o comportamento dos outros como parte da informação que usam para basear suas próprias decisões. O comportamento dos outros, por sua vez, depende das decisões tomadas por esses indivíduos, isto é, depende de suas regras de decisão. Para especificar quais são as melhores regras, deve-se avaliar como uma regra de decisão afeta a distribuição do comportamento em uma população de tomadores de decisão. A modelagem matemática do problema mostrou que o aumento da importância do aprendizado social diminui a habilidade dos membros do grupo em lidar com ambiente variável. Isso ocorre porque o aprendizado social é conservador, pois diz respeito ao que já é conhecido (e é inútil em condição totalmente nova). Assim, os modelos sugerem que a seleção sociocultural favorecerá um padrão de aprendizado social com o qual os indivíduos ainda mantenham um forte componente de aprendizado individual (Boyd e Richerson, 2005).

Os modelos de sistemas dinâmicos que tratamos nesta seção estão baseados em equações diferenciais e são determinísticos. Isso significa que esses modelos produzem o mesmo resultado a partir de um conjunto estabelecido de parâmetros. Esse tipo de tratamento matemático é apropriado mesmo quando existir mais do que uma solução, como nos casos de biestabilidade referidos anteriormente.

Nessas situações, no entanto, a solução está relacionada a probabilidades definidas. Esses modelos falham na representação de comportamentos complexos, como os que ocorrem em uma célula. Os modelos estocásticos também permitem levar em conta o problema da grande variabilidade nas redes moleculares celulares. Para isso, esses modelos incorporam as variações aleatórias no número de moléculas e de interações no sistema celular. Por exemplo, suponhamos que a divisão de uma célula dependa do encontro na ordem certa das moléculas A, B e C, mas que as interações entre essas moléculas sejam afetadas pela quantidade de D presente e que D varie de forma aleatória. O modelo estocástico levaria tudo isso em consideração. Desse modo, os modelos estocásticos não fazem previsões determinísticas (nem mesmo probabilísticas) sobre o comportamento das moléculas, mas ampliam a compreensão das possibilidades de que determinado sistema exista em certo estado por certo tempo (Alberts et al., 2015).

7.3.
MODELOS BASEADOS EM AGENTES MÚLTIPLOS

A **modelagem baseada em agentes múltiplos** (*Multi-Agent Systems*, **MAS**) surgiu principalmente a partir de um conjunto de ideias, técnicas e ferramentas para implementar modelos computacionais de sistemas complexos adaptativos. Como se recorda, esses sistemas, exemplificados por seres vivos, mente e sociedade, são formados por elementos que interagem entre si e que são capazes de se adaptar em nível individual e populacional.

A modelagem baseada em agentes múltiplos difere da modelagem matemática que utiliza equações diferenciais, na qual as características modeladas correspondem a parâmetros da equação (ver exemplo da equação $E = 10 + (V \times 100)$ na seção 6.1). Na modelagem baseada em agentes, temos um conjunto de agentes virtuais (elementos do sistema) que são autônomos (agem segundo objetivos internos, na forma de instruções), cujas características (por exemplo, memorizar eventos passados), assim como o tipo de interações que os agentes podem estabelecer entre si, são especificadas. Cada vez que o programa é executado, os resultados diferem em consequência, por exemplo, de os agentes ganharem conteúdo (devido à memória). O comportamento que surge apresenta padrões, estruturas e categorias que não foram explicitamente programados nos modelos, mas que surgem das interações entre os agentes (Sawyer, 2003; 2004; Macy e Willer, 2002; Macal e North, 2010).

A modelagem baseada em agentes múltiplos é muito usada em Biologia para simular o comportamento celular, os eventos do sistema imune, o crescimento de tecido e os processos relativos a doenças. Mas esse tipo de modelagem também é bem-sucedido em Ciência Social (Sallach e Macal 2001; Sawyer, 2003; 2004; Macy e Willer, 2002; Macal e North, 2010). A **Ciência Social Computacional**, campo que vem crescendo nos últimos anos, combina modelagem e simulação computacional com disciplinas da Ciência Social (Sallach e Macal, 2001). Nesse campo, a modelagem baseada em agentes múltiplos também é conhecida como **sociedades artificiais** (Sawyer, 2003; 2004; Macy e Willer, 2002; Macal e North, 2010).

FILOSOFIA DA CIÊNCIA

Vejamos alguns exemplos do uso das sociedades artificiais para analisar o comportamento humano em sociedade. Ainda que a confiança e a colaboração com estranhos seja uma qualidade humana com base cognitiva, o processo é disparado em certas condições sociais. Para avaliar esse tipo de processo, Macy e Skvoretz (1998) criaram um programa de computador que permite simular a interação entre os agentes. Nesse programa, os agentes poderiam se recusar a participar da interação entre agentes ou escolher se comportar de forma trapaceira ou colaborativa em relação a grupos vizinhos compostos de familiares ou em relação a estranhos. A simulação mostrou que, caso as interações fossem intensas, surgiriam convenções de confiança e colaboração com estranhos. O interessante é que esse resultado não poderia ser previsto ou derivado a partir das propriedades dos agentes, isto é, o comportamento só foi conhecido a partir da simulação. Uma conclusão importante que pode ser extraída da simulação é que a formação de normas sociais é fenômeno emergente que resulta da interação entre os agentes (elementos) da sociedade.

As sociedades artificiais também podem ser usadas para validar explicações sociais. Por exemplo, dados arqueológicos indicam a transição de uma sociedade simples de caçadores-coletores do Paleolítico Superior do Sul da França para uma sociedade com sistema de decisão centralizada e outras formas de diferenciação entre os agentes. A explicação sociológica sobre o fenômeno, isto é, o mecanismo proposto para o evento, afirma que a mudança ambiental (relacionada à glaciação contemporânea) levou à deterioração dos recursos, o que pressionou os caçadores-coletores a se organizarem de forma mais eficiente para obter seu sustento. Essa conjuntura teria levado ao surgimento de um novo sistema. Foi feita uma simulação em que os agentes tinham a tarefa de adquirir recursos, alguns dos quais dependiam da cooperação com outros agentes. Além dessas regras de interação, a simulação levava à diminuição progressiva dos recursos e isso fazia com que surgissem grupos hierarquicamente estruturados, como tinha sido previsto pela explicação sociológica (Doran e Palmer, 1995; Sawyer, 2003).

As sociedades artificiais também podem ilustrar o fenômeno da **causação descendente**, isto é, a imposição de padrões de relacionamentos

170

entre os agentes de uma sociedade. Para demonstrar a causação descendente, foi feita uma simulação em que os agentes tinham a tarefa de aprender a se comunicar sobre os objetos do ambiente. Após a simulação, os agentes desenvolveram um vocabulário comum, o que representa uma propriedade emergente do sistema. Substituindo alguns dos agentes, a simulação mostrou que os novos agentes tentavam introduzir outros elementos de vocabulário, mas que acabavam constrangidos a adotar o vocabulário vigente (Sawyer, 2003). As simulações também mostraram que as propriedades não emergentes do sistema, como o tamanho da população de agentes ou a estrutura relacional existente entre os agentes no início do processo, podem afetar o resultado da simulação.

Em resumo, as sociedades artificiais contribuem para uma teoria social que pode explicar os processos de emergência, conflito e mudança. A estabilidade surge de processos dinâmicos que, por sua vez, podem resultar em mudanças futuras em resposta à alteração em alguma propriedade que afete o sistema, como o exemplo anterior da reorganização dos caçadores-coletores ligada à glaciação (Sawyer, 2003). As sociedades artificiais também ilustram a influência das estruturas relacionais preexistentes, do tamanho do grupo etc., nos processos dinâmicos. É interessante notar que as sociedades artificiais concordam com a premissa segundo a qual a evolução sociocultural segue o algoritmo evolutivo. Deve-se ainda ressaltar que as sociedades artificiais permitem detalhar as comunidades e as circunstâncias específicas em estudo, e, desse modo, contribuem para o avanço no conhecimento do processo evolutivo sociocultural. Elas também servem para validar teorias sociais, além de ajudar em seu desenvolvimento. Como argumenta Sawyer (2004), a escrita de um programa para simulação computacional quase sempre revela lacunas lógicas na explicação social em desenvolvimento, e essas lacunas são preenchidas por relações lógicas para que a simulação funcione. Tudo isso leva à conclusão de que as sociedades artificiais são uma ferramenta importante para o aperfeiçoamento de explicações sociais.

No capítulo 10, também abordaremos outras formas de modelagem matemática que, apesar de ainda estarem em desenvolvimento, têm enorme potencial para lidar com sistemas muito complexos.

7.4.
MÉTODOS ESTATÍSTICOS
E COGNIÇÃO QUÂNTICA

Os métodos estatísticos fornecem ferramentas para extrair conclusões seguras a partir de resultados variáveis. Esses resultados podem surgir da imperfeição de instrumentos de medida, mas, entre as ciências histórico-adaptativas, é mais frequente que resultem de processos que incluem eventos estocásticos. Nesses casos, a estatística fornece ferramentas para decidirmos se o resultado raro esperado por nossas conjecturas é fruto do acaso ou se é digno de confiança. Se for digno de confiança, consideramos nossa conjectura validada, caso contrário, ela é rejeitada.

Outro tipo de análise estatística que vale a pena comentar é a **cognição quântica** – que nada tem a ver com "mente quântica", pseudociência que será discutida na seção 8.1.4. A cognição quântica é o campo da ciência que aplica o formalismo matemático da mecânica quântica para modelar os comportamentos humanos, tais como o processo decisório (Bruza, Wang e Busemeyer, 2015). É geralmente aceito que o processo decisório humano se baseia na avaliação estatística dos sucessos em condições semelhantes ao que está sendo decidido, aceitando-se maior risco quanto mais elevado for o objeto de desejo. Na avaliação estatística dos sucessos, é necessário usar um formalismo matemático de cálculos estatísticos (isto é, uma teoria das probabilidades). O que ficou demonstrado nesses casos foi que a teoria das probabilidades usada na mecânica quântica é superior à teoria das probabilidades clássica (Bruza, Wang e Busemeyer, 2015).

Embora isso seja inesperado, alguns exemplos mostrarão que a decisão humana não se conforma à teoria das probabilidades clássica. Por exemplo, em uma pesquisa de opinião, a ordem de apresentação dos itens influencia as escolhas, o que contraria a teoria da probabilidade clássica (para a qual a ordem de apresentação não deveria ser importante), mas se conforma ao formalismo matemático da mecânica quântica. Outro exemplo é o de que o comportamento humano apresenta semelhanças com o princípio da incerteza da mecânica quântica (Bruza, Wang e Busemeyer, 2015). Esse princípio afirma que, quando estamos certos da posição de uma partícula subatômica, nós necessariamente não saberíamos nada a respeito de seu momento (relacionado à velocidade) e vice-versa. No caso humano, situação similar surge quando escolhemos as alternativas que mais nos agradam dentro de um passeio e tentamos fazer a escolha de forma a também agradar um amigo dentro de seu respectivo ponto de vista. O que ocorre nessa situação é que, quanto mais estamos seguros de nossas preferências, menos seguros estaremos das de nosso amigo e vice-versa. Em consequência de numerosas observações similares, desenvolveu-se a cognição quântica (Bruza, Wang e Busemeyer, 2015).

7.5.
MÉTODOS FILOGENÉTICOS

A filogenia reflete o grau de ancestralidade comum entre os seres vivos, mas, como vimos anteriormente (ver seções 2.1 e 4.2), podemos estender o conceito de filogenia para todos os objetos histórico-adaptativos. Assim, tanto as espécies biológicas como as sociedades têm relacionamentos entre si similares aos relacionamentos entre pessoas representadas em árvores genealógicas.

O procedimento mais bem-sucedido para estabelecer relações de ancestralidade é a cladística, comumente conhecida como cladismo. Trata-se de uma metodologia que foi desenvolvida em 1945 pelo entomólogo alemão Willi Hennig (1913-1976), mas cujo trabalho só ficou conhecido a partir de 1965, após publicações em inglês. A cladística pode ser aplicada para estabelecer relações entre quaisquer elementos, cuja modificação possa ser descrita pelo algoritmo evolutivo, como seres vivos, línguas e objetos da cultura (machados de pedra, por exemplo).

Nessa metodologia, as espécies são reunidas em grupos (chamados de clados), que compartilham um ancestral comum. Devido ao processo evolutivo, os organismos compartilham caracteres ancestrais – como a coluna vertebral nos vertebrados – e caracteres derivados (novidades evolutivas típicas do grupo) – como a ocorrência de pelos nos mamíferos. Reunindo os organismos pelo compartilhamento dos caracteres derivados, podem-se montar árvores filogenéticas (**cladogramas**) para ilustrar as ligações entre

FILOSOFIA DA CIÊNCIA

os organismos e a evolução do grupo. O método também é propício para o desenvolvimento de algoritmos matemáticos, que permitem a construção dos cladogramas e fornecem a validade estatística das ramificações. A validade estatística é conhecida como *bootstrap* e representa numericamente a probabilidade (de 0 a 100) de uma ramificação ser verdadeira.

O exemplo a seguir ilustra o processo cladístico:

(1) AAA**CC**AAA   (5) AAT**CCAGG**

(2) F**DD**CCAAA   (6) **LLTCCAGG**

(3) G**DD**CCAAA   (7) **LLYCCAGG**

(4) AAS**CCAGG**

Admitamos que as sequências de letras numeradas de 1 a 7 correspondam a diferentes elementos (podem ser seres vivos, línguas, objetos da cultura etc.), cujas características são representadas pelas letras. A sequência 1 corresponde ao elemento ancestral. As sequências 2 e 3 são derivadas de 1 e compartilham a característica DD, devendo ficar juntas em um cladograma. As sequências 4, 5, 6 e 7 são derivadas de 1 e compartilham a característica GG, devendo formar um grupo separado daquelas que compartilham DD. Como as sequências 6 e 7 compartilham a característica LL, devem formar um subgrupo dentro do conjunto que tem GG como característica. A Figura 7.1 mostra um cladograma preparado com um algoritmo chamado de *neighbor joining*, no qual as sequências se dispõem como esperado pela análise anterior – como, por exemplo, as sequências 2 e 3, que são derivadas de 1, estarem juntas. Os números que aparecem nas ramificações correspondem à validade estatística dos ramos (*bootstraps*), isto é, correspondem ao número de vezes que os ramos apresentados estão juntos, em 100 árvores estatisticamente possíveis. Valores maiores que 50 são considerados significativos.

Figura 7.1.
Exemplo de cladograma preparado com *neighbor joining*

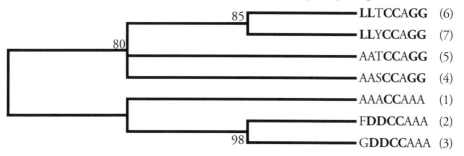

Os elementos de 1 a 7 correspondem aos descritos no texto.

As considerações teóricas citadas, assim como os dados empíricos discutidos em detalhe por Mesoudi, Whiten e Laland (2004 e 2006), Pagel e Mace (2004) e Mace e Holden (2005), autorizam a tratar as culturas como se fossem espécies biológicas e as características culturais como se fossem genes. Isso tornou possível a modelagem matemática de aspectos da evolução sociocultural, fazendo uso de procedimentos matemáticos estatísticos gerais ou daqueles desenvolvidos nos últimos 80 anos para tratar de temas biológicos, entre eles a construção de filogenias com métodos cladísticos.

Os dados linguísticos (ou outro parâmetro cultural, como instrumentos de pedra) podem ser usados para construir árvores filogenéticas (ou filogenias) de culturas para estudos transculturais comparativos, da mesma forma que os caracteres biológicos (genéticos ou morfológicos) podem ser usados para construir filogenias de animais e plantas. Como mencionado anteriormente, as árvores filogenéticas são construções matemáticas que permitem calcular a probabilidade estatística de os relacionamentos encontrados serem verdadeiros (Pagel e Mace, 2004; Mace e Holden, 2005).

A Figura 7.2 mostra um cladograma das línguas indo-europeias que foi elaborado a partir de cognatos (palavras de mesmo significado e igual origem presumida). O cladograma mostra com clareza a grande separação entre as línguas latinas (ramo superior) e as germânicas (ramo inferior). Há detalhes que também ficam evidentes, como o ramo das línguas ibéricas (espanhol, português e catalão) e a proximidade do espanhol com o português, dividido em português padrão e português brasileiro.

Figura 7.2.
Cladograma que mostra o relacionamento entre as línguas latinas (ramo superior) e as línguas germânicas (ramo inferior). Baseado em Gray e Atkinson (2003)

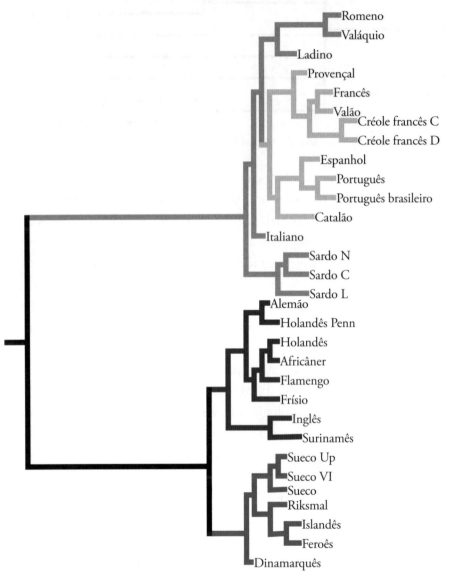

Além de quantificar as probabilidades de que os relacionamentos encontrados sejam verdadeiros, o que é feito pela medida de *bootstraps*, as árvores filogenéticas permitem estimar a data em que os grupos representados iniciaram sua dispersão, isto é, a data em que teriam tido

BASES METODOLÓGICAS DA CIÊNCIA

o último ancestral comum. Por exemplo, é possível determinar quando as línguas latinas teriam começado a se diferenciar. O início dessa diferenciação, de acordo com a análise de Gray e Atkinson (2003), teria ocorrido por volta de 1700 anos atrás. Para fazer esse cálculo, a análise filogenética avalia a taxa de modificação entre as línguas a partir de dado ancestral e converte essa taxa em anos, utilizando informações complementares. Essas informações podem ser acontecimentos históricos, cuja data é conhecida, e que possam ser relacionados aos dados disponíveis. Usando esse recurso, um amplo estudo de 87 das línguas indo-europeias, levando em conta 2.440 cognatos (palavras de mesmo significado e igual origem presumida), estimou entre 9800 a.C. e 7800 a.C. a data da divergência inicial do protoindo-europeu (que era próximo do hitita) (Gray e Atkinson, 2003). Esse valor coincide com os dados arqueológicos que indicam que a expansão da agricultura a partir da Anatólia (Turquia) iniciou-se entre 9500 a.C. e 8000 a.C. (Diamond e Bellwood, 2003), alcançando o Norte da Escócia em 5500 a.C. (Gray e Atkinson, 2003). A coincidência de todos esses dados permite concluir que os fazendeiros da Anatólia se deslocaram para a Europa por volta de 9500 a.C.-8000 a.C., levando sua cultura agrícola e língua. À medida que avançavam, sua língua deu origem a todas as línguas indo-europeias; ao mesmo tempo, esses grupos de fazendeiros extinguiam os grupos de caçadores-coletores que encontravam.

O enfoque filogenético para o estudo da evolução sociocultural permite trazer segurança para análises que antes eram apenas sugestivas. Por exemplo, o aparecimento da tecnologia de produção de machadinhas de mão acheulianas fora da África é considerado resultado da dispersão de hominínios africanos, e não um desenvolvimento local, embora as evidências ainda sejam só argumentativas, carecendo de outro tipo de apoio. A aplicação de técnicas filogenéticas às machadinhas africanas e de fora da África mostrou que a variedade das machadinhas de fora da África é pequena e que elas têm um ancestral comum com as machadinhas africanas, que são muito variadas. O resultado é exatamente o esperado se um grupo representante de uma das variantes africanas tivesse emigrado e, no novo lugar, desse origem a outras variantes (Lycett, 2009).

177

Métodos filogenéticos também são úteis para analisar textos que apresentam muitas versões, o que é comum em escritos e cópias anteriores à invenção da imprensa. Como alterações (intencionais ou não) são introduzidas ao se copiar, os textos se modificam de acordo com o algoritmo evolutivo. As relações entre os textos são estabelecidas levando em conta as modificações compartilhadas que indicam uma origem comum. Isso é feito manualmente há muito tempo, mas esse método acaba sendo impraticável para manuscritos longos e em grande número. São conhecidas 80 versões de *Os contos de Canterbury* (*The Canterbury Tales*), de Geoffrey Chaucer (1342-1400). Um estudo filogenético de 58 desses manuscritos datados do século XV permitiu estabelecer quais descendiam da versão original e, além disso, levantar a hipótese de que a própria versão original era, provavelmente, um rascunho que sofreu modificações ao longo do tempo (Barbrook et al., 1998).

RESUMO

Modelos são representações da realidade, no sentido de que correspondem a qualidades do objeto representado; podem ser físicos (materiais), tipos ideais e matemáticos. Modelos físicos são representações materiais idealizadas ou simplificadas de objetos científicos, e são comuns em Física e Química. Tipos ideais são idealizações de objetos e de processos nos quais os aspectos essenciais do problema em estudo são isolados. Seu uso é comum a toda a ciência. Modelos matemáticos correspondem à descrição matemática de fenômenos observáveis e podem utilizar equações simples, equações diferenciais e simulações computacionais. Dentre as simulações computacionais, a modelagem baseada em agentes múltiplos (MAS), também chamada de sociedades artificiais, emprega elementos virtuais (elementos do sistema) que são autônomos (agem segundo objetivos, na forma de instruções), cujas características (por exemplo, memorizar eventos passados) são especificadas, assim como o tipo de interações que os agentes podem estabelecer entre si. A MAS é usada para modelar sistemas complexos adaptativos, e têm uso corrente em Biologia e Ciência Social. Métodos estatísticos são

BASES METODOLÓGICAS DA CIÊNCIA

empregados sempre que as explicações qualitativas se baseiem em eventos altamente variáveis. Métodos filogenéticos são técnicas matemáticas que podem ser utilizadas para estabelecer relações de proximidade em relação a ancestral comum para qualquer objeto que se modifique segundo o algoritmo evolutivo. Esses métodos permitem mostrar relações entre animais, entre machados de pedra ou entre versões de *Os contos de Canterbury*, de Chaucer.

SUGESTÕES DE LEITURA

Mace e Holden (2005) apresentam argumentos a favor do uso de métodos filogenéticos no estudo da evolução cultural. Macy e Willer (2002) ilustram o emprego de modelagem baseada em agentes múltiplos em Ciência Social. Baseando-se em um estudo filogenético sobre machados de pedra, Lycett (2009) descreve como ocorreu a dispersão dos homininis (clado que reúne todas as espécies de *Homo*).

QUESTÕES PARA DISCUSSÃO

1. Qual a diferença entre tipos ideais e tipos físicos?
2. Quais os tipos de modelos matemáticos?
3. Em que consiste e em que circunstâncias é usada a modelagem baseada em agentes múltiplos?
4. Que tipo de modelo é uma sociedade artificial? Explique como esse modelo pode ser produzido e qual sua serventia.
5. A partir da modelagem de uma sociedade artificial, como se pode chegar a fenômenos de causação descendente?
6. Qual a relação entre a cladística e o algoritmo evolutivo, e em quais ciências essa metodologia é mais relevante?

LITERATURA CITADA

ALBERTS, B. et al. *Molecular Biology of the Cell*. 6. ed. New York: Garlan Science, 2015.

BARBROOK, A. C. et al. The Phylogeny of the Canterbury Tales. *Nature*, v. 394, p. 839, 1998. https://doi.org/10.1038/29667.

BOYD, R.; RICHERSON, P. J. *The Origin and Evolution of Cultures*. Oxford: Oxford University Press, 2005, cap. 1, pp. 19-34.

BRIGANDT, I. Systems Biology and the Integration of Mechanistic Explanation and Mathematical Explanation. *Studies in History and Philosophy of Biological and Biomedical Sciences*, v. 44, pp. 477-492, 2013. https://doi.org/10.1016/j.shpsc.2013.06.002.

BRUZA, P. D.; WANG, Z.; BUSEMEYER, J. R. Quantum Cognition. A New Theoretical Approach to Psychology. *Trends in Cognitive Sciences*, v.19, n. 7, 2015, pp. 383-93. https://doi.org/10.1016/j.tics.2015.05.001.

CRAVER, C. F. When Mechanistic Models Explain. *Synthese*, v. 153, 2006, pp. 355-76. https://doi.org/10.1007/s11229-006-9097-x.

DIAMOND J.; BELLWOOD P. Farmers and Their Languages: the First Expansions. *Science 300* (5619), pp. 597-603, 2003. https://doi.org/10.1126/science.1078208.

DORAN, J.; PALMER, M. The EOS Project: Integrating Two Models of Palaeolithic Social Change. In: GILBERT, N.; CONTE, R. (orgs.). *Artificial Societies:* the Computer Simulation of Social Life. London: UCL Press, 1995, pp. 86-105.

GRAY, R. D.; ATKINSON, Q. D. Language-tree Divergence Times Support the Anatolian Theory of Indo-European Origin. *Nature*, v. 426, pp. 435-439, 2003. https://doi.org/10.1038/nature02029.

HENRICH, J. Cultural Transmission and Diffusion of Innovations: Adoption Dynamics Indicate that Biased Transmission is the Predominant Force in Behavioral Change. *American Anthropologist*, v. 103, n. 4, pp. 992-1.013, 2001. https://www.jstor.org/stable/684125.

KAPLAN, J. M.; CRAVER, C. F. The Explanatory Force of Dynamical and Mathematical Models in Neuroscience: a Mechanistic Perspective. *Philosophy of Science*, 78(4), pp. 601-628, 2011. https://doi.org/10.1086/661755.

LE NOVERE, N. The Long Journey to a Systems Biology of Neuronal Function. *BMC Systems Biology*, v. 1, p. 28, 2007. https://doi.org/10.1186/1752-0509-1-28.

LYCETT, S. J. Understanding Ancient Hominin Dispersals Using Artefactual Data: a Phylogeographic Analysis of Acheulean Handaxes. *PloS One*, v. 4, n. 10, 2009, e7404. https://doi.org/10.1371/journal.pone.0007404.

MACAL, C. M.; NORTH, M. J. Tutorial on Agent-based Modeling and Simulation. *Journal of Simulation*, v. 4, pp. 151-162, 2010. https://doi.org/10.1057/jos.2010.3.

MACE, R.; HOLDEN, C. J. A Phylogenetic Approach to Cultural Evolution. *Trends in Ecology and Evolution*, 20, pp. 116-121, 2005. https://doi.org/10.2307/2657332.

MACY, M.; SKVORETZ, J. The Evolution of Trust and Cooperation Between Strangers: a Computational Model. *American Sociological Review*, v. 63, pp. 638-660, 1998. https://doi.org/10.2307/2657332.

_____; WILLER, R. From Factors to Actors: Computational Sociology and Agent-based Modeling. *Annual Review of Sociology*, 28, pp. 143-166, 2002. https://doi.org/10.1146/annurev.soc.28.110601.141117.

MESOUDI A.; WHITEN A.; LALAND, K. N. Perspective: Is Human Cultural Evolution Darwinian? Evidence Reviewed from the Perspective of The Origin of Species. *Evolution*, 58, pp. 1-11, 2004. https://doi.org/10.1111/j.0014-3820.2004.tb01568.x.

_____; _____; _____. Towards a Unified Science of Cultural Evolution. *Behavioral and Brain Sciences*, v. 29 n. 4, pp. 329-383, 2006. https://doi.org/10.1017/S0140525X06009083.

PAGEL, M.; MACE, R. The Cultural Wealth of Nations. *Nature*, v. 428, pp. 275-278, 2004. https://doi.org/10.1038/428275a.

SALLACH, D.; MACAL, C. The Simulation of Social Agents: an Introduction. *Social Science Computer Review*, v. 19, n. 3, pp. 245-248, 2001. https://doi.org/10.1177%2F089443930101900301.

SAWYER, R. K. Artificial Societies. Multiagent Systems and the Micro-macro Link in Sociological Theory. *Sociological Methods and Research*, v. 31, n. 3, pp. 325-363, 2003. https://doi.org/10.1177%2F0049124102239079.

_____. Social Explanation and Computational Simulation. *Philosophical Explorations*, v. 7, n. 3, pp. 219-231, 2004. https://doi.org/10.1080/1386979042000258321.

TOOBY, J.; COSMIDES, L. The Psychological Foundation of Culture. In: BARKOV, J. H.; COSMIDES, L.; TOOBY, J. (eds.). *The Adapted Mind: Evolutionary Psychology and the Generation of Culture*. Oxford: Oxford University Press, 1992, pp. 19-136.

WEBER, M. A "objetividade" do conhecimento nas ciências sociais [1904]. In: COHN, G. (ed.). *Max Weber:* Sociologia, Trad. G. Cohn. São Paulo: Ática, 1979, pp. 79-127.

8.

CIÊNCIA E PSEUDOCIÊNCIA

8.1.
CIÊNCIA SEM IMPORTÂNCIA,
MÁ CIÊNCIA E PSEUDOCIÊNCIA

As qualidades fundamentais da ciência podem ser resumidas em três aspectos principais: confiabilidade, fertilidade e utilidade prática (Carruthers, 2006; Hansson, 2013). Vamos desconsiderar a utilidade prática, pois, embora muito da ciência seja marcado por esse propósito, a parte mais criativa da ciência é representada pela busca em alargar os conhecimentos sem que, necessariamente, esteja voltada para a utilização prática. **Confiabilidade** é a característica mais importante da ciência e é consequência da aplicação do método científico, o qual implica a validação e a consolidação das afirmações com o auxílio da comunidade científica global. Como consequência do método científico, a ciência confiável apresenta **consistência** entre seus argumentos; **simplicidade**, por invocar poucos objetos e eventos fora de seu tema principal; **amplitude explicativa**, por unificar muitos dados; e **exatidão**, isto é, a capacidade de representar a realidade com fidelidade. **Fertilidade** é a característica da ciência de incentivar mais pesquisas, levando à ampliação do conhecimento científico, além de aventar a possibilidade de aplicações práticas em certos casos. Nesse processo, os cientistas estão sempre procurando conectar os limites entre diferentes níveis de organização e entre diferentes domínios do conhecimento.

Não pode haver ciência sem confiabilidade. Porém, mesmo confiável, uma ciência que não é frutífera é **ciência sem importância**. É o caso, por exemplo, de um cientista que estuda um animal com os mesmos procedimentos já utilizados em espécie animal próxima e chega a resultados que repetem os precedentes. Nada de novo foi encontrado e nenhum desdobramento das pesquisas é sugerido. Trata-se de ciência que passa no critério de confiabilidade, mas não é frutífera, e, desse modo, é qualificada como sem importância. Um trabalho feito com essas características não será aceito para publicação em revistas prestigiadas, que são aquelas de regra mais citadas. Por outro lado, um projeto que for submetido a uma agência de pesquisa com uma proposta como essa, cujo principal argumento seria a ausência de dados específicos sobre esse animal, dificilmente será bem-sucedido. Os pareceristas da agência de pesquisa perceberão que se trata de projeto com alto risco de se mostrar sem importância.

Digamos agora que um cientista faça um estudo empregando métodos obsoletos ou utilizando com baixa competência os processos de averiguação da qualidade dos resultados obtidos. O resultado é **má ciência**, pois o procedimento é deficiente e resulta em conclusões pouco confiáveis. Situação semelhante ocorre quando cientistas optam por desconsiderar a comunidade científica e decidem não respeitar outras disciplinas. Exemplos disso são cientistas que não acreditam nos processos de datação por radiocarbono ou que escolhem desconsiderar as evidências arqueológicas das funções de artefatos antigos, o que os leva a conclusões conflitantes com o restante da ciência (Hansson, 2013). A experiência acumulada de filósofos da ciência como Hansson (2013), com quem concordamos, é que a má ciência resulta da formação científica precária e tem por consequência a produção de ciência de má qualidade, mesmo quando seus praticantes tenham tido oportunidade adequada de instrução.

A **ciência fraudulenta** é uma prática científica que se apresenta como correta em todos os sentidos, mas na qual o autor inventa os resultados em busca de notoriedade. Na verdade, é exercício inútil, pois o fraudador é logo desmascarado pela comunidade científica durante o processo de consolidação das falsas descobertas.

Podemos agora discutir a **pseudociência**. O que a caracteriza não é não ser ciência, pois, como vimos, existem formas legítimas de conhecimento que não são científicas. A pseudociência caracteriza-se pelo uso de processos pouco rigorosos, por vezes fraudulentos, para sustentar suas afirmações. Embora seus proponentes procurem apresentá-la como confiável, a pseudociência carece de confiabilidade. Em geral, pseudociências baseiam-se em "raciocínio por semelhança", o que, nesse caso, significa inferir que dois eventos, porque são similares, estão causalmente relacionados. Esse tipo de raciocínio pode levar à conclusão de que uma pessoa tem comportamento explosivo porque possui cabelo vermelho como o fogo, ou de que uma pessoa terá vida longa por conta do tamanho de sua "linha da vida" na palma da mão ou, ainda, de que o planeta Marte está relacionado com a guerra porque o enxergamos vermelho. Em contrapartida, as ciências são construídas usando o "raciocínio por correlação", o que implica admitir que dois eventos são em princípio causalmente relacionados pelo fato de que estão correlacionados entre si, embora a depender de validação (ver seção 6.2). No entanto, pseudociências também se valem de correlações falsas, por exemplo, para explicar certas mitologias como consequência de visitas de alienígenas no passado (Daniken, 1970). Alguns exemplos de pseudociências (veremos outros a seguir) são: astrologia, criacionismo, homeopatia, adivinhação, psicocinese, curas espirituais, clarividência, ufologia ("ciência dos objetos voadores não identificados"), dentre outros.

A pseudociência pode ser sustentada por diferentes tipos de convicções, mas, frequentemente, é puro charlatanismo com o evidente propósito de enganar os outros para adquirir vantagens pessoais para seus proponentes. Exemplos são anúncios de tratamentos miraculosos, promessas de felicidade e sucesso etc. É importante esclarecer, contudo, que crenças religiosas ou em procedimentos mágicos que não se apresentam como ciência não são pseudociências.

A pseudociência é atrativa para as pessoas por duas razões principais (Ladyman, 2013). Primeiramente, por parte da população, há certa desconfiança para com os cientistas e pela ciência como instituição. A existência de abusos cometidos em nome do conhecimento científico, assim como o poder da ciência de servir de base para decisões que afetam a vida das pessoas (por exemplo, ao declarar alguém louco), torna essa desconfiança compreensível em muitos casos. Exemplos de práticas condenáveis da ciência são os abusos na pesquisa médica. Um caso exemplar é o de Tuskegee, que consistiu em pesquisa que durou dos anos 1930 aos 1970 com cerca de 600 homens negros americanos, dos quais 399 foram inoculados sem seu conhecimento com agentes da sífilis e ficaram sem tratamento para a avaliação da progressão da doença, mesmo quando a eficácia da penicilina já era conhecida – nos anos 1940.

Para coibir esse tipo de abuso, atualmente, antes de se iniciar uma pesquisa com seres humanos ou animais (vertebrados), ela tem de ser aprovada por uma comissão de ética das unidades onde a pesquisa será feita. Essas comissões se reportam a órgãos federais, que, por sua vez, seguem orientações internacionais. As agências que financiam pesquisas também exigem que a pesquisa tenha aprovação de uma comissão de ética para ser considerada, e o mesmo vale para a aceitação de trabalho por parte das revistas de renome internacional. Outros tipos de abuso incluem a classificação da homossexualidade como transtorno mental; ou, ainda, a criminalização do que é hoje considerado interesse sadio pelo sexo, e que, no Reino Unido, até 1947 levou à recomendação para a prisão de mulheres.

A segunda razão para a aceitação de pseudociências é a existência de problemas físicos, mentais ou emocionais para os quais não há auxílio médico disponível ou cujo tratamento é financeiramente inalcançável. O conhecido efeito placebo (efeito de algo inexistente que o paciente acredita que lhe tenha sido dado) explica por que as pessoas acreditam em efeitos benéficos ou supostamente curativos advindos da pseudociência ou de alguma prática mágica.

Podemos ainda acrescentar uma terceira razão que torna a aceitação da pseudociência tão comum. A nossa mente evoluiu para detectar padrões, pensar em termos causais e automaticamente atribuir significado a eventos conectados no tempo e no espaço. Na falta de ceticismo treinado, que se adquire principalmente com o aprendizado científico, essas conexões, que existem apenas na mente, são atribuídas aos próprios eventos, fornecendo base para toda a sorte de teorias desconexas com a realidade (Feist, 2006). Esse tema será desenvolvido na Parte C.

As bases para julgar algumas dessas práticas como pseudociência são fáceis de mostrar em alguns casos, como na astrologia e na ufologia (estudo dos objetos voadores não identificados). No entanto, para um não cientista, muitas vezes não fica claro como reconhecer uma pseudociência. Para facilitar esse reconhecimento, diversos autores (Feist, 2006; Mahner, 2013) produziram listas de características que são frequentes (não necessariamente todas estão presentes ao mesmo tempo), tais como:

BASES METODOLÓGICAS DA CIÊNCIA

1. A desconsideração por testes. Por exemplo, uma afirmação central da astrologia é de que há uma conexão entre os signos do zodíaco e as características humanas. Essa afirmação já foi submetida a teste diversas vezes e nunca foi confirmada (Carlson, 1985). Em outro sentido, uma das afirmações do criacionismo é de que nosso planeta teria entre 6 mil e 10 mil anos, o que não está de acordo com nenhum tipo de datação já realizado.

2. A ausência de trocas de informação com campos adjacentes, o que mostra inexistência de ligação com a comunidade científica global, mesmo que haja troca de informações internamente com revistas e congressos.

3. Não há troca significativa de informações, mas, antes, existem autoridades que transmitem suas doutrinas para os seguidores.

4. As explicações oferecidas não têm uma capacidade explicativa genuína, isto é, não identificam os objetos e os eventos que se articulam para produzir um resultado e tampouco têm poder de predição.

5. A ausência de progresso cumulativo (a astrologia hoje, por exemplo, não é significativamente diferente da de Ptolomeu do século II).

6. A falta de crítica interna relativa a suas ideias, que podem ser internamente contraditórias (inconsistentes).

7. A desconsideração dos fatos empíricos estabelecidos, e a contradição em relação aos fatos já conhecidos e estabelecidos por outras ciências.

8. A carência de clareza quanto aos métodos usados para a construção de seus argumentos.

9. Quando a disciplina é criticada, os seus defensores atacam o crítico em lugar da crítica.

10. A disciplina só é ensinada em instituições sem crédito.

Para encerrar esta seção, vejamos alguns exemplos em mais detalhes.

8.1.1.
Astrologia

A astrologia é muito antiga e foi codificada ao longo de muito tempo, culminando com o *Tetrabiblos,* escrito no século II por Ptolomeu. Essa obra descreve em detalhe o papel do Sol, da Lua e dos planetas na determinação da personalidade humana, e de seu comportamento e destino (Thagard, 1978). O que é mais importante para considerar a astrologia como pseudociência é que ela pouco mudou desde Ptolomeu, isto é, nada foi adicionado ao seu poder explicativo, e, além disso, a astrologia ignora as outras teorias consolidadas sobre a personalidade e o comportamento disponíveis (Ciência Cognitiva), as quais têm um potencial explicativo muito maior que a postulação da influência dos astros sobre os seres humanos (Thagard, 1978; 1988). É importante notar também que, diferentemente das comunidades de cientistas, as comunidades de astrólogos não estão preocupadas em avançar a astrologia para resolver novos problemas, nem em avaliar a sua teoria em relação às concorrentes (Thagard, 1978).

8.1.2.
Desenho inteligente e a teoria da evolução

Desenho inteligente é uma explicação pseudocientífica que propõe que certas características do universo, principalmente da variabilidade, e características adaptativas dos seres vivos são mais bem explicadas por uma causa inteligente (um deus) do que por meio de um processo aleatório, tal como descrito pela teoria da evolução. As afirmações dos proponentes do desenho inteligente carecem de evidências empíricas e, portanto, não podem oferecer testes que poderiam desqualificar ou validar essas evidências, como ocorre com a ciência.

A teoria da evolução consiste, na verdade, em duas proposições científicas: um mecanismo que explica como um processo não dirigido pode resultar em adaptações sofisticadas; e um princípio que propõe que as semelhanças entre os seres resultam de ascendência comum. Já apresentamos a primeira dessas proposições como descendência com variação e seleção (ver seções 2.1. e 4.2). A descendência com variação e seleção é comprovada, por exemplo, todas as vezes em que bactérias se adaptam, tornando-se resistentes a antibióticos – mas há inúmeras outras comprovações (ver Darwin, 2018; 1974; 2009; Dawkins, 2001; Dennett, 1998). Essa teoria explica até mesmo os "desenhos pouco inteligentes" que aparecem na Biologia, como a disposição relativa da entrada da traqueia e do esôfago nos seres humanos, a qual pode levar à sufocação, ou o desenho da bacia feminina, o qual torna o parto difícil (ver detalhes em Terra e Terra, 2016). Em ambos os casos, a teoria da evolução explica o resultado "pouco inteligente" como a melhor solução resultante da situação evolutiva precedente. A teoria do desenho inteligente ignora esses fatos.

O princípio da ancestralidade comum requer que nos consideremos parentes próximos dos chimpanzés para explicar as semelhanças encontradas. Esse princípio poderia ser facilmente rejeitado caso fossem encontrados esqueletos humanos em sedimentos geológicos mais antigos que os dos sedimentos onde se encontram esqueletos de macacos, o que, todavia, nunca foi verificado. Ocorre que os esqueletos humanos sempre aparecem nos sedimentos acima daqueles onde se encontram os dos macacos ancestrais. A teoria do desenho inteligente não oferece um teste de validação como esse de uma das proposições da teoria da evolução.

8.1.3.
Relações com alienígenas

Em *O mundo assombrado pelos demônios*, o astrônomo americano Carl Sagan (1934-1996) documenta as mudanças entre relatos de aparições de demônios, principalmente na Idade Média e na Renascença, e os relatos mais contemporâneos de raptos por alienígenas. Para Sagan (1996), ambos os tipos de relatos podem ser entendidos como alucinações que acometem as pessoas em determinadas circunstâncias, mas a maneira como essas alucinações são interpretadas depende do panorama cultural. Sob influência do contexto cultural contemporâneo, surgiram teses pseudocientíficas para explicar certas mitologias como se fossem fruto de visitas de alienígenas, como as de Daniken (1970) – já mencionadas.

Mais recentemente, surgiram tentativas pseudocientíficas de mostrar a ligação de seres humanos com seres alienígenas. Maxim A. Makukov, do

FILOSOFIA DA CIÊNCIA

Fesenkov Astrophysical Institute do Cazaquistão, afirmou que o genoma humano teria características que são por ele avaliadas como artificiais, e alega que essas características teriam sido herdadas de formas alienígenas (Shcherbak e Makukov, 2013). Esse tipo de abordagem ganha ressonância com a divulgação, em revistas bem qualificadas pela comunidade científica, da ocorrência de DNA não humano em nosso genoma (por exemplo, Wildschutte et al., 2016). Os defensores de ligações de seres humanos com alienígenas não mencionam, porém, que esse DNA não humano reportado é simplesmente o resultado de inserção ocasional de DNA viral em nosso genoma, consequência de infecções.

8.1.4.
A consciência e a mecânica quântica

A mecânica quântica é uma teoria Física muito bem-sucedida para lidar com objetos de dimensão inferior a um átomo, tais como partículas elementares. Para isso, ela se vale de equações que resultam em soluções probabilísticas, e que levam em conta o objeto de estudo e suas interações com os instrumentos de medida. Nos primeiros tempos da mecânica quântica, os instrumentos de medida eram denominados observadores, o que criou a falsa impressão de que observadores significavam mentes conscientes.

A consequência desse mal-entendido foi o desenvolvimento da falsa noção de que a mente (mente quântica) afetava a matéria (Bohr, 1995; Popper, 1977; 1983; Stenger, 1992; Pickl, 2014; ver também as discussões em: <www.physicsforum.com>). Na verdade, nos experimentos de mecânica quântica, tais como no grande colisor do Cern (Organização Europeia para a Pesquisa Nuclear, em Genebra, Suíça), todos os observadores são máquinas que registram automaticamente todas as observações, as quais, após serem processadas em computadores automáticos, geram estatísticas. Apenas essas estatísticas são objeto de análises dos cientistas. Isso torna impossível qualquer ação da mente nos resultados dos experimentos. Deve-se ainda acrescentar que existe uma versão da mecânica quântica, em cujo formalismo matemático não é necessário considerar que os equipamentos de medida afetam as medidas que eles estão fazendo ou, em outras palavras, dispensam os "observadores" (as máquinas de medida) na análise (Prigogine, 1996).

BASES METODOLÓGICAS DA CIÊNCIA

A mente quântica e os conceitos a ela relacionados fazem parte dos mitos, junto a unicórneos e dragões, mas, como são apresentados por muitos como ciência, estão reunidos aqui como pseudociência. Em vista disso, vamos discutir um pouco mais as relações fantasiosas entre a chamada mente quântica e a mecânica quântica.

A mente, inclusive a percepção consciente, é frequentemente interpretada como resultado da ação de algo imaterial sobre a matéria, como ocorreu no passado com a noção de vida, que era assumida como um princípio imaterial que animaria os seres vivos. A vida foi explicada pela invenção, no século XIX, do conceito de **emergência**, que também poderia ser invocado aqui. Contudo, como o **dualismo** (concepção que admite a existência de algo imaterial, chamado de espírito, em adição à matéria) ainda é considerado no caso da mente, vamos criticar essa posição através do exemplo oferecido pelo eminente filósofo K. R. Popper e pelo fisiologista australiano John C. Eccles (1903-1997, Nobel em 1963). Segundo Popper e Eccles (1977), existem o material e o espiritual, e o problema da relação mente-corpo poderia ser explicado pelo que chamaram de interacionismo. Interacionismo é a teoria segundo a qual a mente (ou o espírito) imporia sua vontade ao manipular o modo como os neurônios se comunicam entre si nas regiões do córtex associadas ao planejamento de movimentos. Ocorre que a referida ação mental tem que fazer um trabalho que demanda energia. Como a mente, entendida como espírito imaterial por Popper e Eccles, não pode fornecer energia, torna-se impossível haver uma interação produtiva entre mente e cérebro sem que a lei da conservação da energia seja violada. Como a explicação da interação mente-cérebro mediante o dualismo exige a violação da lei da conservação da energia, essa explicação não pode ser considerada uma hipótese científica.

Outra explicação de como uma mente espiritual poderia se impor à matéria, particularmente para explicar o livre-arbítrio, baseia-se em conceitos da mecânica quântica. Segundo esse ponto de vista, muito popular entre leigos e místicos, a consciência atuaria interferindo na ambiguidade quântica de gerar e não gerar um sinal entre neurônios. Assim, seus proponentes creem que, nessas condições, haveria um controle consciente do fluxo de informação entre os neurônios (permitindo uma escolha livre), sem violar a mecânica quântica. Ocorre que há duas operações subjacentes na geração de resposta dos neurônios, ambas envolvendo muitos elementos. São elas: a transmissão química de informação de um neurônio para outro nas sinapses e a geração de potenciais de ação (sinal elétrico que progride ao longo do neurônio). Cada operação é incompatível com a indeterminação quântica (que é válida apenas para eventos únicos), pois essas operações envolvem centenas de moléculas, tais como as dos neurotransmissores que se difundem na fenda sináptica (espaço entre os neurônios) ou as dos canais proteicos iônicos que se dispõem ao longo da membrana dos neurônios e cuja abertura gera o potencial de ação. Assim, ao disparar potenciais de ação, os neurônios só podem receber e enviar informações clássicas, não quânticas, pois, a cada momento, ou o neurônio gera um potencial de ação ou nenhum potencial é gerado. Não é possível ocorrer a ambiguidade quântica de disparar e não disparar um potencial de ação ao mesmo tempo, pois essa ambiguidade só poderia resultar de eventos moleculares únicos. Como consequência, não há possibilidade de que a mente exerça sua ação escolhendo livremente uma forma ou outra, como a hipótese quântica de livre-arbítrio postula (Koch, 2012).

8.1.5.
Crianças não vacinadas são mais saudáveis?

Frequentemente aparecem na mídia afirmações atribuídas a cientistas que contradizem a visão padrão das autoridades sanitárias ou científicas, segundo a qual crianças vacinadas são mais saudáveis. Em geral, a origem dessas afirmações pode ser retraçada a grupos de interesse desconhecido e que se apresentam como científicos, embora não tenham qualificações para isso. Analisaremos aqui, como exemplo, uma dessas declarações.

Na década de 2010, foi veiculada a informação de que, segundo estudos feitos pela IAS (Immunisation Awareness Society/Sociedade para Conscientização de Imunizações) da Nova Zelândia, crianças não vacinadas seriam cinco vezes mais saudáveis do que as que recebem vacinas. A referida sociedade tinha registro na Nova Zelândia como Sociedade Beneficente, porque se propunha a orientar as famílias relativamente à vacinação. Quando as autoridades da Nova Zelândia perceberam que a IAS produzia apenas material contra a vacinação, revelando somente os dados de suas pesquisas que se ajustavam às suas convicções e deixando de lado os dados discordantes, o seu caráter de beneficência foi cassado (Deregistration Decision n. D2012-1, 3 September 2012, New Zealand Charities Registration Board; disponível em: <www.charities.govt.nz>). Outros relatos contra as vacinas, como o citado, sempre envolvem dados fraudulentos ou distorcidos.

8.2.
RESUMO DAS CARACTERÍSTICAS
DO MÉTODO CIENTÍFICO

O método científico de construção do conhecimento faz uso de uma variação do chamado **método hipotético-dedutivo**, que entendemos como método baseado em conjecturas e validação (ver seção 3.1). As **conjecturas** assumem a forma de mecanismo passível ou não de formalização matemática, e as predições resultantes que correspondem às validações podem ser quantitativas, probabilísticas ou qualitativas. As conjecturas também podem ser narrativas que descrevem eventos históricos e que são validadas pela coerência com todos os fatos conhecidos.

Embora o par conjectura-validação capture muito do método científico, há ainda outros aspectos que devem ser considerados e que começaram a ser introduzidos com a revolução científica, juntamente à descrição dos objetos da realidade. A ciência contemporânea é entendida hoje não apenas como um conjunto organizado de conclusões, mas também como um método que permanece em aberto, podendo ser aperfeiçoado. Galileu também desenvolveu a técnica da simplificação, isto é, o isolamento dos aspectos essenciais de um problema para extrair daí suas conclusões. Outra observação importante de Galileu foi a de que as regularidades observadas poderiam ser representadas matematicamente.

Em resumo, o método científico, inicialmente desenvolvido por Galileu e conservado, com algumas modificações, na ciência contemporânea, pode ser caracterizado nos seguintes termos: a) a investigação de regularidades que permitam predições (em lugar da anterior investigação sobre a essência das coisas); b) a abertura à crítica de todo o conjunto de conhecimentos reunidos pela ciência, tornando possível a sua modificação; c) o uso de idealizações simplificadoras e, muitas vezes, de experimentos mentais, como ponto de

FILOSOFIA DA CIÊNCIA

partida para a descrição matemática dos eventos naturais, entendidos como determinísticos e reversíveis; d) a preocupação com a utilização dos conhecimentos adquiridos no desenvolvimento de tecnologias. Deve-se acrescentar que o desenvolvimento científico nesse período dependeu, em larga proporção, da formação de sociedades científicas para debater e divulgar os achados científicos, promovendo a consolidação desses achados (ver seção 14.4).

Até o século XIX, a maior parte do que hoje chamamos de ciência era conhecida como "Filosofia Natural" (Física, Astronomia e outras investigações sobre os processos básicos da natureza) ou "História Natural" (Botânica, Zoologia e outras descrições dos objetos da natureza). O que hoje chamamos de Ciência Cognitiva e Ciência Social não era considerado ciência e permanecia no domínio da Filosofia.

O sucesso espetacular da Física e da Química (o da Biologia é recente), tanto do ponto de vista de conhecimento confiável, quanto de aplicações úteis, angariou um imenso prestígio social e cultural para a ciência. Isso fez com que os praticantes de diferentes formas de conhecimento almejassem o reconhecimento de que praticavam ciência, e, ao mesmo tempo, tornou necessária a demarcação do que é ciência e do que não é. O sucesso da Física fez com que o tratamento matemático fosse considerado paradigmático. Para não excluir áreas do conhecimento que também eram consideradas ciências, distinguiram-se dois tipos de ciências: as ciências naturais (a Biologia foi incluída aqui de forma algo clandestina, pois não possuía as credenciais adequadas para matematizacão) e as ciências humanas. As diferenças entre os dois grupos eram de objeto, enfoques e métodos.

No entanto, a natureza é mais complexa do que a refletida nessa maneira de compreender o método científico. Como já vimos, embora seja muito convincente e aplicável à Física clássica e a algumas outras partes da ciência, o determinismo laplaciano ignora parte significativa dos fenômenos ao nosso redor que são, como já vimos, irreversíveis: o envelhecimento das pessoas com o tempo, a difusão espontânea de corante na água e a queima espontânea do papel após aquecimento (ver seção 1.4). Outro ponto importante que escapa a essa maneira de compreender o método científico é o fenômeno da emergência, isto é, o surgimento de propriedades que não podem ser previstas pelas propriedades das partes de um sistema.

BASES METODOLÓGICAS DA CIÊNCIA

Finalmente, a despeito da importância crucial da Matemática, ela é de pouca valia em diversas áreas da ciência. Para dar um único exemplo, temos a teoria da evolução de Darwin, que, embora não seja passível de descrição matemática, tem um enorme impacto na organização dos dados biológicos, assim como na visão do ser humano sobre si mesmo. Como se recorda, a teoria de Darwin é, na verdade, o princípio de que todos os seres vivos têm um ancestral comum e o mecanismo, com base no algoritmo evolutivo, que explica como os seres se diferenciam ao longo do tempo.

O método científico contemporâneo é a forma como a ciência contemporânea opera para adquirir os conhecimentos, organizá-los e consolidá-los. O método científico contemporâneo atualiza o método de Galileu. As características de abertura à crítica, utilização de simplificações e preocupação com o uso dos conhecimentos, foram mantidas na versão atual do método científico. A busca ostensiva de regularidades que permitam predições foi complementada por novos enfoques, e a ênfase na descrição matemática de todos os eventos que eram tidos como determinísticos e reversíveis foi rejeitada. Como vimos, este último enfoque é pertinente apenas para os fenômenos que envolvam objetos simples em condições próximas do equilíbrio.

As características do método científico contemporâneo podem ser resumidas nos seguintes tópicos (ver também Tabela 8.1):

a. Classificação dos objetos de estudo em relação à sua complexidade, o que consiste na identificação dos objetos como simples, complexos e dinâmicos ou adaptativos; e no reconhecimento dos diferentes níveis de organização nos sistemas complexos.

b. Reducionismo explicativo, que é a prática de explicar os eventos em um nível de organização em termos de eventos e componentes de nível de organização inferior. Esse procedimento deve ser visto como parte de processo que culmina com uma visão integrada.

c. Busca de integração de dados dentro de perspectiva sistêmica, a fim de entender o funcionamento do sistema como um todo.

d. Elaboração de conjecturas, isto é, formulação de proposições que permitam organizar os conhecimentos relativos a um evento qualquer que afeta um objeto de estudo. As conjecturas levam em conta a complexidade dos objetos, e delas podem se seguir

FILOSOFIA DA CIÊNCIA

predições por inferência (considerações lógicas), predições por simulação ou explicações mecanísticas ou narrativas, dependendo da natureza dos fenômenos.

e. A validação é o conjunto de critérios para a aceitação de proposições, assim como o próprio processo de demonstrar a aceitabilidade de uma conjectura com o apoio de suposições auxiliares. A validação é feita ou pela verificação da predição (quantitativa, probabilística ou qualitativa), caso a conjectura refira-se a uma simples previsão ou a uma explicação mecanística, ou, ainda, pelo ajuste aos fatos, caso a conjectura seja uma narrativa. Quanto maior o número de validações uma conjectura obtiver, mais segura pode ser considerada.

f. Abertura de todo o conjunto de conhecimentos adquiridos à crítica da comunidade científica de todas as áreas. Por meio de periódicos, livros, reuniões científicas e academias de ciência são criadas as condições para que a consolidação de conjecturas e descrições de objetos científicos correntes seja realizada.

g. Preocupação com a utilização dos conhecimentos adquiridos no desenvolvimento de tecnologias, quando isso for possível.

Os cientistas se valem do método científico para atingir o objetivo de descrever os objetos da realidade e a natureza dos eventos que os afetam e, com essas descrições, formar uma representação da realidade que a torne inteligível e que possa orientar nossas ações. A atividade de pesquisa consiste em pesquisa exploratória (coleta de dados), impulsionada pelas necessidades do estado dos conhecimentos em cada área e pelo uso dos dados coletados para elaboração de conjecturas a serem validadas, gerando explicações mecanísticas ou históricas (**narrativas**). Todo o processo é a seguir consolidado com a crítica da comunidade científica, antes de ser incorporado como conhecimento científico estabelecido. Todas as atividades científicas são baseadas nos processos mais seguros disponíveis em cada época. Assim, só se pode julgar o rigor de uma atividade científica em relação à sua própria época, pois as metodologias empíricas e de análise mudam com o tempo. A comparação entre o método científico original de Galileu e o método científico contemporâneo é um bom exemplo disso.

BASES METODOLÓGICAS DA CIÊNCIA

Tabela 8.1.

Objetos e argumentos científicos: tipos de objetos, tipo majoritário de pesquisa, explicações, validações, unificação de dados e ciências envolvidas

Características das ciências	Básicas		Histórico-adaptativas	
Sistema estudado[1]	Simples	Dinâmico	Adaptativo	Adaptativo
Aspectos do sistema	-	-	Histórico	Funcional
Sistema termodinâmico[2]	Fechado	Aberto	Aberto	Aberto
Projeto executável[3]	Não	Não	Sim	Sim
Pesquisa majoritária[4]	Teste de hipótese	Teste de hipótese	Exploratória	Exploratória
Tipos de explicação[5]	Mecanística	Mecanística	Histórica	Mecanística
Tipos de predição	Quantitativa	Probabilística	-	Quantitativa, probabilística e qualitativa
Tipos de validação[6]	Acerto da predição	Acerto da predição	Coerência com os dados conhecidos	Acerto da predição
Unificação de dados	Teoria geral relativa a cada nível de organização	Teoria geral relativa a cada nível de organização	Narrativas	Modelos que combinam mecanismos: ciência sistêmica[8]
Ciências envolvidas	Física e Química	Física, Química, geociências[7] e cosmologia [7]	Biologia, Ciência Cognitiva e Ciência Social	

[1] Os sistemas simples têm poucos elementos e, em geral, são estacionários; os sistemas dinâmicos têm muitos elementos, com inter-relações variáveis ao longo do tempo; e os sistemas adaptativos são dinâmicos e conformam-se ao ambiente.

[2] Sistema termodinâmico fechado é aquele que não troca matéria com o ambiente, já o aberto, troca.

[3] Projeto executável é o conjunto de instruções que organiza o sistema para um propósito. Sua base material pode ser química (seres vivos), algoritmos computacionais associados a neurônios (mente) ou informação cultural (sociedade).

195

FILOSOFIA DA CIÊNCIA

[4] A pesquisa pode ser majoritariamente do tipo orientada por conjectura, exigindo testes, ou exploratória, isto é, não é orientada por conjecturas, mas inserida em programas de pesquisa, com protocolos consensuais.

[5] Explicações históricas são narrativas que procuram mostrar como um dado objeto de estudo tem certas características ao descrever como aquele objeto se originou de outro. Explicações mecanísticas consistem na descrição de um mecanismo, isto é, um conjunto de entidades e atividades que explicam um resultado. Em geral, os mecanismos na Biologia envolvem eventos moleculares; na Ciência Cognitiva, fenômenos relacionados aos circuitos neuronais; na Ciência Social, razões cognitivas.

[6] Validação refere-se ao critério de aceitação das explicações.

[7] Nas geociências e na cosmologia, parte significativa das explicações é mecanística, usando os recursos da Física e da Química, mas, em alguns aspectos, as explicações são históricas, unificadas por narrativas.

[8] Ciência em desenvolvimento que integra todos os mecanismos em todos os níveis hierárquicos de um sistema complexo.

RESUMO

A principal característica da ciência é a confiabilidade. A ciência confiável apresenta consistência entre seus argumentos, evoca poucos objetos e eventos (apresenta simplicidade), unifica muitos dados (amplitude explicativa), ajusta-se à realidade (exatidão) e é capaz de incentivar mais pesquisas (fertilidade). A ciência sem importância é aquela confiável, mas que não sugere desdobramentos das pesquisas. A má ciência é resultado de procedimento de pesquisa deficiente, ao passo que a ciência fraudulenta emprega dados inventados. Pseudociência é a atividade que quer dar impressão de ser ciência confiável, mas que utiliza processos que não são rigorosos, muitas vezes fraudulentos. Exemplos de pseudociência são astrologia, desenho inteligente (criacionismo), relações com alienígenas, **consciência quântica**, homeopatia, psicocinese etc. A pseudociência pode ser sustentada por diferentes tipos de convicções, mas, frequentemente, é puro charlatanismo, com o propósito de enganar em proveito próprio de seus proponentes. A pseudociência é atrativa pela existência de certa desconfiança em relação aos cientistas e à ciência em virtude de abusos cometidos, principalmente na área da pesquisa médica. Outra razão são as características de nossa mente que favorecem comportamentos que foram adaptativos no Paleolítico, embora não sejam boas representações da realidade nem sejam úteis no mundo contemporâneo. As características do método científico contemporâneo podem ser resumidas em: (1) classificação dos objetos de estudo em relação a sua complexidade; (2) reducionismo explicativo; (3) busca de integração dos dados dentro de perspectiva sistêmica; (4) consolidação dos dados validados pela comunidade científica; (5) preocupação com a utilização prática dos achados, quando isso for possível.

BASES METODOLÓGICAS DA CIÊNCIA

SUGESTÕES DE LEITURA

Um livro que aborda diferentes aspectos da pseudociência é o de Pilati (2018). Discussões sobre a consciência quântica e outros aspectos pseudocientíficos apresentados como consequências da mecânica quântica são encontrados em Bohr (1995), Popper (1977) e Stenger (1992).

QUESTÕES PARA DISCUSSÃO

1. Qual a diferença entre ciência sem importância, má ciência e pseudociência?
2. O que significa dizer que a ciência confiável apresenta simplicidade, amplitude explicativa, exatidão e fertilidade?
3. Se a homeopatia é ensinada em algumas boas escolas de Medicina, por que é pseudociência?
4. Por que a maioria dos jornais tem uma seção de horóscopo? (Mesmo aqueles que se propõem a checar as fontes das notícias e, além disso, têm uma boa seção de divulgação científica.)
5. Liste as principais características do método científico.

LITERATURA CITADA

BOHR, N. *Física atômica e conhecimento humano*: ensaios 1932-1957. Trad. Vera Ribeiro. Rio de Janeiro: Contraponto, 1995.

CARLSON, S. A Double-blind Test of Astrology. *Nature*, v. 318, pp. 419-425, 1985. https://doi.org/10.1038/318419a0.

CARRUTHERS, P. *The Architecture of Mind*. Oxford: Oxford University Press, 2006.

DANIKEN, E. von. *Eram os deuses astronautas? Enigmas indecifrados do passado*. Trad. E. G. Kalmus. São Paulo: Melhoramentos, 1970.

DARWIN, C. *A origem do homem e a seleção sexual*. Trad. A. Cancian e E. N. Fonseca. São Paulo: Hemus, 1974.

_____. *A expressão das emoções no homem e nos animais*. Trad. L. S. L. Garcia. São Paulo: Companhia das Letras, 2009

_____. *A origem das espécies*. Trad. P. P. Pimenta. São Paulo: Ubu, 2018.

DENNETT, D. C. *A perigosa ideia de Darwin*. Trad. T. M. Rodrigues. Rio de Janeiro: Rocco, 1998.

DAWKINS, R. *O relojoeiro cego*: a teoria da evolução contra o desígnio divino. Trad. L. T. Motta. São Paulo: Companhia das Letras, 2001.

FEIST, G. F. *The Psychology of Science and the Origins of the Scientific Method*. New Haven: Yale University Press, 2006.

HANSSON, S. O. Defining Pseudoscience and Science. In: PIGLIUCCI, M.; BOUDRY, M. (eds.). *Philosophy of Pseudoscience*: Reconsidering the Demarcation Problem. Chicago: University of Chicago Press, 2013, pp. 61-77.

KOCH, C. *Consciousness*: Confessions of a Romantic Reductionist. Cambridge: The MIT Press, 2012.

LADYMAN, J. Towards a Demarcation of Science from Pseudoscience. In: PIGLIUCCI, M.; BOUDRY, M. (eds.). *Philosophy of Pseudoscience*: Reconsidering the Demarcation Problem. Chicago: University of Chicago Press, 2013, pp. 45-60.

FILOSOFIA DA CIÊNCIA

MAHNER, M. Science and Pseudoscience. In: PIGLIUCCI, M.; BOUDRY, M. (eds.). *Philosophy of Pseudoscience*: Reconsidering the Demarcation Problem. Chicago: University of Chicago Press, 2013, pp. 29-44.

PILATI, R. *Ciência e pseudociência*. São Paulo: Contexto, 2018.

PICKL, P. Interpretation of Quantum Mechanics. *EJP Web of Conferences*, v. 71, 00110, 2014. doi.org/10.1051/epjconf/20147100110.

POPPER, K. *Autobiografia intelectual*. Trad. O. S. Mota e L. Hegenberg. São Paulo: Cultrix/Edusp, 1977.

_____. *A Pocket Popper*. Ed. D. Miller. Oxford: Fontana Paperbacks, 1983.

_____; ECCLES, J. C. *The Self and Its Brain*: an Argument for Interactionism. Berlin: Springer International, 1977.

PRIGOGINE, I. *O fim das certezas:* tempo, caos e as leis da natureza. Trad. R. L. Ferreira. São Paulo: Editora Unesp, 1996.

SAGAN, C. *O mundo assombrado pelos demônios*: a ciência vista como uma vela no escuro. Trad. R. Eichemberg. São Paulo: Companhia das Letras, 1996.

SHCHERBAK, V. I.; MAKUKOV, M. A. The "Wol! Signal" of Terrestrial Genetic Code. *Icarus*, v. 224, n. 1, pp. 228-242, 2013. https://doi.org/10.1016/j.icarus.2013.02.017.

STENGER J. J. "The Myth of Quantum Consciousness". *The Humanist*, v. 53, n. 3, 1992, pp. 13-5.

TERRA, W. R.; TERRA R. R. *Interconnecting the Sciences*: a Historical-philosophical Approach. Saarbrücken: Lambert Academic Publishing, 1996.

THAGARD, P. Why Astrology is a Pseudoscience. In: AQUITH, P.; HACKING, I. (eds.). *Proceedings of the Philosophy of Science Association*. v.1, pp. 223-234, 1978. http://www.jstor.org/stable/192639.

_____. *Computational Philosophy of Science*. Cambridge: MIT Press, 1988.

WILDSCHUTTE, J. H. et al. Discovery of Unfixed Endogenous Retrovirus Insertions in Diverse Human Populations. *Proceedings of the National Academy of Sciences USA*, v. 113, n. 16 E2326-E2334, 2016. https://doi.org/10.1073/pnas.1602336113.

9.

AS DISCIPLINAS CIENTÍFICAS
E O DESAFIO DA UNIFICAÇÃO

9.1.
INTERCONEXÕES
COMO UNIFICAÇÃO DA CIÊNCIA

A matéria organiza-se em diferentes níveis de complexidade, e as ciências, em geral, são classificadas em função do nível de organização (complexidade) da matéria com que se ocupam. A **Física** trata das leis naturais mais gerais e das menores partes da matéria às quais se pode atribuir movimento (partículas subatômicas e átomos de pequena massa), do macrocosmo, da matéria condensada (líquidos e sólidos) e dos processos caóticos. Em suma, a Física trata do nível mais elementar da organização da matéria.

A **Química** lida com as substâncias naturais e suas transformações. Considera a molécula a menor porção de uma substância e explica suas propriedades pela sua estrutura, isto é, pelo modo como os átomos (correspondentes aos elementos) que formam a estrutura se ligam no espaço. As transformações químicas resultam de quebras e formação de novas ligações entre os átomos, originando novas moléculas. A Química também lida com processos caóticos. A Física e a Química correspondem às ciências básicas da matéria. Como os processos por elas estudados são previsíveis de forma absoluta ou, no caso dos processos caóticos, com probabilidades definidas, ambas também são chamadas de **ciências exatas**. Em contrapartida, os níveis superiores de organização da matéria correspondem aos seres vivos (Biologia), mente (Ciência Cognitiva) e sociedades (Ciência Social). A Biologia e as Ciências Cognitiva e Social são, como vimos, **ciências histórico-adaptativas**.

Disciplinas nucleares correspondem ao conjunto das disciplinas características de uma ciência, como a Genética, em Biologia, a Psicologia Cognitiva, em Ciência Cognitiva, e a Antropologia, em Ciência Social. Em geral, as disciplinas nucleares das ciências correspondem a diferentes níveis de organização dos sistemas estudados. Por exemplo, no caso dos aspectos funcionais da Biologia, temos a Biologia Celular, que trata das células, da fisiologia, dos órgãos etc. Entretanto, algumas disciplinas nucleares, como a Genética, em Biologia, lidam com aspectos que não estão restritos a um único nível de organização. Considerando os aspectos históricos da Biologia, as disciplinas nucleares são evolução (mudanças entre gerações) e desenvolvimento (mudanças entre a primeira célula após a fertilização e a forma adulta).

As ciências representam delimitações da realidade caracterizadas por objetos definidos e seus eventos associados. A realidade muda em função do segundo princípio da termodinâmica, que afirma que a entropia do universo sempre aumenta. Porém, para todos os efeitos, considera-se que a realidade não muda de forma que mereça consideração na escala de tempo humana. A base para essa suposição é a mesma que nos autoriza aceitar as leis científicas, isto é, admitir que, se um evento sempre ocorreu no passado, ele deverá voltar a ocorrer no futuro.

Como se supõe que a realidade seja sempre a mesma, embora possa ter representações de confiabilidade variada, é possível presumir uma conexão entre as ciências que representam a realidade. A agenda da unificação da ciência usa a Física como modelo. Com o auxílio de teorias-ponte, busca-se por leis em todas as áreas científicas para guiar as teorias a serem reduzidas à Física (Nagel, 1961). Esse movimento, que ainda é predominante entre os cientistas das ciências exatas e em parte da Biologia, tem como inspiração a *International Encyclopedia of Unified Science*, que foi coordenada por Otto Neurath, Rudolf Carnap e Charles Morris (Neurath et al., 1955; 1971), e outros textos dos positivistas lógicos mencionados na seção 3.1.

Essa proposta de unificação da ciência tem por base o reducionismo, que chamaremos de **reducionismo filosófico**. Há duas versões desse reducionismo filosófico: uma versão forte e uma versão fraca. A versão forte é a redução de teorias, desenvolvida em detalhes por Nagel (1961) e Schaffner (1967). Redução, nessa perspectiva, é a explicação de uma teoria para um

BASES METODOLÓGICAS DA CIÊNCIA

campo de conhecimento (por exemplo, mecânica) por outra proposta para outro domínio científico (por exemplo, gravitação). A versão forte encontra base empírica no alegado da redução das leis de Galileu e de Kepler na teoria da gravitação de Newton, da termodinâmica na mecânica estatística e da Química na mecânica quântica.

No entanto, a evidência empírica a favor da redução de teorias não é tão sólida como se propaga. A explicação das leis de Galileu e de Kepler pela teoria da gravitação de Newton, a rigor, não é uma redução de uma teoria à outra teoria independente e preexistente. A mecânica de Newton é, na verdade, uma teoria inteiramente nova que inclui as leis de Galileu e de Kepler (ver Popper, 1977). Dessa forma, esse exemplo não é adequado para referendar a presumida redução da teoria de uma ciência para outra ciência mais geral. Por sua vez, a relação da termodinâmica e da mecânica estatística seria mais bem descrita como uma interação entre metodologias alternativas, e não como a redução de uma à outra (Yi, 2003). Já a alegação da redução da Química à Física é devida ao físico Niels Bohr. Bohr usou a mecânica quântica para explicar as propriedades dos elementos (diferentes tipos de átomos) e, a partir desse procedimento, postulou que a Química se reduziria (poderia ser completamente explicada) pela Física. Na realidade, Bohr não conseguiu explicar pela Física Quântica todos os átomos, tampouco a organização e a geometria das moléculas (arranjos de átomos interligados) (Scerri, 1991; 2000). A impossibilidade de que a mecânica quântica lide com moléculas com vários átomos já foi comentada antes (ver seção 1.3.). Aqui não é o lugar para detalhar a tentativa fracassada de reduzir a Química à Física. O que interessa agora é salientar que a Física e a Química possuem conjuntos autônomos e independentes de disciplinas nucleares.

Uma objeção ainda mais séria a respeito do uso da redução de teorias como forma de unificar as ciências é o fato de que a maioria das ciências – a Biologia, por exemplo – não dispõe de teorias tal como se entende na Física (Rosenberg, 2012). Em vista dessas críticas, a redução de teorias como agenda unificadora de campos científicos atualmente não faz parte das preocupações de nenhum cientista, talvez com exceção de alguns poucos físicos. Contudo, a ideia reducionista na sua versão fraca, isto é, que não implica a redução de teorias, continua a subsistir.

FILOSOFIA DA CIÊNCIA

A versão fraca do reducionismo filosófico, em vez de procurar substituir as teorias propostas por um domínio da ciência pelo de outro mais básico, afirma que todas as entidades complexas (por exemplo, organismos, ecossistemas, sociedades) podem ser completamente explicadas pelas propriedades de suas partes. Essa versão também pode ser descrita como o ponto de vista segundo o qual só se pode entender um todo a partir de suas partes, e que, por isso, é preciso dividir o todo em seus componentes, cada componente em seus próprios componentes, seguindo até o nível mais baixo de integração. O que se segue dessa visão é que as explicações de todas as ciências se reduziriam, em última instância, a explicações físicas.

O filósofo americano J. A. Fodor (1974) argumenta que, do ponto de vista lógico, a redução de todas as explicações a explicações físicas exigiria que todas as características de uma ciência não física plenamente desenvolvida correspondessem a características de uma Física também plenamente desenvolvida. Esse tipo de raciocínio também seria válido para quaisquer ciências correspondentes a níveis diferentes de organização, como, por exemplo, a Psicologia e a Neurologia. Fodor (1974) procura então mostrar se cada característica da Psicologia (por exemplo, estados mentais) corresponde a uma característica da Neurologia (por exemplo, estados neurais). O que ele verificou foi a existência de estados mentais semelhantes que correspondem a estados neurais diferentes. A verificação de Fodor está de acordo com a concepção da Ciência Cognitiva, segundo a qual os estados mentais são realizados (implementados neuralmente) de forma múltipla (Heil, 1999). A situação é similar a *softwares* que fazem as mesmas operações, mas que se baseiam em computadores de construção diferente. A inexistência de uma correspondência um a um entre estados mentais e neurais levou Fodor (1974) a descartar a possibilidade de que a Psicologia seja reduzida à Neurologia, e concluiu que o reducionismo (mesmo em sua versão fraca) não pode ser uma boa base para a unificação da ciência. Para não deixar dúvidas sobre o seu argumento, o subtítulo escolhido por Fodor para o trabalho em que discute essa questão é digno de nota: "A desunião da ciência como hipótese de trabalho".

A visão reducionista segundo a qual as propriedades de um sistema podem ser inteiramente explicadas pelas propriedades das partes choca-se com a ocorrência de **propriedades emergentes**. Como já discutimos na

202

BASES METODOLÓGICAS DA CIÊNCIA

seção 5.1, estas são as propriedades de um sistema que não são explicáveis pelas propriedades de seus componentes.

Sober (2000) apresenta uma variante de reducionismo fraco. Embora assuma que haja, em princípio, uma explicação física para qualquer fenômeno particular que seja explicado pelas ciências fora da Física (o que foi contestado no capítulo 4), Sober reconhece que padrões de eventos (o que eles têm em comum) não podem ser descritos no vocabulário da Física. Como os padrões de eventos têm que ser descritos no vocabulário das ciências fora da Física, isso significa que essas ciências têm um conteúdo autônomo, não redutível à Física. Assim, exceto pela manutenção do vocabulário reducionista, a posição de Sober pode ser proveitosamente substituída por uma visão não reducionista.

Popper (1977), após analisar a redutibilidade da Química à Física e de várias teorias físicas a outras, admitiu que nenhuma redução é perfeitamente bem-sucedida e concluiu que o reducionismo como filosofia é equivocado. Entretanto, ele julga o reducionismo como método (o que definimos anteriormente como **reducionismo explicativo**) extremamente frutífero para a ciência.

Há interpretações não reducionistas da unificação da ciência. As mais desenvolvidas tratam da unificação de domínios ou campos científicos. Estes são definidos como corpos de conhecimento científico maiores que o de um laboratório individual de pesquisa, mas menores que uma disciplina (Darden e Maull, 1977). A Biologia, por exemplo, possui vários domínios que podem ser de pequena extensão, como a primatologia (estudo dos primatas), ou de grande extensão, por exemplo, disciplinas como Genética, Ecologia, Botânica etc. As propostas de unificação podem envolver teorias entre domínios, como a teoria cromossômica da hereditariedade, que relaciona a genética e a citologia (Darden e Maull, 1977), ou interconexões entre teorias, no sentido de que uma teoria depende de explicações de outra ou de que a utiliza para sugerir temas de pesquisa (Kincaid, 1990).

Grantham (2004), ao retirar a ênfase sobre as teorias, avançou em relação às propostas de unificação anteriores. Ele afirma que entender unificação como interconexão é mais produtivo e versátil para a Filosofia da Ciência, pois a interconexão pode incluir teorias e/ou métodos e pode variar em grau,

203

dependendo da extensão de sua interdependência. Grantham classifica as **interconexões** como: (a) teorias entre campos, que conectam entidades e processos em estudo; (b) extensões explicativas, que ocorrem quando uma teoria (a teoria referente a nível de organização menor) explica afirmações feitas por uma segunda teoria (a teoria que trata do nível de organização maior); (c) interconexões práticas, entendidas como teorias e métodos de um domínio científico que podem guiar a formação ou confirmação de hipóteses em outro domínio. Dessa forma, de acordo com Grantham (2004), a unidade da ciência entendida como interconexão significa o conjunto de processos mediante os quais campos vizinhos da mesma ciência tornam-se mais integrados. Ele exemplifica esse tipo de interconexão mostrando como a datação geológica de fósseis (Paleontologia) e dados moleculares (da Biologia Evolutiva) servem para desenvolver filogenias (relacionamentos por ancestralidade comum) entre seres vivos. Interconexões podem ocorrer também entre domínios de ciências diferentes, como entre a Física e a Biologia na explicação da contração muscular, ao fazer uso dos conceitos de eletricidade e fisiologia animal, e na explicação da fotossíntese, ao utilizar Física Quântica e fisiologia vegetal para esclarecer como a luz pode ser usada na fixação do carbono pelas plantas. É importante acentuar o fato de que as referidas interconexões não são entre as ciências propriamente ditas, mas entre alguns de seus domínios científicos.

Outro tipo de interconexão ocorre entre as ciências como um todo, não apenas entre domínios isolados. São as chamadas disciplinas de conexão. As **disciplinas de conexão** obedecem aos princípios da ciência dos sistemas de maior nível de organização, mas utilizam métodos e parte da nomenclatura da ciência dos componentes do sistema. Como exemplo de disciplina de conexão analisaremos a Bioquímica, uma disciplina da Biologia (obedece aos seus princípios), mas que emprega a metodologia e parte da nomenclatura da Química. Discutamos isso em detalhe.

Já vimos que a Química trata das substâncias naturais e suas transformações. As transformações químicas são explicadas pelo rompimento e pelo restabelecimento de ligações entre os átomos das moléculas. A formação de novas ligações entre átomos das moléculas resulta em novas moléculas. A Química faz uso desses conhecimentos para planejar a construção de novas moléculas e produzir novos materiais, tais como tecidos sintéticos, embalagens, revestimentos domésticos ou de máquinas etc.

A Biologia lida com a vida e suas manifestações. As explicações da Biologia conformam-se a quatro princípios organizadores (Reece et al., 2011): (1) o conceito de organismo, segundo o qual todas as estruturas e os processos referem-se ao próprio organismo; (2) o conceito de evolução; (3) o conceito de células; e (4) o conceito de projeto executável (programa genético).

Mostraremos a seguir que as explicações da Bioquímica utilizam a metodologia da Química (resumida anteriormente), mas, ao mesmo tempo, empregam os princípios organizadores das explicações da Biologia e, com isso, alcançam todos os níveis de organização dos seres vivos.

As vias metabólicas (as séries de transformações químicas que ocorrem no organismo) possuem um propósito compreensível no contexto do organismo, isto é, acomodam-se ao primeiro princípio da Biologia. Por exemplo, a via metabólica chamada de via glicolítica converte glicose em piruvato e fornece ATP, a molécula que armazena energia no organismo. A função da via é, pois, oxidar parcialmente a glicose até a formação de piruvato, participando do processo de armazenamento de energia para uso posterior. Em outras palavras, as vias metabólicas têm uma função no organismo e, desse modo, são parte da Biologia Funcional, mas a sua descrição se vale das moléculas e suas transformações usam a metodologia da Química.

As moléculas características dos seres vivos, as proteínas (que incluem as enzimas, as quais são os aceleradores de reações, hormônios, anticorpos etc.), são similares entre si, assim como o DNA (repositório das informações genéticas) é similar entre si, por serem expressos em seres que têm ascendência comum e por serem capazes de sofrer variação aleatória e seleção, obedecendo ao segundo princípio da Biologia. A sujeição das proteínas e do DNA ao segundo princípio da Biologia faz com que sejam objetos históricos, e, com isso, a ciência que os estuda, a Bioquímica, também é uma disciplina histórica (nesse caso, como parte da Biologia Evolutiva).

A compreensão dos fenômenos bioquímicos exige levar em consideração a estrutura celular (terceiro princípio da Biologia). Por exemplo, enquanto a decomposição de lipídios para extração de energia ocorre no interior de corpúsculos celulares chamados de mitocôndrias, a produção de novos lipídios ocorre no citoplasma celular, fora das mitocôndrias. Considerações a respeito da estrutura celular são importantes para entender como os processos são regulados, como detalhado em Voet e Voet (2011). Como a estrutura celular é levada em consideração, esses fenômenos são parte da Biologia Celular, que, por sua vez, é parte da Biologia Funcional. Finalmente, os eventos bioquímicos são controlados pelos sinais químicos do genoma, que é a forma material do projeto executável do organismo que lhe confere um propósito. Os sinais químicos do genoma são os responsáveis, por exemplo, por uma série de reações químicas que culminam com a produção de leite pelas glândulas mamárias da mãe de um bebê recém-nascido.

A Bioquímica não é ciência autônoma, no sentido de ter objeto de pesquisa próprio. O seu objeto é o mesmo da Biologia, isto é, a vida e suas manifestações. Por outro lado, a Bioquímica pode ser claramente identificada como disciplina: ainda que empregue a metodologia e parte do vocabulário da Química e faça uso dos conceitos próprios da Biologia (como os relacionados a função, evolução e estrutura celular), a Bioquímica também possui conceitos próprios (por exemplo, vias metabólicas, enzimas alostéricas, poros iônicos, cadeia de transporte de elétrons, motores moleculares etc., Voet e Voet, 2011). Assim, a parcela da Biologia que é objeto da Bioquímica é a investigação da função de moléculas e processos químicos (no sentido de *para que servem* no contexto de um organismo) encontrados em contextos biológicos. As moléculas sintetizadas pelos organismos em resposta ao programa genético – por exemplo, as proteínas e o DNA – estão sujeitas a mutações, e os variantes são selecionados de forma a maximizarem as possibilidades de sucesso reprodutivo dos organismos. Desse modo, essas moléculas diferem das que não são sintetizadas pelos organismos (por exemplo, o benzeno). Além disso, aquelas moléculas passam a ter história evolutiva e funções no organismo.

> O conceito de função no sentido de *para que servem* em um organismo é estranho à Química. As chamadas funções químicas (álcool, aldeído, ácido etc.) referem-se a conjuntos de propriedades compartilhadas pelos membros do mesmo grupo funcional, como acidez, poder corrosivo, poder oxidante etc. As moléculas de interesse dos químicos, como as de água, benzeno etc., não têm história evolutiva.

Isso torna a Bioquímica uma disciplina da Biologia, e não da Química. Assim, a ciência é nomeada de acordo com o sistema histórico-adaptativo que é o seu objeto de estudo (Biologia, no caso de organismos; Ciência Social, no caso da sociedade), e não pela metodologia usada no trabalho. Com isso, um físico ou químico trabalhando para resolver um problema biológico estará fazendo Biologia, mesmo que seus instrumentos de trabalho sejam da Física ou da Química.

Finalmente, é importante esclarecer que a Bioquímica não substitui nenhuma explicação das disciplinas nucleares da Biologia, exceto para o princípio vital imaterial que animaria os seres vivos, segundo a Biologia em seus primórdios. O que essa disciplina de conexão faz é fornecer explicações complementares às outras explicações biológicas, como no exemplo do coração que será discutido na seção 9.2, e o faz em relação aos diferentes níveis de organização dos seres vivos. Em outras palavras, podemos dizer que as explicações moleculares da Bioquímica não são suficientes para entender os seres vivos, embora adicionem detalhes interessantes. Assim, a Biologia é caracterizada por um conjunto de disciplinas características, denominadas disciplinas nucleares, e pelo menos uma disciplina de conexão – a Bioquímica –, além de numerosas interconexões entre domínios científicos da própria Biologia ou entre ela e outras ciências (ver Tabela 9.1).

Em resumo, as disciplinas de conexão possuem conceitos próprios, usam a metodologia da ciência de nível hierárquico menor, mas obedecem aos princípios organizadores, e, além disso, incluem em suas explicações considerações relativas às estruturas dos sistemas que são objeto da ciência de nível hierárquico superior. Isso caracteriza as disciplinas de conexão como pertencentes à ciência de nível maior, e não da de nível menor. As disciplinas de conexão fornecem explicações do tipo reducionista explicativo e substituem de forma adequada a ideia de redução como meio de interligação entre as ciências. As disciplinas nucleares nas ciências histórico-adaptativas possuem um conjunto relacionado à evolução do sistema, denominado ciência evolutiva (por exemplo, Biologia Evolutiva, Ciência Cognitiva Evolutiva e Ciência Social Evolutiva), e outro relacionado à funcionalidade do sistema, chamado de ciência funcional

FILOSOFIA DA CIÊNCIA

(por exemplo, Biologia Funcional, Ciência Cognitiva Funcional e Ciência Social Funcional). As disciplinas de conexão são sempre formadas entre uma ciência de nível organizacional maior e uma de nível menor, e só podem ocorrer entre disciplinas da ciência funcional, pois somente nesse caso é possível aplicar o reducionismo explicativo, algo que não pode ocorrer no caso da ciência evolutiva.

É importante registrar que a Química possui uma disciplina de conexão com a Física, representada pela Físico-Química. Um dos objetivos dessa disciplina é estabelecer uma ligação entre as propriedades macroscópicas, tema da Química, com o comportamento das partículas microscópicas que as constituem, como os átomos etc., usando as teorias da Física. Ver exemplo detalhado sobre a teoria cinética dos gases na seção 1.3.2.

9.2.
AS DISCIPLINAS DA BIOLOGIA

A Biologia é dividida em dois grandes conjuntos de disciplinas: a Biologia Evolutiva e a Biologia Funcional. A **Biologia Evolutiva** é o conjunto das disciplinas biológicas que se valem da evolução para organizar suas proposições. Em outras palavras, a Biologia Evolutiva esclarece a lógica dos eventos biológicos, isto é, as estratégias do organismo para assegurar o sucesso reprodutivo em um ambiente em modificação contínua. Essas estratégias podem ser comportamentais, como a já mencionada criação de território demarcado por urina no perímetro onde vive um predador para avisar intrusos de sua presença (ver seção 1.3.2). Além disso, as estratégias também podem ser de alterações anatômicas para conquistar novos ambientes, exemplificadas pelo surgimento da asa do morcego por transformações adaptativas da mão de mamífero ancestral, ou, ainda, mudanças metabólicas, como a produção de anticorpos para neutralizar proteínas não pertencentes ao organismo e que podem ser deletérias para ele, como as de organismo invasor.

A **Biologia Funcional** refere-se à descrição do papel das estruturas do organismo em relação à atividade do conjunto. Como o organismo é formado por estruturas organizadas hierarquicamente, essas funções também são descritas em diferentes níveis. Isso pode ficar mais claro com exemplos: a circulação de sangue nos mamíferos tem a função de permitir a nutrição, a oxigenação e a remoção de excretas de todos os tecidos do organismo. A estrutura responsável pela circulação do sangue é o coração, que atua como uma bomba por contrações ritmadas. A contração do coração é explicada pelas contrações de suas células constituintes. O arranjo particular de fibras proteicas no interior da célula cardíaca pode explicar a sua contração com o gasto de ATP. Finalmente, para completar a análise, é necessário mostrar como o ATP é produzido na célula.

Note-se que a análise considera diferentes níveis de organização: o organismo, o órgão (no caso, o coração), a célula cardíaca, os complexos moleculares no interior da célula e as moléculas individuais. Note-se também que o detalhamento em termos químicos de como o ATP é produzido e mesmo as explicações de como a interação das fibras proteicas levam à contração do coração não permitem prever para que serve o coração. A explicação da função do coração, isto é, para que o órgão serve, está, como vimos, em outro nível de análise, embora as explicações moleculares tornem o conjunto explicativo mais completo e forneçam conhecimentos para intervenções terapêuticas no coração. Em outras palavras, as explicações moleculares dos eventos biológicos, seja no nível das moléculas individuais, seja no nível dos arranjos moleculares, não oferecem explicações completas do funcionamento dos seres vivos. Como o nível mais básico das explicações dos eventos biológicos requer considerações moleculares, isso é feito pela Bioquímica, disciplina da Biologia que, como vimos, faz conexão com a Química. Embora seja frequente separar os conjuntos de explicações moleculares em Bioquímica, Biologia Molecular, Biologia Celular Molecular, Fisiologia Molecular, todos esses aspectos são tratados aqui como Bioquímica.

Tendo visto a Biologia, vejamos agora exemplos das demais ciências histórico-adaptativas. A Ciência Cognitiva, por ser mais próxima da Biologia, será tratada de forma breve; mais detalhes serão fornecidos em relação à Ciência Social.

FILOSOFIA DA CIÊNCIA

Tabela 9.1.
Disciplinas nucleares e de conexão e algumas interconexões entre domínios científicos

Ciências histórico-adaptativas[1]	Ciência funcional			Ciência evolutiva	
	Disciplinas nucleares[2]	Disciplinas de conexão[3]	Interconexões entre domínios	Disciplinas nucleares[2]	Interconexões entre domínios
Biologia	Fisiologia Biologia Celular	Bioquímica (Biologia/ Química)	Biofísica (Biologia/Física) Bioinformática (Biologia/ computação)	Evolução Desenvolvimento	Genética Molecular (Biologia/ Química) Biologia do Desenvolvimento (Biologia/ Química)
Ciência Cognitiva	Psicologia Cognitiva	Neurociência Cognitiva (Psicologia/ Biologia)	Psicologia comparada (Psicologia/ Biologia) Inteligência artificial (Psicologia/ computação) Filosofia da mente (Psicologia / Filosofia)	Evolução da mente	Psicologia Evolutiva (Psicologia/ Biologia) Psicologia Comparada (Psicologia/ Biologia) Arqueologia Cognitiva (Psicologia/ Ciência Social)
Ciência Social	Antropologia Cultural Arqueologia Economia Sociologia	Antropologia Cognitiva (Ciência Social/ Ciência Cognitiva)	Ciência Social computacional (Ciência Social / computação)	Teoria da evolução cultural História	Antropologia Biológica (Ciência Social/ Biologia) Ciência Social Computacional (Ciência Social/ computação)

[1] Ciências histórico-adaptativas são as ciências dos sistemas que se adaptam ao ambiente.
[2] Disciplinas nucleares são as disciplinas características de uma ciência
[3] Disciplinas de conexão são aquelas que possuem conceitos próprios, obedecem aos princípios organizadores de uma ciência e utilizam a metodologia e parte da nomenclatura da ciência que lida com sistemas de nível de organização inferior. Tanto as ciências que são interconectadas por cada disciplina de interconexão como aquelas cujos domínios são interconectados são mostradas entre parênteses. A lista de disciplinas não pretende ser exaustiva e tem apenas a finalidade de fornecer um quadro geral para orientar detalhamentos posteriores.

9.3.
AS DISCIPLINAS DA CIÊNCIA COGNITIVA

A **Ciência Cognitiva** inclui a **Ciência Cognitiva Funcional**, que estuda como a informação adquirida é processada para gerar comportamentos, e a **Ciência Cognitiva Evolutiva**, que descreve a evolução da mente fazendo uso da Psicologia Comparada (testes psicológicos com animais diferentes) e da **Arqueologia Cognitiva** (Mithen, 1998).

A disciplina nuclear da Ciência Cognitiva Funcional é a **Psicologia Cognitiva**, que é a parte da Psicologia que trata da mente (Pinker, 1998; Clark, 2014; Crane, 2016; Friedenberg e Silverman, 2016) e que produz conjecturas sobre os detalhes do processamento de informações (funcionamento da mente), e testa essas conjecturas com experimentos com seres humanos e/ou animais. A **Filosofia da mente** especula sobre aspectos avançados da atividade mental superior, como a geração de consciência (Dennett, 1991). A **Psicologia Evolutiva** considera que as peculiaridades da mente humana ficam mais claras se considerarmos que a mente é um sistema de processamento de informação selecionado durante a evolução para resolver problemas enfrentados pelos nossos ancestrais caçadores-coletores. As considerações da Psicologia Evolutiva levaram, por exemplo, à conclusão de que os seres humanos são dotados de sistemas de reconhecimento de faces, percepção de emoções e avaliação de trocas sociais, permitindo a detecção de trapaceiros nas tarefas compartilhadas (Tooby e Cosmides, 1992). Na elaboração de seus conceitos, a Psicologia Evolutiva usa dados da Antropologia Biológica e da Arqueologia Cognitiva (Mithen, 1998). As hipóteses geradas são testadas pela Psicologia Cognitiva. A **inteligência artificial** e o **aprendizado de máquina** produzem subsídios para sugerir propriedades mentais que serão testadas pela Psicologia Cognitiva.

Os diferentes campos de estudo da Ciência Cognitiva Funcional listados são interconexões de domínios, que expandem o conhecimento trazido pela disciplina nuclear, a Psicologia Cognitiva. Ao se desenvolverem, esses campos de estudo poderão formular conceitos próprios e, assim, formar disciplinas.

A **Neurociência Cognitiva** (Gazzaniga, Ivry e Mangun, 2014; Friedenberg e Silverman, 2016) relaciona os eventos da mente inferidos pela Psicologia Cognitiva com eventos neurais do cérebro. Para isso, ela usa os métodos da Biologia na identificação das regiões do cérebro e os circuitos neurais (redes das células principais do cérebro, os neurônios) que são responsáveis pelos módulos de processamento sensorial, pelas associações entre si e com os módulos cognitivos, centros de memória, movimento etc. Assim, a Neurociência Cognitiva pode ser considerada uma disciplina de conexão entre a Psicologia Cognitiva (Ciência do Sistema) e a ciência dos componentes do sistema que é a Biologia, o que é feito através da **Neurobiologia**, uma das disciplinas nucleares da Biologia. A Neurobiologia analisa o cérebro em diferentes níveis hierárquicos, um superior, como o de redes neurais, e um inferior, como o de eventos moleculares subjacentes. Os eventos moleculares subjacentes aos fenômenos neurais são objeto de estudo da subdisciplina da Neurobiologia denominada de neuroquímica (parte da Bioquímica dedicada ao estudo dos neurônios). A Neurociência Cognitiva possui conceitos próprios, segue os princípios organizadores da Psicologia Cognitiva (módulos de percepção, módulos cognitivos, memória etc.), mas usa elementos da metodologia da Biologia, tais como o estudo de indivíduos com perdas de regiões do cérebro, as técnicas de imageamento para associar a atividade cerebral com eventos da mente etc. Da mesma forma que a Bioquímica explica em termos moleculares as propriedades das células, mas não pode inferir as propriedades delas pelo conhecimento das moléculas, a Neurociência Cognitiva explica a base material dos fenômenos cognitivos em termos de circuitos neurais, mas não pode inferir a partir deles os sistemas de processamento que ocorrem no cérebro e que constituem a mente.

9.4.
AS DISCIPLINAS DA CIÊNCIA SOCIAL

Tentemos agora reunir as disciplinas da **Ciência Social** que estudam diferentes aspectos da sociedade em conjuntos temáticos para facilitar a descoberta de ligações entre elas. Da mesma forma que as demais ciências

BASES METODOLÓGICAS DA CIÊNCIA

histórico-adaptativas possuem uma ciência evolutiva e uma ciência funcional, temos uma Ciência Social Evolutiva e uma Ciência Social Funcional. A **Ciência Social Evolutiva** se ocupa da origem e da evolução das formações sociais. Essa parte da Ciência Social abrange tanto a evolução inicial da sociedade humana, descrevendo a sua separação da sociedade primata original, como sua evolução subsequente. Esse conjunto possui como disciplinas nucleares a teoria da evolução cultural e a História. A **teoria da evolução cultural** procura identificar os processos de inovação que surgiram em pontos diferentes da história, seus meios de propagação e as consequências que acarretaram para o sucesso da sociedade onde ocorreram. Sucesso é entendido aqui como capacidade de atrair benefícios para si e de se multiplicar, física e culturalmente. As teorias propostas para cada comunidade e período histórico também podem ser validadas por simulação computacional (como foi comentado na seção 7.3). A outra disciplina nuclear da Ciência Social Evolutiva é a **História**, que produz narrativas que descrevem as mudanças sociais. O conjunto correspondente à Sociologia Evolutiva inclui ainda interconexões cujos representantes abrangem a **Ciência Social Computacional** e a **Antropologia Biológica**. A Ciência Social Computacional interconecta domínios da Ciência Social com domínios da Ciência da Computação. Nessa conexão, as conjecturas históricas são testadas por meio de simulação computacional. Já a Antropologia Biológica interconecta a Ciência Social e a Biologia, e descreve os estágios iniciais da evolução humana. Atualmente, a Antropologia Biológica é mais praticada por biólogos do que por cientistas sociais, devido à necessidade de conhecimento profundo em anatomia humana e Biologia Molecular.

A Ciência Social Funcional trata dos mecanismos que garantem a estabilidade da formação social e que permitem a realização de seu propósito, isto é, o aumento da adaptabilidade humana no ambiente (a descrição da mudança social é objeto da Ciência Social Evolutiva). Historicamente, a sociedade mais complexa que já existiu é a contemporânea, estudada pela Sociologia e pelas disciplinas relacionadas à economia. As bases culturais subjacentes à sociedade contemporânea e às precedentes e que as levam ao seu propósito são matéria da Antropologia Cultural e da Arqueologia. Esse nível de análise apresenta a disciplina da Antropologia Cognitiva como ciência de conexão entre a Ciência Social e a Ciência Cognitiva (Blount, 2011). A Antropologia Cognitiva busca na Ciência Cognitiva as bases últimas dos fenômenos culturais, tais como comunicação, hierarquia, rituais, moralidade, religião etc. Em outras palavras, a Ciência Social Funcional é a ciência do sistema, e a Ciência Cognitiva é a ciência de seus componentes, isto é, os indivíduos humanos (ver Tabela 9.1).

Como já foi ressaltado anteriormente, o fato de que as explicações últimas da Ciência Social são dadas em termos cognitivos não significa que seja possível inferir as formações sociais conhecendo apenas os fenômenos cognitivos. Trata-se de uma impossibilidade similar à da previsão de como seriam os seres vivos a partir das propriedades de suas moléculas constituintes. Novamente, a impossibilidade resulta da natureza do sistema social que, do mesmo modo que os seres vivos, é um sistema emergente.

Finalmente, uma Ciência Social aplicada, que poderíamos chamar de política social, estaria baseada em todas essas disciplinas, talvez principalmente na teoria da evolução sociocultural, para propor e viabilizar políticas de ação social. A política social seria a parte prescritiva das **ciências sociais**, que será comentada adiante na seção 10.3.

RESUMO

A Física trata do nível mais baixo de organização da matéria. A Química lida com as substâncias naturais e não pode ser reduzida à Física. Ambas são ciências exatas, porque suas explicações são quantitativas e probabilísticas. As ciências são formadas por disciplinas nucleares que lhes são típicas e por disciplinas de conexão, que possuem conceitos próprios, obedecem aos princípios da ciência do sistema de maior nível de organização, mas utilizam os métodos da ciência do nível menor. A Biologia Evolutiva lida com as estratégias do organismo para assegurar o sucesso reprodutivo em ambiente em modificação contínua; e a Biologia Funcional descreve o papel das estruturas e dos eventos do organismo em relação ao conjunto. O nível mais baixo das explicações dos eventos biológicos requer explicações moleculares fornecidas pela Bioquímica. A Bioquímica possui conceitos próprios, mas tem por objeto de pesquisa a vida e suas manifestações, isto é, ela é parte da Biologia. Assim, a Bioquímica se conforma aos princípios organizadores da Biologia, como o de que todos os eventos que ocorrem em um organismo se referem a ele próprio, o que pode ser verificado nas vias metabólicas cujos propósitos só são compreensíveis no contexto do organismo. O conceito de evolução se aplica às moléculas características dos seres vivos (proteínas e DNA) e os fenômenos bioquímicos levam em consideração a estrutura celular. Finalmente, o controle dos processos bioquímicos é explicado por redes de sinais organizados por um projeto executável (programa genético, genoma). Disciplinas nucleares e de conexão também podem ser identificadas na Ciência Cognitiva e na Ciência Social, assim como em aspectos evolutivos (históricos) e funcionais. A unidade entre as ciências é proposta como uma consequência da existência de disciplinas de conexão entre elas, em oposição ao reducionismo filosófico ou à aceitação da desunião entre as ciências.

SUGESTÕES DE LEITURA

Kowaltowski (2015) é uma ótima e amigável introdução à Bioquímica, ao passo que Grantham (2004) discute as possibilidades de interconexão entre as ciências.

QUESTÕES PARA DISCUSSÃO

1. O que são disciplinas nucleares e o que são disciplinas de conexão?
2. Qual a diferença entre reducionismo forte, reducionismo fraco e reducionismo explicativo?
3. Apresente argumentos contra o reducionismo filosófico.
4. Critique o reducionismo filosófico como forma de unificação entre as ciências e explique por que as disciplinas de conexão poderiam servir como unificação entre as ciências.
5. Existem formas de interconexão entre as ciências diferentes das disciplinas de conexão?
6. Apresente exemplos de disciplinas nucleares e de conexão em Biologia, Ciência Cognitiva e Social.

LITERATURA CITADA

BLOUNT, B. G. A History of Cognitive Anthropology. In: KRONENFELD, D. B. et al. (eds.). *A Companion to Cognitive Anthropology*. London: Blackwell Publishing, 2011.

CLARK, A. *Mindware. An Introduction to the Philosophy of Cognitive Science*. 2. ed. Oxford: Oxford University Press, 2014.

COSMIDES L.; TOOBY J. Cognitive Adaptations for Social Exchange. In: BARKOV, J. H.; COSMIDES, L.; TOOBY, J. (eds.). *The Adapted Mind: Evolutionary Psychology and the Generation of Culture*. Oxford: Oxford University Press, 1992, pp. 163-228.

CRANE, T. *The Mechanical Mind:* a Philosophical Introduction to Minds, Machines and Mental representation. 3. ed. London: Routledge, 2016.

DARDEN, L.; MAULL, N. Interfield Theories. *Philosophy of Science*, v. 44, n.1, pp. 43-64, 1977. http://www.jstor.org/stable/187099.

DENNETT, D. C. *Consciousness Explained*. London: Penguin Books, 1991.

FODOR, J. A. Special Sciences (or: The Disunity of Science as a Working Hypothesis). *Synthese*, v.28, n.(2), pp.97-115, 1974. http://www.jstor.org/stable/20114958.

FRIEDENBERG, J.; SILVERMAN, G. *Cognitive Science:* an Introduction to the Study of Mind. 3. ed. Los Angeles: Sage, 2016.

GAZZANIGA M. S.; IVRY, R. B.; MANGUN, G. R. *Cognitive Neuroscience. The Biology of the Mind*. 4. ed. New York: W. W. Norton, 2014.

GRANTHAM, T. A. Conceptualizing the (Dis)Unity of Science. *Philosophy of Science*, v. 71, n. 2, pp. 133-155, 2004. https://doi.org/10.1086/383008.

HEIL, J. Multiple realizability. *American Philosophical Quaterly*, v. 36, n. 3, pp. 189-208, 1999. http://www.jstor.org/stable/20009964.

KINCAID, H. Molecular Biology and the Unity of Science. *Philosophy of Science*, v. 57, n.4, pp. 575-593, 1990. https://doi.org/10.1086/289580.

KOWALTOWSKI, A. *O que é metabolismo? Como nossos corpos transformam o que comemos no que somos*. São Paulo: Oficina de Textos, 2015.

MITHEN, S. *A pré-história da mente*. Trad. L. C. B. de Oliveira. São Paulo: Editora Unesp, 1998.

NAGEL, E. *The Structure of Science*. New York: Harcourt, Brace & World, 1961.

NEURATH, D.; CARNAP, R.; MORRIS, C. *Foundations of the Unity of Science*. Chicago: University Chicago Press, 1955, v. 1.

_____; _____; _____. *Foundations of the Unity of Science*: Toward an International Encyclopedia of Unified Sciences. Chicago: University Chicago Press, 1971, v. 2.

PINKER, S. *Como a mente funciona*. Trad. L. T. Motta. São Paulo: Companhia das Letras, 1998.

POPPER, K. *Autobiografia intelectual*. Trads. O. S. Mota e L. Hegenberg. São Paulo: Cultrix/Edusp, 1977.

REECE, J. B. et al. *Campbell Biology*: Global Edition. 9. ed. San Francisco: Pearson, 2011.

ROSENBERG, A. *Philosophy of Science*: a Contemporary Introduction. 3. ed. New York: Routledge, 2012.

SCERRI, E. R. The Electronic Configuration Model, Quantum Mechanics and Reduction. *British Journal of Philosophy of Science*, v. 42, n. 3, pp. 309-325, 1991. http://dx.doi.org/10.1093/bjps/42.3.309.

_____. The Failure of Reduction and How to Resist Disunity of the Sciences in the Context of Chemical Education. *Science Education* v. 9, pp. 405-425, 2000. https://doi.org/10.1023/A:1008719726538.

SCHAFFNER, K. F. Approaches to Reduction. *Philosophy of Science*, v. 34, n. 2, pp. 137-47, 1967. http://www.jstor.org/stable/186101.

SOBER, E. *Philosophy of Biology*. Boulder: Westview Press, 2000.

TOOBY, J.; COSMIDES, L. The Psychological Foundation of Culture. In: BARKOV, J. H.; COSMIDES, L.; TOOBY, J. (eds.). *The Adapted Mind:* Evolutionary Psychology and the Generation of Culture. Oxford: Oxford University Press, 1992, pp. 19-136.

VOET, D.; VOET, J. G. *Biochemistry*. 4 thedn. Hoboken: Wiley, 2011.

YI, S. W. Reduction of Thermodynamics: a Few Problems. *Philosophy of Science*, v. 70, n. 5, pp. 1028-1038, 2003. https://doi.org/10.1086/377386.

10.

DIFICULDADES E CAMINHOS PARA O DESENVOLVIMENTO DA CIÊNCIA ATUAL

10.1.
A IRREDUTIBILIDADE DAS EXPLICAÇÕES REFERENTES A DIFERENTES NÍVEIS DE ORGANIZAÇÃO DA MATÉRIA

Vimos anteriormente que os objetos histórico-adaptativos apresentam níveis de organização distintos. Exemplos concretos podem deixar mais claros os diferentes tipos de explicação encontrados em uma ciência histórico-adaptativa, além de ilustrar a associação deles com níveis de organização e da irredutibilidade de um tipo de explicação a outro (esses exemplos foram tratados anteriormente em Terra e Terra, 2016). Comecemos com a Biologia. Mayr (1961) propõe a seguinte questão: por que uma espécie de toutinegra (pequeno pássaro migratório) iniciou sua viagem de New Hampshire (EUA) para o sul na noite de 25 de agosto passado? É possível oferecer cinco explicações diferentes para o evento:

1. *Explicação ecológica.* A toutinegra é um pássaro insetívoro e, para não morrer de fome no inverno de New Hampshire, precisa migrar para o sul.
2. *Explicação genética.* O genoma da toutinegra contém genes adquiridos ao longo de sua evolução. Esses genes a induzem a responder apropriadamente aos estímulos do ambiente e a iniciar a sua migração.
3. *Explicação fisiológica (ou funcional).* A toutinegra possui detectores que percebem variações na fotoperiodicidade e a deixam

alerta para voar para o sul logo que o número de horas do dia fica menor do que um determinado valor. Quando completada, essa explicação assumirá a forma de um mecanismo não molecular, no sentido discutido para o coração na seção 9.2.

4. *Explicação mecanística molecular*. Refere-se à descrição dos eventos moleculares subjacentes à percepção do fotoperíodo e do processo de iniciar a migração quando um limiar é atingido. Quando for completada, essa descrição assumirá a forma de um mecanismo molecular.

5. *Explicação ambiental episódica (extrínseca)*. A passagem de uma massa de ar frio no dia 25 de agosto (que levou a uma queda acentuada da temperatura), em associação à prontidão para migrar, fez com que a toutinegra iniciasse sua migração naquela data.

As duas primeiras explicações referem-se à história evolutiva da toutinegra. A terceira é uma explicação funcional e a quarta, sua descrição molecular (ou explicação mecanística). Finalmente, a quinta explicação resulta da identificação da causa física imediata do evento de migração; essa explicação se refere a eventos causais externos ao organismo, mas que o influenciam. A Biologia Evolutiva elabora explicações dos tipos 1 e 2 apresentados, já a Biologia Funcional elabora explicações do tipo 3. A explicação funcional pode ser apresentada também na forma de explicação mecanística não molecular. A explicação de tipo 4, bioquímica, corresponde aos aspectos moleculares da Biologia e, desse modo, fornece explicações mecanísticas. A Bioquímica inclui o que se convencionou chamar de Biologia Molecular.

Embora as cinco explicações enriqueçam a compreensão das razões da migração da toutinegra, cada uma corresponde a um aspecto distinto ou a um nível de organização diferente. Por exemplo, a explicação 4 não é necessária para se entender a lógica comportamental da toutinegra, ou seja, a resposta adaptativa para evitar carência de alimentos e assegurar a sua reprodução (explicação 1).

As explicações de fenômenos sociais também correspondem a níveis hierárquicos. Isso pode ser ilustrado pela análise da questão: por que os países do norte europeu e dos Estados Unidos apresentam um capitalismo mais desenvolvido? É possível fornecer quatro explicações para o fenômeno:

1. *Explicação sociológica.* É a apresentada por Weber (2004), como foi analisado anteriormente (ver seção 6.1). Como vimos, Weber explicou que o mecanismo que torna os cidadãos daqueles países impulsionadores do capitalismo é a aderência aos preceitos do protestantismo ascético. Esses preceitos levam ao trabalho obstinado em vista do sucesso profissional, o que, associado à aversão ao luxo, leva ao reinvestimento dos lucros e à aceleração do crescimento econômico.

2. *Explicação econômica.* As condições econômicas, de forma crescente a partir do século XVII, eram favoráveis para o desenvolvimento do capitalismo no norte europeu e nos Estados Unidos. Havia uma forte base mercantil, cidadãos livres e produtividade agrícola suficiente para manter grandes populações urbanas.

3. *Explicação política (sociocultural).* O norte europeu (e, em consequência, o território dos Estados Unidos que foi colonizado por puritanos ingleses) era pouco influenciado pelo catolicismo romano. Isso, aliado aos desejos das populações daqueles territórios de se emanciparem politicamente dos monarcas católicos, permitiu o desenvolvimento de formas religiosas alternativas, inclusive o protestantismo ascético.

4. *Explicação cognitiva.* Essa explicação corresponde ao nível hierárquico mais baixo da cadeia de explicações e esclarece as razões pelas quais as pessoas aderem a religiões e, portanto, podem se tornar protestantes. A mente humana possui dispositivos cognitivos que permitem melhor avaliar as intenções de outras pessoas e que geram, como subproduto, a possibilidade de acreditar em entes imateriais e criar religiões (ver detalhes em Terra e Terra, 2016).

FILOSOFIA DA CIÊNCIA

A explicação 1 é mecanística, enquanto as explicações 2 e 3 são histó-ricas e esclarecem as condições econômicas e socioculturais que criaram as possibilidades do evento explicado em 1. A explicação 4 trata do mecanis-mo cognitivo responsável pela capacidade humana de desenvolver crenças no sobrenatural. Da mesma forma que no caso da toutinegra, a explica-ção de nível hierárquico menor (explicação 4) amplia o conhecimento do evento como um todo, mas não é necessária para entender o mecanismo explicativo de nível hierárquico maior, isto é, a razão que levou pessoas a impulsionarem o desenvolvimento do capitalismo nos países referidos.

Em vista disso, a consideração de que a metodologia da Ciência Social é radicalmente diferente daquela das ciências naturais, como defendido por sociólogos (ver Giddens, 2008; Ianni, 2011), só encontra apoio quando as ciências naturais são reduzidas à Física. No entanto, como discutimos na seção 5.2, a fratura metodológica não se passa entre a Ciência Social e as ciências naturais, mas entre as ciências exatas (Física e Química) e as ciências histórico-adaptativas (Biologia, Ciência Cognitiva e Ciência Social).

A Ciência Cognitiva é mais próxima da Biologia que a Ciência Social, e suas explicações também correspondem a diferentes níveis hierárquicos. Isso pode ser verificado nas explicações relativas à seguinte questão: por que os seres humanos cooperam com estranhos (o que não é comum entre os animais)? É possível propor quatro explicações:

1. *Explicação psicológico-evolutiva.* A cooperação com estranhos para benefício mútuo amplia a vida social, permitindo desenvol-ver sociedades mais eficientes em garantir o crescimento numé-rico diante dos desafios naturais e de outros animais, inclusive de outras sociedades humanas.

2. *Explicação psicológica.* Os seres humanos experimentam emoções que favorecem o início da cooperação, e, além disso, são capazes de reconhecer indivíduos, avaliar as intenções de outros e detec-tar os que não retribuem no processo cooperativo.

3. *Explicação computacional.* Corresponde à descrição, a ser desen-volvida, dos algoritmos computacionais que simulariam o pro-cesso de procurar cooperação.

4. *Explicação neurobiológica.* Refere-se à descrição dos circuitos neuronais ativados e de seu papel na implementação e no processamento das representações mentais.

A explicação 1 é histórica e se refere à evolução de propriedades da mente. Já a 2 é uma explicação funcional, enquanto a 3 é a descrição dessa explicação do ponto de vista computacional, isto é, trata-se de explicação mecanística correspondente ao processamento das informações. Finalmente, a explicação 4 trata do mecanismo neuronal responsável pela implementação de representações e processamentos correspondentes aos fenômenos descritos em 2.

Novamente, como discutido no exemplo da Biologia e da Ciência Social, a explicação de nível hierárquico menor (explicação 4) amplia o conhecimento do evento como um todo, mas não é necessária para entender a explicação de nível hierárquico maior (explicação 1), isto é, por que os seres humanos cooperam mais com estranhos que os outros animais.

10.2.
PROBLEMAS DO REDUCIONISMO EM EXCESSO EM BIOLOGIA E CIÊNCIA COGNITIVA

Já definimos anteriormente o reducionismo explicativo como o procedimento de explicar eventos em um nível de análise em termos de eventos e elementos de nível de análise inferior (ver seções 1.3 e 5.1). Embora o reducionismo explicativo corresponda à parte significativa da atividade de pesquisa e seja um procedimento que permitiu o desenvolvimento de boa parte da Biologia, ele se esgota depois de certo número de aplicações. A Biologia Molecular almejava explicar todos os fenômenos biológicos apenas pelo reducionismo explicativo, isto é, descrevendo toda Biologia Funcional em termos moleculares. Na última década, concluiu-se que essa era uma missão impossível, e a Biologia Molecular passou a buscar análises mais integradoras (Westerhoff e Palsson, 2004).

FILOSOFIA DA CIÊNCIA

Ficou claro que a crença de que o reducionismo explicativo possibilitaria uma explicação completa de um fenômeno biológico (ou de fenômenos de outros sistemas histórico-adaptativos, como a mente ou a sociedade), mesmo considerando as inter-relações entre os elementos do sistema, leva a erros no planejamento de pesquisas básicas e aplicadas. A razão disso é que essa perspectiva ignora o organismo e tende a assumir os mecanismos mais simples como a causa dos fenômenos biológicos (ou de fenômenos de outros sistemas histórico-adaptativos). Em outras palavras, não se considera a possibilidade de que os mecanismos descobertos sejam parte de mecanismos mais complexos. Vejamos alguns exemplos extraídos de Terra e Terra (2016).

As plantas defendem-se dos insetos ao produzir uma série de compostos que afetam a viabilidade desses animais. Um desses sistemas de proteção é a síntese de proteínas que inibem a ação das enzimas digestivas dos insetos, deprimindo o crescimento desses animais e, em consequência, tornando-os mais susceptíveis a seus predadores naturais. É possível produzir em um tubo de ensaio esses inibidores presentes em plantas e mostrar que eles são capazes de inibir as enzimas da maioria dos insetos. Quando esse tipo de inibidor é adicionado à dieta de alguns insetos, não costuma haver qualquer consequência. O que se apurou foi que, nessas circunstâncias, esses insetos sintetizam enzimas alternativas resistentes aos inibidores. Seria importante conhecer quais mecanismos são utilizados pelo organismo dos insetos para detectar que suas enzimas estão sendo inibidas e como esses mecanismos disparam a produção de enzimas alternativas, também codificadas pelo genoma dos insetos que atacam plantações.

Um trabalho recentemente publicado em importante revista da área procurou descobrir os referidos mecanismos. A ideia era submeter o inseto à dieta com inibidores e comparar as proteínas de seu tubo digestivo (por uma técnica chamada de proteômica) com aquelas de inseto com dieta sem inibidores. As proteínas que surgissem na presença de inibidores fariam parte do mecanismo de produção de enzimas alternativas. O inseto escolhido foi a mosca das frutas (*Drosophila melanogaster*), por ser o inseto mais bem conhecido do ponto de vista da genética, e os autores

222

BASES METODOLÓGICAS DA CIÊNCIA

acreditavam que isso facilitaria a compreensão dos resultados. Feito o experimento, os resultados não mostraram nenhuma alteração em qualquer parâmetro relacionado aos inibidores, isto é, não surgiram enzimas alternativas nem outras proteínas que pudessem estar relacionadas à presença dos inibidores. O que ocorreu? A resposta é que a mosca das frutas não responde a esses inibidores, pois ela não ataca plantas que possuem inibidores de enzimas. A sua dieta preferida consiste em frutas ricas em bactérias e fungos. Em vista disso, ao longo de sua evolução, nenhuma pressão seletiva trouxe vantagem para as moscas que tivessem sistemas de detecção de inibidores e fossem capazes de expressar enzimas alternativas. Os pesquisadores não olharam para o organismo nem tentaram imaginar se a escolha da mosca das frutas afetaria as possibilidades de sucesso experimental. Como se vê, a desconsideração do organismo impediu um planejamento de experimento adequado.

A gigantesca indústria farmacêutica Pfizer investiu mais de 1 bilhão de dólares para produzir uma droga para controlar os níveis de colesterol, a qual denominou Torcetrapib. A droga desenvolvida bloqueava uma proteína responsável pela conversão da lipoproteína de alta densidade (HDL), popularmente chamada de "colesterol bom", em lipoproteína de baixa densidade (LDL), também chamada de "colesterol ruim". A HDL transporta excesso de colesterol de volta para o fígado, onde esse lipídio é degradado. Quando a droga estava na terceira e última fase dos testes clínicos, os testes foram interrompidos, pois a mortalidade entre os voluntários havia aumentado. O problema aqui foi provavelmente a falta de conhecimento de como a via do colesterol (que já era bem conhecida) se conectava a outras vias, conhecidas ou não, o que poderia explicar os resultados inesperados (Lehrer, 2012). Existem numerosos exemplos similares a esse.

A conclusão que se extrai dessas e de outras observações é a que, ainda que se conheçam o conjunto dos componentes de um sistema e todas as interações entre esses componentes no nível do sistema, só é possível inferir suas propriedades após integrar todos os fenômenos. Para lidar com essa integração surgiu a ciência sistêmica (ou ciência dos sistemas), que será discutida na seção 10.4.

10.3.
O ISOLACIONISMO INDEVIDO
DE PARTE DA CIÊNCIA SOCIAL

10.3.1.
A Ciência Social e a atribuição de significados:
explicação ou compreensão

Uma corrente que remonta ao século XIX considera o método da Ciência Social completamente diferente do das chamadas ciências naturais, as quais, em termos contemporâneos, chamaríamos de ciências exatas, Biologia e Ciência Cognitiva. Enquanto estas buscariam explicar (*erklären*) eventos, a Ciência Social procuraria compreender (*verstehen*) significados a partir do ponto de vista dos agentes sociais. Segundo esse ponto de vista, as explicações das então chamadas ciências naturais baseiam-se em leis causais que permitiriam prever e controlar os fenômenos naturais, ao passo que a Ciência Social procura interpretar o comportamento, identificando os sentidos das ações de forma a torná-las compreensíveis. A esse respeito cabe ainda observar que, segundo Max Weber, a Ciência Social deveria utilizar leis causais (a serem descobertas) e atribuir significados aos acontecimentos; este requerimento duplo é o que distinguiria a Ciência Social das ciências naturais (Rosenberg, 2012).

Em contrapartida, a visão que apresentamos sobre o método científico elimina a distinção metodológica que haveria entre as ciências naturais, mais especificamente entre Biologia e Ciência Cognitiva, de um lado, e Ciência Social, de outro (ver capítulo 6). Primeiro, distinguimos as explicações em mecanísticas e históricas. As explicações mecanísticas incluem aquelas que se baseiam em leis e geram predições quantitativas, típicas de parte das ciências exatas, bem como de uma pequena parte das ciências histórico-adaptativas. Outras explicações mecanísticas baseiam-se em regularidades (não em leis) e produzem predições probabilísticas ou qualitativas, comuns em parte das ciências exatas e em todas as demais ciências. Dentre essas explicações mecanísticas, a compreensão buscada nas ciências sociais pode ser qualificada como explicação mecanística qualitativa de base cognitiva. Como seres humanos, justificamos nossas ações por meio de razões cognitivas, as quais são nossas intenções complementadas por informações relativas à sua implementação (ver seção 6.1). Desse modo, razões são mecanismos que nos parecem naturalmente compreensíveis, e, consequentemente, que tornam os eventos inteligíveis (ver seção 6.1).

Outro aspecto, que muitos consideram típico da Ciência Social, é a existência de explicações históricas (registros de como um objeto tem certas características e que são apresentados através da descrição de como esse objeto originou-se de outro anterior). As explicações históricas não são elaboradas apenas na Ciência Social, mas, como já vimos, também são comuns entre as ciências histórico-adaptativas, como a Biologia e a Ciência Cognitiva.

10.3.2.
A suposta estrutura especial da Ciência Social: explicação e prescrição

Uma compreensão recorrente entre os estudiosos da Ciência Social é a de que haveria uma diferença estrutural básica em relação ao que denominam de ciências naturais, em referência ao conjunto de Física, Química e Biologia. A Ciência Social descreveria as causas das ações humanas e, ao mesmo tempo, proporia caminhos a seguir, enquanto as ciências naturais seriam apenas explicativas, carecendo da dimensão prescritiva (Rosenberg, 2012).

Na verdade, todas as ciências se subdividem em uma parte básica, que explica eventos naquele nível de organização, e uma parte aplicada. Assim, a Física e a Química possuem como parte aplicada, respectivamente, a Engenharia e a Química Industrial. O mesmo tipo de separação ocorre nas ciências histórico-adaptativas. No entanto, como os sistemas envolvidos são a vida, a mente ou o homem em sociedade, as prescrições da parte aplicada são frequentemente pautadas por considerações éticas mais rigorosas que as da parte aplicada das ciências exatas. A parte básica e a aplicada da ciência da vida (como ocorre com as ciências exatas) são distinguidas entre si com nomes diferentes, como Biologia (parte básica) e Medicina humana e veterinária (parte aplicada). No caso da ciência da mente também ocorre

FILOSOFIA DA CIÊNCIA

o mesmo tipo de separação, pois temos a Ciência Cognitiva (parte básica) e psicoterapia (parte aplicada). Na ciência da sociedade, é comum usar apenas o nome Ciência Social tanto para a parte básica como para a aplicada, embora ocorra a mesma separação em assuntos básicos e aplicados mencionados para as ciências exatas e as outras ciências histórico-adaptativas. Dessa forma, é uma ilusão a distinção alegada entre a Ciência Social e todas as demais ciências.

Em conclusão, podemos dizer que a Ciência Social é uma ciência como qualquer outra, exceto que ela encontra grande dificuldade em ser uma ciência como as outras. Bourdieu (2004) lista várias das particularidades que tornam a Ciência Social difícil de se assemelhar às demais ciências. A mais visível delas é a pouca autonomia da Ciência Social, isto é, ela é muito susceptível a pressões fora do seu campo (campo entendido aqui como o conjunto de pessoas e instituições que produzem ciência e a divulgam; ver seção 13.1), pois muitas pessoas acham que têm com o que contribuir, mesmo sem formação adequada para isso. Além disso, as condições internas do campo para assegurar a autonomia são difíceis de se estabelecerem. Essa dificuldade se deve em parte à facilidade de adesão ao campo da Ciência Social, devido a sua pequena estruturação (consolidação) levar a menos exigência de preparo teórico e prático dos iniciantes. Em consequência, agentes com diferentes graus de autonomia podem se enfrentar no interior do campo e é frequente os pesquisadores menos preparados conseguirem mais reconhecimento social (ver mais detalhes e exemplos dessas situações na seção 13.1).

Outra dificuldade enfrentada pela Ciência Social é a validação de suas proposições em confronto com a realidade. No caso das ciências diferentes da Ciência Social, a realidade é externa às construções humanas. A realidade no caso da Ciência Social é a sociedade, que é o conjunto das ações que os indivíduos realizam, seguindo regras que se combinam formando os papéis sociais que, finalmente, originam as instituições sociais. Como o pesquisador social é ele próprio um agente na sociedade, participando, pois, de sua construção, seus pontos de vista tendem a ser contaminados por aqueles prevalentes na sociedade. Isso torna necessário o que Bourdieu (2004) chamou de **reflexividade**, que é a análise da Ciência Social pela

BASES METODOLÓGICAS DA CIÊNCIA

própria Ciência Social e pela autoanálise do pesquisador, para que ele se conscientize das tendências a interpretar os eventos de forma excessivamente afetada pela sua própria posição social. Em outras palavras, o conhecimento produzido por um cientista social tenderá a ser mais objetivo quanto maior a consciência de sua própria posição e interesses sociais e acadêmicos em relação ao conhecimento que ele produziu.

A dificuldade da Ciência Social em produzir conhecimento consolidado que se torne com o tempo anônimo, devido ao fenômeno da obliteração (ver seção 13.1), como nas ciências mais autônomas, pode ser minorada com a importação de métodos das ciências histórico-adaptativas mais desenvolvidas que a Ciência Social. A seguir, apresentaremos dois métodos que podem ser úteis à Ciência Social e que são frequentemente rejeitados.

Para encerrar esta seção, devemos relembrar que a Ciência Social é ciência autônoma, cujo objeto de estudo é um sistema complexo adaptativo e hierárquico e, portanto, demanda explicações em diferentes níveis de análise, como exemplificado na seção 10.1. O mesmo pode ser dito em relação à Biologia e à Ciência Cognitiva. A Ciência Social só é radicalmente diferente das ciências exatas, como também o são a Biologia e a Ciência Cognitiva.

10.3.3.
Resistência ao reducionismo explicativo

No século XIX, o sucesso explicativo da teoria da evolução levou a tentativas de aplicá-la ao entendimento dos sistemas sociais. Essas tentativas ficaram conhecidas como "darwinismo social", mas foram inapropriadas, na medida em que não se levava em consideração a diferença entre os níveis de organização dos sistemas biológicos e sociais. Apesar de diferentes, todas as versões propostas procuravam justificar as condições sociais existentes, mesmo as injustas, como se fossem consequência de leis naturais, segundo as quais os mais aptos predominam. De acordo com esse ponto de vista, uma vez que as condições sociais resultariam de leis naturais inexoráveis, qualquer tentativa de reordenar o processo seria inútil. Isso levou alguns cientistas a considerarem o darwinismo social um calvinismo biológico (Magner, 2002), no qual o destino de todos já estaria definido.

FILOSOFIA DA CIÊNCIA

Na verdade, o raciocínio em que o darwinismo social se apoia é falacioso. Em primeiro lugar, os sistemas estudados pelas ciências histórico-adaptativas (vida, mente, sociedade) não têm leis, como vimos anteriormente (ver seção 4.1). Logo, não existe inexorabilidade dos eventos como apregoado. Em segundo lugar, em Biologia, a predominância dos mais aptos significa que estes sobrepujaram os concorrentes no número de descendentes, não em riqueza, por exemplo. Por fim, a mudança de *mais apto* (mais fértil no ambiente em consideração) para *mais forte* pode ser entendida como um truque do discurso belicista, que procura uma justificativa evolutiva para a chamada lei do mais forte.

Apesar das semelhanças estruturais entre Biologia e Ciência Social, costuma haver certa hostilidade da parte de cientistas sociais em relação às incursões da Biologia e da Ciência Cognitiva na análise do comportamento humano social, mesmo que essa análise não vise substituir a análise sociológica (como o darwinismo social tentou, sem sucesso fazer), mas apenas fornecer um enfoque complementar. Há, portanto, uma resistência ao uso do reducionismo explicativo, que, no caso da Ciência Social, significaria o uso de explicações dos fenômenos sociais em termos das ciências de nível hierárquico menor, como a Biologia e a Ciência Cognitiva.

A resistência e a hostilidade referidas são consequências da visão amplamente difundida entre os estudiosos da Ciência Social, segundo a qual a Biologia e a Ciência Cognitiva seriam de pouca valia no estudo do social e que seriam até mesmo deletérias, por servirem de base para políticas retrógradas. Alguns exemplos mostrarão que a Biologia e a Ciência Cognitiva podem servir de base tanto para políticas conservadoras como para políticas progressistas, e que o repúdio à Biologia com base em considerações políticas não favorece o progresso do conhecimento. Aliás, o repúdio de uma proposição científica em função de condenação política não é uma refutação científica.

Uma pesquisa realizada com crânios datados de antes e após o desenvolvimento da agricultura, em vários momentos até o fim do século XIX, mostrou que a cárie dentária surge com a nova alimentação, ficando altamente prevalente (até 90% dos indivíduos) com a disponibilização universal do açúcar (Gibbons, 2012). Existem duas políticas possíveis em

228

BASES METODOLÓGICAS DA CIÊNCIA

relação à descoberta: rejeitar o consumo de alimentos agrícolas e aqueles contendo açúcar, retornando ao hábito do Paleolítico de ingerir raízes, frutas, sementes duras e um pouco de carne (política retrógrada); ou procurar a causa específica da cárie e encontrar meios de evitá-la (política progressista). A pesquisa acumulada ao longo das últimas décadas mostrou que o consumo de alimentos ricos em carboidratos, como amido e açúcar, é a causa da cárie, mas que a cárie pode ser evitada com a adição de flúor à água destinada ao abastecimento público e, principalmente, com a introdução da escovação cuidadosa dos dentes após as refeições (política progressista).

Em relação às implicações da Biologia e da Ciência Cognitiva no comportamento social humano, vale o mesmo que comentamos relativamente aos produtos agrícolas. Os resultados das pesquisas em Psicologia Evolutiva e Biologia Evolutiva humana mostraram que, no Paleolítico, os papéis sociais do homem e da mulher eram diferentes. O homem adaptou-se à caça e a mulher ao cuidar da prole, à coleta de frutas, tubérculos e sementes e a serviços associados ao abrigo (Pinker, 2004), embora sejam conhecidas variações desse padrão. Podemos imaginar que o cuidar da prole pelo homem ou outra pessoa diferente da mãe pode ter consequências para a saúde do homem ou da prole, como aconteceu no caso do surgimento da cárie associado aos produtos da agricultura. É possível, embora não certo, que haja consequências, mas, como no caso da cárie, podemos propor políticas retrógradas e progressistas a partir dessa informação. A política retrógrada seria propor a manutenção dos papéis masculinos e femininos de forma análoga aos do Paleolítico. Mas essa não é a única possibilidade, pois também seria possível estudar as causas das presumidas consequências da adoção de papéis ancestrais femininos pelo homem e descobrir formas de transformá-los (política progressista). De qualquer modo, a atitude menos construtiva é negar os dados da Biologia e da Psicologia Evolutiva, pois isso inibiria a busca de soluções que ampliem a liberdade de escolha do homem e da mulher e ainda garantam o seu bem-estar.

Afastada a resistência ao reducionismo explicativo, o que se poderia esperar de sua aplicação? Os avanços nessa direção já estão ocorrendo e exemplos podem ser encontrados em profusão. Vejamos alguns deles.

FILOSOFIA DA CIÊNCIA

O tabu do incesto pode ser explicado por um mecanismo que envolve a transformação de uma intuição moral inata associada a uma emoção (horror ao sexo entre irmãos) em uma proibição universal verbalizada. A validação desse mecanismo foi feita por Wolf (1995), que estudou as histórias de 14.200 mulheres de Taiwan adotadas ainda crianças para se casarem com os filhos de suas famílias de adoção. O que se verificou foi que as futuras esposas adotadas antes de completarem 30 meses de idade resistiam a se casar com seus prometidos cônjuges ao atingirem a maturidade. Quando o casamento se consumava nessas condições, em geral, forçadas pelos pais, geravam poucos ou nenhum filho, e o índice de divórcios era três vezes superior ao da média geral. Se o tabu do incesto fosse um fenômeno exclusivamente cultural, a repulsa ao casamento não teria ocorrido, pois os candidatos a cônjuges sabiam que não eram irmãos e, além disso, a união era aprovada socialmente. A razão do ocorrido é que não fazer sexo com quem se cresceu junto evita sexo entre irmãos e é um comportamento adaptativo, pois os animais que adquiriram esse tipo de comportamento ao acaso eram mais bem-sucedidos que os demais (geravam menos descendentes com problemas congênitos). A crítica a essa interpretação afirma que a ocorrência de 10% a 15 % de crianças e adolescentes que se envolvem em relações incestuosas desqualifica o mecanismo proposto (Haviland et al., 2008). Essa crítica, no entanto, ignora que as ciências histórico-adaptativas, como a Biologia e a Ciência Cognitiva, apresentam explicações mecanísticas qualitativas. **Explicações mecanísticas qualitativas**, como já mencionadas, não implicam falseamento (acerto da previsão dentro de erro mínimo experimental), e, ademais, levam em conta a variabilidade existente entre os indivíduos de uma população. Além disso, é fato conhecido que evitar sexo com quem se cresceu junto é recorrente entre os animais (Pusey e Wolf, 1996). Dessa forma, desconsiderar o reducionismo explicativo proporcionado pela Ciência Cognitiva e pela Biologia e insistir na origem social do tabu do incesto levam a perdas no próprio arcabouço explicativo da Ciência Social. Essa perda fica clara ao tirar o foco da Ciência Social de sua investigação, que deveria ser, por exemplo, como a cultura explica as relações incestuosas verificadas nas elites sociais para manter as posses dentro de uma família, como é comum entre as famílias reais europeias, principalmente na Idade Média.

BASES METODOLÓGICAS DA CIÊNCIA

As **artes** têm sido objeto de consideração filosófica quanto à sua definição. Kant, por exemplo, afirmava que "o belo é o que apraz universalmente", ainda que não se possa explicar de maneira conceitual. As artes também têm sido objeto de consideração filosófica quanto ao modo de apreciar e à busca de critérios objetivos para a sua avaliação, entre outros aspectos. Já a Antropologia Cultural ocupa-se da arte como manifestação cultural, relativizando suas diferenças em comparação com outras atividades culturais e mostrando suas relações com as comunidades que as geraram (Haviland et al., 2008). A função da arte é vista pela Ciência Social como mágica (Hauser, 1995), simbólica, religiosa (Haviland et al., 2008), ou ainda como forma de cognição, sem implicações emocionais ou empáticas (por exemplo, Gombrich, 2007). Como os aspectos funcionais, tanto de sistemas como de seus aspectos, ganham uma nova dimensão explicativa com o reducionismo explicativo, abordaremos a arte aqui de um ponto de vista diferente do da Filosofia e da Antropologia, procurando construir conexões entre os fenômenos artísticos e outros fenômenos, principalmente os cognitivos. A discussão será em torno da questão sobre a arte ser adaptativa (como a produção de instrumentos e linguagem), sendo por isso relacionada especificamente com a adaptação do ser humano ao nicho sociocognitivo, ou sendo subproduto das habilidades cognitivas que evoluíram nos seres humanos para desempenhar funções que nada têm a ver com a arte (como ocorreu com a moralidade intuitiva, religião e ciência). O tema ainda é controverso. Pinker (1998) argumenta que a arte é subproduto, enquanto Miller (2001) e Dutton (2009) defendem que ela é adaptativa. Miller (2001) propõe que o virtuosismo artístico é fator importante na seleção sexual, ao passo que Dutton (2009) sugere que as artes ajudam na organização da mente.

Se a arte for adaptativa, será necessário mostrar de que forma os grupos que produziam e apreciavam a arte seriam mais competitivos (gerariam mais descendentes) do que os rivais sem arte. Na hipótese de a arte ser subproduto de habilidades adaptativas, torna-se imperativo identificar quais habilidades são usadas e por que isso ocorreria.

Vejamos, a partir desse prisma, as **artes visuais**. Mesmo para indivíduos que não tiveram educação artística formal, a apreciação de imagens consensualmente consideradas artísticas (por exemplo, a famosa cadeira pintada

FILOSOFIA DA CIÊNCIA

por Van Gogh) ativa circuitos do prazer cerebral – os chamados circuitos de recompensa, como o estriado ventral, o hipotálamo e o córtex orbitofrontal (ver Terra e Terra, 2016), enquanto imagens consensualmente aceitas como não artísticas com o mesmo conteúdo não o fazem (Lacey et al., 2011).

A observação de uma obra de arte ativa **neurônios espelhos**. Esses neurônios estão espacialmente próximos dos neurônios motores (responsáveis pela ativação dos músculos) e, uma vez ativados pela observação de movimentos reais ou sugeridos, criam uma representação mental do movimento. Por exemplo, a observação da escultura *Os prisioneiros*, de Michelangelo, ativa neurônios espelhos dos neurônios motores, gerando uma representação mental (simulação) em consonância com a intenção da obra em mostrar figuras que lutam para se libertar do bloco onde estão esculpidas. Esse e outros exemplos deixaram claro que um dos elementos cruciais da estética consiste na ativação do córtex relacionado a ações, emoções e sensações táteis (Freedberg e Gallese, 2007), além do circuito do prazer, contrariando a visão tradicional da função da arte, ao sugerir que a arte é uma tecnologia de gerar prazer.

Como a arte visual é prazerosa, objetos associados a ela são valorizados. Isso ficou claro em um experimento no qual consumidores avaliavam mais positivamente produtos relacionados a imagens artísticas do que aqueles associados a imagens não artísticas, mas com mesmo conteúdo (Hagtvedt e Patrick, 2008). Em vista desses resultados, a arte, embora possa ser intrinsecamente estética, poderia também ser usada para valorizar atos e objetos sociais e mesmo para auxiliar no aprendizado.

Para mostrar como é possível a arte ser um subproduto de habilidades adaptativas, vamos nos valer do exemplo da gastronomia. Os nossos sensores gustativos e olfativos avaliam como prazerosas ou detestáveis as substâncias conforme sua adequação, ou não, para nossa dieta, relação que se estabeleceu ao longo da evolução. Assim, substâncias doces são energéticas e o prazer associado ao seu consumo nos leva a ingeri-las. Por outro lado, grande parte das toxinas de plantas são alcaloides e, por isso, amargas, tornando-se repugnantes para a maioria das pessoas.

A gastronomia, por meio de tentativas e erros, chegou a misturas de sabores e cheiros que ativam nossos sensores olfativos e gustativos, gerando efeitos prazerosos. Logo, a atividade gastronômica não é adaptativa, isto é, uma tribo com gastronomia não será mais bem-sucedida em gerar mais descendentes que uma tribo sem gastronomia. A gastronomia é, pois, um subproduto da evolução humana, no sentido de utilizar características humanas para atingir efeitos planejados, no caso, refeições prazerosas. Da mesma forma que a gastronomia, as artes visuais se desenvolveram empiricamente para gerar efeitos agradáveis para os seres humanos, isto é, são tecnologias para gerar prazer.

Desse ponto de vista, o estudo das artes visuais deveria envolver pelo menos três abordagens. A primeira seria procurar regularidades nos objetos de arte que geram os efeitos sensíveis identificáveis (por exemplo, violação da simetria para causar estranheza). Essa atividade é, em última instância, o que se espera das teorias sobre a arte e que pode ter auxílio importante da **neuroestética**. Isso porque é possível isolar os aspectos de uma obra de arte e observar quais regiões ou associações dessas regiões geram respostas neurológicas positivas. As respostas obtidas dessa forma podem ser quantificadas e não dependem da capacidade de expressão dos voluntários da pesquisa.

A segunda abordagem consistiria no estudo da evolução sociocultural da arte, relacionando, por exemplo, a mudança do conteúdo dos objetos artísticos à substituição das cenas religiosas pelas da burguesia após a independência da Holanda no final do século XVI, ou relacionando os aspectos formais (realismo, abstracionismo) a períodos específicos de sociedades específicas. A tarefa dessa abordagem tem sido deixada a cargo dos historiadores da arte (Gombrich, 2000). No entanto, aplicações de técnicas filogenéticas (ver seção 7.5) poderiam enriquecer o conhecimento dentro dessa abordagem.

Finalmente, uma terceira abordagem seria a identificação da função adaptativa dos dispositivos cognitivos associados aos centros de prazer que seriam ativados por algum aspecto da arte. Por exemplo, se um determinado padrão de uma obra de arte nos proporciona prazer, deveria ser possível identificar qual padrão na natureza, similar àquele, seria adaptativo avaliar positivamente. Isto é análogo a estabelecer correlatos nas artes visuais da apreciação do doce como impulso para consumir alimentos energéticos.

As demais formas de artes, como as **artes musicais** e as **artes verbais**, podem ser discutidas de maneira semelhante à apresentada aqui para as artes visuais (ver Terra e Terra, 2016).

10.3.4.
Resistência ao uso de modelos matemáticos

Modelos matemáticos aplicados à Ciência Social frequentemente são tratados com suspeição, e até mesmo com hostilidade, por alguns cientistas sociais que os consideram simplificações excessivas da realidade. É interessante ressaltar que, há 60 anos, o mesmo tipo de crítica era feito pelo eminente biólogo evolutivo Ernst Mayr. Mayr (1963) argumentava que o uso de hipóteses simplificadoras na elaboração de modelos matemáticos em genética de populações ignorava os complexos processos fisiológicos de desenvolvimento que levavam à interação entre genes. O tempo mostrou que as simplificações tornavam os modelos úteis por forçarem a busca do essencial. Nesse processo, os modelos eram formulados, testados e modificados, até que, no final, resultavam em previsões corretas, apesar das simplificações (Haldane, 1964; Mesouldi, Whiten e Laland, 2006). O mesmo sucesso é esperado com o uso da modelagem matemática de eventos sociais – e essa expectativa vem sendo correspondida. Para outros exemplos, ver capítulo 7.

10.4.
A PERSPECTIVA SISTÊMICA

A impossibilidade de uma explicação reducionista explicativa (molecular) de fenômenos vitais foi claramente expressa pelos biologistas celulares moleculares. A Conferência Plenária de Bruce Alberts, ex-presidente da Academia de Ciências dos EUA e ex-editor da revista *Science*, no Congresso da União Internacional de Bioquímica e Biologia Molecular (IUBMB) em 2015, exemplifica bem essa posição. Na fala intitulada "Problemas e desafios nas ciências biomédicas", Alberts afirmou:

> A vida é o reflexo das propriedades emergentes que resultam de redes muito complexas de interações. [...] mesmo se conseguíssemos um conhecimento completo de todas as moléculas, máquinas proteicas e interações moleculares de uma célula, não seríamos capazes de compreender nem as formas mais simples de

células. [Para isso serão necessários] novos métodos quantitativos para analisar e entender a enorme complexidade da química da vida, [incluindo] modelagem computacional/matemática.

A conclusão que se tira dessas observações é a de que, ainda que conheçamos o conjunto dos componentes de um sistema e todas as suas interações no nível desse sistema, só é possível inferir as propriedades do sistema após integrar todos os fenômenos. Para lidar com a integração dos fenômenos foi necessário criar modelos matemáticos especiais (Sauer, Heinemann e Zamboni, 2007; Voet e Voet, 2011), e esse enfoque foi denominado Biologia Sistêmica (Westerhoff e Palsson, 2004; Brigandt, 2013). A **Biologia Sistêmica** reconhece os elementos identificados e caracterizados pelo reducionismo explicativo e investiga as interações dos elementos, típicas de cada nível hierárquico, para gerar explicações integradoras. Esse enfoque afirma que só ao final da atividade de síntese temos explicações completas. Em outras palavras, as explicações sistêmicas contemporâneas em Biologia são baseadas, como as reducionistas, na metodologia e em parte da nomenclatura da Química, porém também incluem a estrutura relacional (espaço e rede de sinalizações) e as modificações temporais dos eventos químicos nas explicações. Uma explicação mecanística sistêmica é a integração de um grande número de mecanismos dentro da perspectiva sistêmica. Esse tipo de explicação leva em conta o contexto (conjunto dos componentes que podem ser envolvidos), o tempo (leva em consideração o fato de que os eventos podem mudar com o tempo) e o espaço (considera as relações topográficas entre os mecanismos) (Ahn et al., 2006).

Dessa forma, para que um estudo seja considerado Biologia Sistêmica, deve ter como objetivo a compreensão de um sistema biológico complexo, ou pelo menos uma via complexa ou, mais frequentemente, uma rede complexa de entidades biológicas. A ideia organizadora é a de que a Biologia Sistêmica se refere à dinâmica funcional dos sistemas biológicos, isto é, descreve as modificações das várias entidades ou os resultados finais (sistêmicos) dos processos biológicos (Brigandt, 2013).

Para ilustrar a aplicação da Biologia Sistêmica para desvendar um mecanismo complexo, vejamos a quimiotaxia bacteriana (Spiro, Parkinsos e Othmer, 1997; Ahn et al., 2006). A quimiotaxia é o movimento de uma

FILOSOFIA DA CIÊNCIA

célula em direção à concentração maior de um composto químico útil ou à concentração menor de uma toxina. Esse processo foi estudado em detalhe na bactéria *Escherichia coli,* que se movimenta impulsionada pela rotação de um flagelo. Se o flagelo gira no sentido anti-horário, o movimento é linear; caso o giro seja horário, a bactéria se movimenta ao acaso, reorientando a célula. Quando a bactéria se movimenta por mais tempo de forma linear na direção favorável, e não em movimento caótico, o resultado é um movimento em direção ao composto útil, isto é, a quimiotaxia. Os métodos bioquímicos convencionais permitiram a identificação das enzimas e das moléculas envolvidas no processo, embora não tenham logrado reuni-los em um mecanismo que explicasse o fenômeno. Como se recorda, uma explicação aqui seria uma simulação mental de como os componentes relacionados à quimiotaxia estariam organizados e como interagiriam ao longo do tempo para resultar na quimiotaxia. O insucesso em obter uma explicação resulta da complexidade do fenômeno e só pode ser contornado por modelagem matemática. A diferença entre uma explicação mecanística dinâmica (ver seção 6.1.) e uma explicação mecanística sistêmica é o grau de complexidade dos sistemas estudados – muito maior no segundo caso. Para a explicação, o comportamento de todos os componentes foi reunido por modelagem matemática (contexto), levando em conta as relações espaciais entre eles (espaço) e as mudanças ao longo do tempo. Embora a explicação mecanística sistêmica possa assumir uma estrutura matemática que permita previsões, essas previsões têm caráter probabilístico, e, portanto, não geram previsões quantitativas rigorosas.

Tarefa mais impressionante que a relativa à quimiotaxia foi executada por uma equipe americana (Karr et al., 2012), que levou em conta todas as funções gênicas conhecidas da bactéria *Mycoplasma genitalium* e criou um modelo computacional que explicava uma série de comportamentos emergentes em termos de interações moleculares, inclusive a regulação do ciclo celular. Apesar desses aparentes sucessos, ambos os exemplos foram soluções incompletas, pois desconsideraram muitos aspectos do comportamento celular. Para que tenhamos melhores modelos de fenômenos vitais, há necessidade premente, como Alberts salientou em sua conferência, de uma abordagem que lide com fenômenos mais complexos que a quimiotaxia, bem como com seres mais complexos que a minúscula bactéria *Mycoplasma genitalium*.

236

BASES METODOLÓGICAS DA CIÊNCIA

Uma ajuda inesperada pode vir da engenharia avançada. A cibernética, ao procurar estabelecer as bases para o desenvolvimento de máquinas mais eficientes, avaliou de um ponto de vista teórico as características necessárias para que um sistema se adapte de maneira eficiente a variações ambientais. O resultado da avaliação é que o sistema deveria ser estruturado para atingir um propósito e que deveria ter um subsistema com função central de controle. Esse sistema deveria possuir um repertório grande de contramedidas corretivas de perturbação, podendo selecionar a contra-ação mais efetiva para cada tipo de perturbação. O repertório de contramedidas acionadas pelo controle baseia-se em processos pregressos de acertos de contramedidas (Heylighen, 2002). Em outras palavras, o sistema adaptativo possui uma estrutura condizente com seu propósito (o sistema é autorreferente e intencional), além de um dispositivo para diminuir as perturbações a esse propósito por contra-ações, o qual está incorporado em um sistema de controle. Podemos chamar de **projeto executável** o conjunto de instruções que organiza o sistema na direção de um propósito. Periodicamente, o projeto executável deve ser alterado para introduzir novas contramedidas para fazer frente às contínuas variações do meio ambiente. Como vimos, isso coincide com a descrição de características dos seres vivos, assim como dos demais objetos histórico-adaptativos.

De fato, sistemas de engenharia têm se aproximado da complexidade de organismos. Por exemplo, um avião Boeing 777 possui cerca de 150 mil diferentes módulos que são organizados em vários subsistemas controlados por redes de cerca 1.000 computadores que, em conjunto, podem automatizar todas as operações do avião (Csete e Doyle, 2002).

Para realizar esses projetos, a engenharia avançada desenvolveu vários conceitos novos. Entre esses conceitos, temos os de robustez e fragilidade. Robustez é a preservação de características particulares, a despeito de variações nos componentes ou ambiente. Fragilidade é a ocorrência de modificações grandes e deletérias em propriedades particulares do sistema que resultam de variações específicas, mas que são pequenas em relação ao ambiente ou aos componentes.

O aumento da complexidade de um sistema exige o desenvolvimento de processos robustos para sua manutenção, os quais consistem em redes de redes de sistemas de controle. Devido ao papel fundamental desses sistemas, sua vulnerabilidade é causa de fragilidades. Por exemplo, tal como uma falha no sistema de controle de uma célula pode levar a doenças autoimunes, ao câncer etc., falhas no sistema de controle de sistemas de engenharia avançada, como um avião automático, podem ser catastróficas. Já falhas em componentes isolados, como a morte de uma célula em organismo multicelular ou de alguns componentes do avião automático, não são importantes. O grande desafio é manter a robustez de um sistema complexo. Para isso, pesquisadores da teoria do controle robusto de sistemas dinâmicos (sistemas cujas propriedades variam no tempo) e de áreas relacionadas têm continuamente desenvolvido técnicas e conceitos matemáticos, assim como ferramentas de programação, para aplicá-los nos sistemas de engenharia complexos.

Como os problemas da Biologia atual estão convergindo para os mesmos desafios da Engenharia na construção de redes de controle de operações, as metodologias que têm sido desenvolvidas por engenheiros de sistemas complexos serão muito úteis para a análise dos sistemas biológicos e, talvez, também para os sistemas cognitivos e sociais.

Enquanto não dispomos de processos mais elaborados, o que se propõe é uma perspectiva sistêmica, o que, em última instância, significa considerar o organismo como um todo. Naturalmente, não é possível considerar tudo o que se pode saber sobre um organismo ao mesmo tempo (embora seja essa a ambição da Biologia Sistêmica, como vimos). Contudo, o fato de se estar alerta para a possibilidade de que o mecanismo em estudo tenha ramificações já é suficiente para melhorar o planejamento experimental e obter melhores resultados.

Da mesma forma que existe uma Biologia Sistêmica em formação, espera-se no futuro o desenvolvimento de uma Ciência Cognitiva sistêmica, assim como uma Ciência Social sistêmica.

RESUMO

Os sistemas histórico-adaptativos apresentam diferentes níveis de organização. As explicações associadas a um nível de organização não

BASES METODOLÓGICAS DA CIÊNCIA

podem ser reduzidas a explicações de outro nível sem perda de significado. Uma explicação referente a um organismo (ou sociedade) não pode ser reduzida à explicação de células (ou de indivíduos). Vimos que o reducionismo explicativo corresponde à maior parte da atividade de pesquisa científica, mas ele se esgota após certo número de aplicações. A Biologia Molecular almejava explicar todos os fenômenos biológicos apenas pelo reducionismo explicativo, mas hoje está claro que essa é uma missão impossível. A insistência nesse procedimento leva a erros de planejamento de pesquisas básicas e aplicadas, porque essa perspectiva ignora o organismo e tende a assumir os mecanismos mais simples como a causa direta dos fenômenos biológicos (ou de outro sistema histórico-adaptativo). A busca atual pela integração de dados é a tarefa da Biologia Sistêmica, e poderia inspirar o desenvolvimento de uma Ciência Cognitiva e de uma Ciência Social sistêmicas. A atribuição de peculiaridades, tais como a busca por significados da ação humana, isola a Ciência Social das demais ciências histórico-adaptativas, porque estas últimas buscam mecanismos e narrativas relativas aos seus objetos de estudo. Como a base dos significados da ação humana são razões e essas são mecanismos de base cognitiva, o alegado isolamento da Ciência Social é ilusório. O entendimento da Ciência Social como interpretativa e prescritiva não difere das demais ciências, que têm uma parte básica (por exemplo, a Biologia humana) e uma parte prescritiva (por exemplo, a Medicina). A resistência ao reducionismo explicativo como etapa necessária no desenvolvimento de uma ciência (a ciência sistêmica só pode se desenvolver após essa etapa) leva seus proponentes, felizmente cada vez em menor número, a ignorar as contribuições possíveis de disciplinas de conexão.

SUGESTÕES DE LEITURA

Ahn et al. (2006) discutem os limites do reducionismo explicativo e apresentam a perspectiva sistêmica. Freedberg e Gallese (2007) apresentam contribuições da Ciência Cognitiva à experiência artística. Bourdieu (2004) discute peculiaridades da Ciência Social, sem a isolar das demais ciências.

FILOSOFIA DA CIÊNCIA

QUESTÕES PARA DISCUSSÃO

1. Quais consequências podemos tirar da comparação dos três exemplos seguintes: a migração da toutinegra (na Biologia), o desenvolvimento do capitalismo nos Estados Unidos e no norte da Europa (na Ciência Social) e a colaboração entre seres humanos (na Ciência Cognitiva)?

2. Por que uma explicação referente a um nível de análise maior não pode se reduzir a outro nível?

3. Há alguma grande diferença metodológica entre as ciências?

4. Discuta algumas características da Ciência Social que a diferenciam, mas que não a isolam, das demais ciências histórico-adaptativas.

5. Que tipos de problemas científicos podem surgir com o reducionismo excessivo?

6. Como a interconexão das ciências histórico-adaptativas pode ser produtiva para a Ciência Social?

7. Há alguma explicação para certa resistência da Ciência Social em relação ao reducionismo explicativo?

8. Como pesquisas na Engenharia podem ser produtivas para as ciências histórico-adaptativas?

LITERATURA CITADA

AHN, A. C. et al. The Limits of Reductionism in Medicine: Could Systems Biology Offer an Alternative? *PloS Medicine*, v. 3, n. 6. pp. 709-713, 2006. https://doi.org/10.1371/journal.pmed.0030208.

ALBERTS, B. The Problems and Challenges in Biomedical Sciences [Conferência]. *XXIII Congresso da União Internacional de Bioquímica e Biologia Molecular, IUBMB*. Foz do Iguaçu, 2015. (Não publicado.)

BOURDIEU, P. *Science of Science and Reflexivity*. Trad. R. Nice. Cambridge: Polity Press, 2004.

BRIGANDT, I. Systems Biology and the Integration of Mechanistic Explanation and Mathematical Explanation. *Studies in History and Philosophy of Biological and Biomedical Sciences*, 44, pp. 477-492, 2013. https://doi.org/10.1016/j.shpsc.2013.06.002.

CSETE, M. E.; DOYLE, J. C. Reverse Engineering of Biological Complexity. *Science*, v. 295, n. 5560, 2002, pp. 1664-9. https://doi.org/10.1126/science.1069981.

DUTTON, D. *The Art Instinct*: Beauty, Pleasure and Human Evolution. New York: Bloomsbury Press, 2009.

FREEDBERG, D.; GALLESE, V. Motion, Emotion and Empathy in Aesthetic Experience. *Trends in Cognitive Science*, v. 11, n. 5, 2007, pp. 197-203. https://doi.org/10.1016/j.tics.2007.02.003.

GIBBONS, A. An Evolutionary Theory of Dentistry. *Science*, v. 336, n. 6084, 2012, pp. 973-5. https://doi.org/10.1126/science.336.6084.973.

GIDDENS, A. *Sociologia*. 6. ed. Trad. A. Figueiredo, A. P. Duarte, C. L. Silva, P. Matos e V. Gil. Lisboa: Fundação Gulbenkian, 2008.

GOMBRICH, E. *A história da arte*. 16. ed. Trad. A. Cabral. Rio de Janeiro: LTC Editora, 2000.

_____. *Arte e ilusão:* um estudo da representação pictórica. Trad. R. S. Barbosa. São Paulo: Martins Fontes, 2007.

HAGTVEDT, H.; PATRICK V. M. Art Infusion: the Influence of Visual Art on the Perception and Evaluation of Consumer Products. *Journal of Market Research*, 45, pp. 379-389, 2008. https://doi.org/10.1509%2Fjmkr.45.3.379.

HALDANE, J. B. S. A Defense of Beanbag Genetics. *Perspective in Biology and Medicine*, v. 7, n. 3, 1964, pp. 343-59. https://doi.org/10.1093/ije/dyn056.

HAUSER, A. *História social da arte*. Trad. A. Cabral. São Paulo: Martins Fontes, 1995.

HAVILAND, W. A. et al. *Cultural Anthropology: the Human Challenge*. 12. ed. Belmont: Wadsworth, 2008.

HEYLIGHEN, F. The Science of Self-organization and Adaptivity. In: *Encyclopedia of Life Support Systems (EOLSS)*. Oxford: EOLSS Publishers, 2002, pp. 253-80.

IANNI, O. A unidade das ciências. In: _____. *A sociologia e o mundo moderno*. Rio de Janeiro: Civilização Brasileira, 2011.

KARR, J. R. et al. A Whole-cell Computational Model Predicts Phenotype from Genotype. *Cell*, v. 150, n. 2, 2012, pp. 389-401. https://doi.org/10.1016/j.cell.2012.05.044.

LACEY, S. et al. Art for Reward's Sake: Visual Art Recruits the Ventral Striatum. *Neuroimage*, v. 55, n. 1, 2011, pp. 420-33. https://doi.org/10.1016/j.neuroimage.2010.11.027.

LEHRER, J. Trials and Errors: Why Science is Failing Us. *Wired*, jan. 2012. Disponível em: <https://www.wired.com/2011/12/ff-causation/>. Acesso em: 9 maio 2023.

MAGNER, L. N. *A History of the Life Sciences*. 3. ed. Boca Raton: CRC Press, CRC Press, Boca Raton, 2002.

MAYR, E. Cause and Effect in Biology. *Science*, v. 134, n. 3489, 1961, pp. 1501-6. https://doi.org/10.1126/science.134.3489.1501.

_____. *Animal Species and Evolution*. Cambridge: Harvard University Press, 1963.

MESOUDI, A.; WHITEN, A.; LALAND, K. N. Towards a Unified Science of Cultural Evolution. *Behavioral and Brain Sciences*, v. 29, n. 4, 2006, pp. 329-83. https://doi.org/10.1017/S0140525X06009083.

MILLER, G. F. "Aesthetic Fitness: How Sexual Selection Shaped Artistic Virtuosity as Fitness Indicator and Aesthetic Preferences as Mate Choice Criteria". *Bulletin of Psychology and the Arts*, 2, 2001, pp. 20-5.

PINKER, S. *Como a mente funciona*. Trad. L. T. Motta. São Paulo: Companhia das Letras, 1998.

_____. *Tabula rasa*: a negação contemporânea da natureza humana. Trad. L. T. Motta. São Paulo: Companhia das Letras, 2004.

PUSEY, A.; WOLF M. Inbreeding Avoidance in Animals. *Trends in Ecology and Evolution*, v. 11, n. 5, 1996, pp. 201-6. Disponível em: <https://doi.org/10.1016/0169-5347(96)10028-8>.

ROSENBERG, A. *Philosophy of Science*: a Contemporary Introduction. 3. ed. New York: Routledge, 2012.

SAUER, U.; HEINEMANN, M.; ZAMBONI, N. Genetics: Getting Closer to Whole Picture. *Science*, v. 316, n. 5824, 2007, pp. 550-1. https://doi.org/10.1126/science.1142502.

SPIRO, P. A.; PARKINSOS, J. S.; OTHMER, H. G. A Model of Excitation and Adaptation in Bacterial Chemotaxis. *Proceedings of the National Academy of Sciences USA*, v. 94, n. 14, 1997, pp. 7263-8. https://doi.org/10.1073/pnas.94.14.7263.

TERRA, W. R.; TERRA, R. R. *Interconnecting the Sciences:* a Historical-philosophical Approach. Saarbrücken: Lambert Academic Publishing, 2016.

VOET, D.; VOET, J. G. *Biochemistry*. 4. ed. Hoboken: Wiley, 2011.

WEBER, M. *A ética protestante e o "espírito" do capitalismo*. Trad. J. M. M. de Macedo. Ed. A. F. Pierucci. São Paulo: Companhia das Letras, 2004.

WESTERHOFF, H. V.; PALSSON, B. O. The Evolution of Molecular Biology into Systems Biology. *Nature Biotechnology*, v. 22, n. 10, 2004, pp. 1249-52. https://doi.org/10.1038/nbt1020.

WOLF, A. P. *Sexual Attraction and Childhood Association*: a Chinese Brief for Edward Westermarck. Stanford: Stanford University Press, 1995.

BASES COGNITIVAS DAS CRENÇAS SOBRENATURAIS, PSEUDOCIÊNCIA E CIÊNCIA

As ontologias intuitivas correspondem ao conhecimento inato armazenado nos módulos cognitivos e que serve de apoio às nossas ações. Elas têm características adaptativas para nossos ancestrais, mas não necessariamente representam a realidade, e podem sustentar crenças sobrenaturais e pseudociências. Os cientistas possuem as mesmas ontologias intuitivas que toda a humanidade e, por isso, tiveram que desenvolver diferentes ferramentas cognitivas para terem sucesso na representação da realidade. A atividade científica não envolve nenhuma atividade cognitiva especial, mas consiste na orientação de seus métodos pelos objetivos da investigação e pela validação e consolidação continuadas de suas proposições. A Física Intuitiva é a base para o desenvolvimento do conhecimento tecnológico. A formação do homem social ocorre sobretudo de forma inconsciente, com a vinculação de virtudes sociais aos módulos cognitivos morais, que ativados geram sinais de recompensa emocionais. Em consequência, as sociedades podem ou não favorecer o desenvolvimento científico.

11.

ONTOLOGIAS INTUITIVAS, CRENÇAS SOBRENATURAIS E PSEUDOCIÊNCIAS

11.1.
INTRODUÇÃO

A discussão sobre as bases cognitivas da ciência, isto é, sobre os processos mentais associados à produção científica, é necessária para diferenciá-la das crenças sobrenaturais e das pseudociências. Essa discussão, porém, precisa ser precedida pela retomada de alguns conceitos já apresentados no capítulo 1. O primeiro deles é o de **informação**. Com o desenvolvimento dos sistemas de comunicações posterior à Segunda Guerra, a informação passa a ser definida como qualquer conjunto de elementos que possam ser transmitidos por sinais convencionais. Os elementos podem ser sons, imagens, símbolos etc. Outro conceito importante é o de **representação**. Como vimos, representação é um conjunto de elementos de natureza variada que corresponde às qualidades de um objeto representado. A representação também pode ser entendida como a informação que captura as qualidades do objeto representado. A conceituação da representação como uma informação, isto é, formada por símbolos que podem ser transmitidos, significa também que uma representação pode ser transformada segundo sequências de instruções específicas (algoritmos). Esse procedimento é chamado de **processamento**.

Cognição é a geração de representações do mundo natural, social e individual que nos orienta a escolher tipos de ação. Essas representações são compostas por conceitos e explicações, como descrito na Parte A e no capítulo 6. O processo cognitivo empregado, isto é, a forma de produzir representações, pode resultar em representações de qualidade diferente, o que implica a possibilidade de que certas representações não sejam satisfatórias.

245

Satisfatórias, aqui, refere-se às escolhas que aumentam tanto a nossa possibilidade de sobrevivência como a de nossa sociedade em meio variável.

A ciência é uma forma de conhecimento que resulta da aplicação do método científico, tal como discutido nas partes A e B. Como vimos, essa forma de conhecimento se estabeleceu no Ocidente entre os séculos XVI e XVIII e ganhou mais desenvolvimento a partir do século XIX, resultando na ciência contemporânea.

Para entender melhor as bases cognitivas da ciência e suas diferenças em relação a outras formas de adquirir conhecimento real ou falso, é necessário discutir as bases cognitivas da aquisição de conhecimento em geral. Essas bases foram formadas ao longo da evolução humana.

As principais razões para o sucesso dos seres humanos na natureza foram, por um lado, o grande incremento, em relação aos outros animais, na capacidade de cooperação entre não parentes, e, por outro, o incremento na capacidade de lidar tecnologicamente com o meio ambiente (Pinker, 2010; Harari, 2019). O conhecimento inato é a base para equacionar problemas e, a partir de exemplos, gerar soluções que costumam ser adequadas para situações semelhantes às enfrentadas por nossos ancestrais no Paleolítico. A base cognitiva para essa habilidade são os módulos cognitivos conceituais que formam nossa mente e que foram apresentados resumidamente na seção 2.2. Módulos cognitivos correspondem a áreas do cérebro formadas por redes de neurônios, as principais células cerebrais. Esses módulos surgiram durante a evolução de nossos ancestrais e correspondem a sistemas de processamento dedicados a problemas específicos, gerando respostas automáticas a certos padrões de eventos, por exemplo, o impulso de correr ao ouvir um barulho estrondoso, indicativo de perigo imediato.

Em equipamentos apropriados, como os de ressonância magnética funcional, tomografia por emissão de pósitrons, entre outros, a ativação dos módulos cognitivos gera imagens e a atividade desses módulos pode ser correlacionada aos comportamentos observados. Essa é a temática da Neurociência Cognitiva. Foi assim, juntamente à observação de efeitos de lesões cerebrais nas regiões relacionadas com os módulos, que o significado funcional desses módulos foi estabelecido (Clark, 2014; Crane, 2016).

BASES COGNITIVAS DAS CRENÇAS SOBRENATURAIS, PSEUDOCIÊNCIA E CIÊNCIA

Para facilitar nossa explicação, vamos separar os módulos cognitivos conceituais em dois conjuntos: os básicos e os morais. Nesta seção vamos nos concentrar nos primeiros. Os módulos cognitivos conceituais básicos são sede do conhecimento inato e podem ser avaliados em pessoas com danos cerebrais e em crianças que ainda não iniciaram o aprendizado social (Sperber e Hirschfeld, 2004). Há módulos correspondentes à Física Intuitiva (habilidade de predizer movimentos de objetos inertes), à Biologia Intuitiva (habilidade para classificar seres vivos e para raciocinar em termos de princípios biológicos como hereditariedade, digestão etc.), à Psicologia Intuitiva (ToM ou habilidade para interpretar o comportamento em termos de estados mentais, crenças, desejos etc.), e, finalmente, à Sociologia Intuitiva (habilidade para reunir semelhantes em categorias admitidas como resultado de características inatas compartilhadas). Indivíduos com danos cerebrais podem ter falhas tanto na classificação de seres animados e inanimados quanto na capacidade de reconhecer a face de um familiar, o que apoia a ideia de que a Biologia Intuitiva e o reconhecimento de faces têm sede cerebral definida. A capacidade de inferir intenções de outros já pode ser observada em crianças de 3 anos, ao passo que alguns portadores de lesões cerebrais e indivíduos autistas não manifestam essa capacidade (Duchaine, Cosmides e Tooby, 2001).

O conhecimento inato é parte constitutiva desses módulos, tal como o sistema operacional de um computador. O conhecimento reside em redes de circuitos neurais que surgiram ao acaso ao longo da evolução, e as modificações conservadas foram as que, por garantirem eficiência nas relações com a natureza e com o grupo social, beneficiaram seus portadores. Em outras palavras, o conteúdo informacional dos módulos cognitivos conceituais corresponde à cognição inata, que é base para a cultura inata compartilhada por toda a humanidade. Essa cultura é o conjunto das informações internalizadas ao longo da evolução que facilitaram a solução dos problemas dos ancestrais humanos. Por exemplo, ao simular trajetórias de fuga de predadores, nossos ancestrais ignorariam todas as possibilidades em que o predador atravessa obstáculos sólidos, porque a informação "sólidos não atravessam sólidos" faz parte do módulo cognitivo conceitual relativo à Física Intuitiva. Isso diminui a tarefa de processamento, tornando mais rápido o processo. A cultura inata é a base para os comportamentos universais humanos, tais

FILOSOFIA DA CIÊNCIA

como: uso de adornos corporais, classificações de flora, fauna e parentesco, comunicação facial, crença no sobrenatural, processos de luto, ritos, mágica, identidade coletiva e ritos de passagem (Brown, 1991).

O conhecimento inato foi selecionado por ser adaptativo, mas isso não significa que sempre ofereça representações acuradas da realidade. Como vimos na Parte A, o conhecimento inato não permite, por exemplo, gerar predições dos movimentos dos planetas, capacidade que não era relevante para nossos antepassados.

Na próxima seção, veremos que as explicações e narrativas sobrenaturais usam o conhecimento inato como ponto de partida, e, por essa razão, parecem intuitivas e fáceis de aceitar. A pseudociência faz o mesmo, porém substituindo os entes sobrenaturais (que estão ficando paulatinamente fora de lugar em um mundo muito influenciado pela ciência) por conceitos científicos (geralmente distorcidos) (Talmont-Kaminski, 2013). Esse movimento é paralelo ao que ocorreu com os relatos de possessões e abusos por demônios, que, no ambiente mais científico atual, foram substituídos por raptos por alienígenas (Sagan, 1996). Finalmente, a ciência usa criticamente o conhecimento inato e, como já vimos, o método científico sustenta seus argumentos com rigor (ver seção 8.2).

11.2.

AS ONTOLOGIAS INTUITIVAS, AS CRENÇAS SOBRENATURAIS E AS PSEUDOCIÊNCIAS

Ontologias intuitivas são as noções que constituem o conhecimento inato (relacionado aos módulos cognitivos conceituais) referentes à natureza dos objetos e aos eventos da realidade. Antes de abordarmos o tema desta seção, precisamos descrever os módulos cognitivos conceituais com mais detalhes, tendo em vista o seu conteúdo de conhecimento inato e o significado desse conhecimento em termos adaptativos. Em seguida, resumiremos as ontologias intuitivas que organizam o pensamento e a ação humana e seu caráter adaptativo.

A **Física Intuitiva** é o conhecimento inato que permite prever o movimento de objetos inertes. Esse conhecimento é inferido a partir do estudo de bebês. Quando bebês veem a mesma coisa muitas vezes, perdem o interesse e desviam o olhar. Se alguma coisa nova aparece, eles se interessam de novo e passam a observá-la atentamente. Essa observação pode ser usada para avaliar o que crianças de 4 meses conhecem intuitivamente. Diferentes experimentos mostraram que bebês entre 3 e 4 meses veem objetos, lembram-se deles e esperam que obedeçam aos princípios de continuidade (não deixar de existir de repente), coesão (um objeto em movimento não deixa um pedaço para trás) e contato (um objeto só se move por contato com outro, nunca por ação a distância). A noção de gravidade nos bebês, no entanto, é falha. Eles se surpreendem se uma caixa que é empurrada para fora de uma mesa paira no ar, mas não se a caixa pairar com um mínimo de contato de sua extremidade com a mesa. A noção de inércia também não é apurada, já que eles não se surpreendem quando uma bola rola para um dos cantos de uma caixa coberta e, depois, quando a caixa é aberta, a bola é encontrada em outro canto da caixa (Pinker, 1997/1998).

A **Biologia Intuitiva** é o conhecimento inato do mundo natural. Esse conhecimento inclui a capacidade de categorizar os seres vivos em agrupamentos genéricos, que, por sua vez, são divididos em grupos de ordem superior e inferior. Por exemplo, a separação intuitiva de seres humanos e reinos (animais e plantas), "formas de vida" (aves, mamíferos, peixes), raças de animais conhecidos – como poodle e collie, entre os cachorros – etc. Os agrupamentos são formados com base em sua **essência**, isto é, a partir da percepção de que cada espécie genérica tem uma natureza subjacente responsável por todas as suas características, a despeito do que se entende por essência (Pinker, 1997/1998). Por exemplo, pesquisas feitas com crianças revelaram que elas são capazes de entender que adicionar listras a um cavalo não o transforma em zebra. Crianças também reconhecem que um cão que nasça sem latir e sem uma perna continua sendo um cachorro (quadrúpede que late) (Mithen, 1996/1998). Finalmente, indivíduos com danos cerebrais podem não reconhecer adequadamente certos tipos de categorias, como entre seres animados e inanimados, o que apoia a ideia segundo a qual Biologia Intuitiva tem uma sede cerebral definida (Franks, 2011).

O avanço na cooperação humana entre não parentes é consequência da adaptação cognitiva que premiava emocionalmente a cooperação, ao

FILOSOFIA DA CIÊNCIA

mesmo tempo que permitia detectar trapaceiros – aqueles que se beneficiavam da cooperação, mas não retribuíam – e, desse modo, dirigia as ações somente para os que cooperavam (Tangney, Stuewig e Mashek, 2007). A detecção de trapaceiros decorre da capacidade de avaliar as intenções dos outros, o que é extremamente útil em todas as interações sociais e é conhecido como **Psicologia Intuitiva**. Essa capacidade é conhecida como a de "ler as mentes dos outros" ou como **teoria da mente** (ToM, do inglês *Theory of Mind*) (Siegal e Varley, 2002). Graças à ToM, os seres humanos são capazes de avaliar as intenções dos outros nas mais diversas circunstâncias (ver seção 2.2), mesmo que essas intenções sejam baseadas em **crenças falsas**, como no poder de um amuleto ou na possibilidade de que outros objetos ou processos inexistentes influenciem as pessoas. Diferentemente do raciocínio baseado em crenças verdadeiras, o raciocínio baseado em crenças falsas requer que a representação mental do fenômeno seja desacoplada do fenômeno real. A base cognitiva do referido desacoplamento é denominada **atitude intencional** (Dennett, 2006) e consiste no fato de que nossos comportamentos são fortemente influenciados pela avaliação das intenções dos outros, seja com base em impressões falsas, seja com base em impressões verdadeiras.

Assim, quando perdemos um familiar, podemos ter a impressão de que sentimos a presença dessa pessoa ou podemos imaginar o que essa pessoa diria quando, por exemplo, temos de tomar uma decisão importante. Esse tipo de situação forma a base cognitiva da crença na influência de agentes ausentes (ou imateriais) em nossas ações, o que pode resultar no culto de antepassados e de deuses. Essa peculiaridade da ToM possibilita ainda que os seres humanos sintam empatia por outros seres humanos (porque podem imaginar crenças e intenções alheias) e por personagens literárias ou teatrais (porque podem vivenciar outras vidas sem se arriscarem pessoalmente). A ToM também torna possível a criação de objetos e processos de aceitação consensual ou por convencimento. Esses objetos e processos favorecem a formação de vínculos entre os membros da mesma sociedade e, desse modo, favorecem também a cooperação – que, como já vimos, é adaptativamente vantajosa. Compõem esse conhecimento que favorece a **cooperação social**, os mitos, as fábulas, as religiões,

BASES COGNITIVAS DAS CRENÇAS SOBRENATURAIS, PSEUDOCIÊNCIA E CIÊNCIA

mas também os construtos (idealizações) sociais da sociedade moderna, como o sistema legal e as empresas (Harari, 2019). Uma empresa, por exemplo, passa a existir quando cumpre uma série de requisitos legais e deixa de existir por decisão judicial. Tanto o início da existência quanto a dissolução da empresa baseiam-se em regras sociais aceitas pela sociedade, que as mantém, se necessário, por meio da coerção policial. O que sustenta e dá validade a esses construtos é tanto a aceitação consensual como a submissão à força.

Relacionados à detecção de trapaceiros em processos de cooperação, os seres humanos desenvolveram recursos para se protegerem durante o aprendizado social. Para isso, o conteúdo e a fonte das informações são avaliados.

Dada a dificuldade de sucesso nesse procedimento de avaliação, há uma predisposição de confiar em autoridades representadas por indivíduos (ou instituições) que outras pessoas consideram competentes e confiáveis. Essas autoridades podem ser científicas, políticas ou religiosas (Blancke e De Smedt, 2013).

Com o auxílio da ToM, além de interpretar o comportamento de **protagonistas**, isto é, de objetos capazes de ação (agentes), em termos de suas intenções, a mente humana é capaz de desenvolver expectativas em relação ao que um protagonista pode ou não realizar. No caso dos objetos produzidos por seres humanos, costuma haver uma ligação óbvia entre o propósito de um objeto e a intenção de um protagonista ao construí-lo, o que resulta da chamada "intencionalidade do projeto" (Dennett, 2006). Em relação ao mundo natural, essa relação não é intuitiva. Testes psicológicos com crianças entre 7 e 8 anos de idade nos Estados Unidos e no Reino Unido, de ambientes religiosos e não religiosos, sugeriram que elas intuitivamente presumiam um criador para o mundo. No entanto, crianças holandesas que participaram do mesmo tipo de teste não manifestavam essa tendência, assim como pacientes com Alzheimer, que sempre preferem explicações teleológicas (finalistas), e não relacionam propósito do mundo com um protagonista criador (Blancke e De Smedt, 2013).

Raciocínio intuitivo é um processamento mental baseado em conhecimento inato que permitia aos humanos do Paleolítico dispor

251

de um sistema de decisões rápidas em ambiente hostil. Para isso, esse processamento usava o que podemos chamar de módulo cognitivo de **decisão heurística**. Esse módulo é o responsável por tomar decisões intuitivas em contextos pessoais e sociais, em condições em que há informações incompletas ou quando o tempo de computação é muito grande para ser útil na ocasião. Nesse caso, a decisão baseia-se na avaliação estatística de eventos de mesma categoria, usando critérios relativos a aspectos críticos. Por exemplo, um procedimento heurístico para decidir a próxima jogada de xadrez leva em conta critérios significativos, como segurança do rei, saldo de peças e controle do centro do tabuleiro, já que é impossível computar todas as possibilidades em tempo real. O uso de estatística para decidir é muito comum nos processos cognitivos, sejam eles heurísticos, como o mencionado, ou não. Exemplos de processamento não heurístico incluem a atribuição de relação causal entre eventos que se sucedem e que podem ser correlacionados. Isso levou à conceituação de que a mente é uma estaticista intuitiva (Gigerenzer, 1991).

A mente também é capaz de usar um **raciocínio reflexivo**, o que permite tomar decisões lógicas a partir de dados completos, mas em módulo de processamento geral, isto é, na parte dedicada a propósitos não definidos. O raciocínio reflexivo funciona mais lentamente que o raciocínio intuitivo e surge da capacidade de processar representações com normas, regras de lógica, probabilidades e coerência interna.

A **Sociologia Intuitiva** é a capacidade de reunir em categorias os semelhantes que compartilhariam uma essência comum. Assim, ela permite o descolamento de sinais naturais de agrupamentos (por exemplo, masculino e feminino) e sua substituição por sinais culturais mais salientes, como inclusão em tribos ou em raças (Sperber e Hirschfeld, 2004).

As ontologias intuitivas levam a concepções e a comportamentos característicos que serão agora elencados. Vamos destacar suas vantagens adaptativas e algumas consequências para crenças sobrenaturais e pseudociências. Mais detalhes podem ser encontrados em Blancke e De Smedt (2013). Na primeira seção do próximo capítulo (12.1), veremos as implicações dessas ontologias para a ciência.

Busca por protagonistas é a procura intensa por objetos que possam ser protagonistas, isto é, que sejam capazes de agir. A identificação falsa de um objeto inerte como protagonista é relativamente inofensiva, ao passo que atribuir a um protagonista um caráter inerte pode ser fatal, caso o protagonista seja um predador, ou, caso seja humano, pode resultar na perda de oportunidade de colaboração proveitosa. Em certas culturas, a identificação de objetos inanimados da natureza como protagonistas tem essa base cognitiva. Ser visto por um protagonista, caso se trate de um predador, pode ser perigoso, e, caso se trate de outro ser humano, pode comprometer a reputação, afetando oportunidades de cooperação. Disso resulta a mudança de comportamento das pessoas quando estão sendo observadas ou quando essa observação é sugerida. Por exemplo, a figura de um olho acompanhada da frase "Deus tudo vê", que se encontrava no alto de todas as portas dos colégios internos para meninos mantidos pela organização católica dos Irmãos Maristas, tem claramente uma finalidade de disciplinar. O mesmo é sugerido pelo olho no interior de triângulo, um dos símbolos dos maçons.

A **busca das essências** dos objetos protagonistas ou inanimados é importante para a separação e identificação das intenções dos protagonistas. A classificação dos protagonistas é feita assumindo-se que cada grupo tem uma essência que é responsável por todas as suas características. Os protagonistas são separados entre, de um lado, seres humanos e, de outro, demais animais e plantas. Reconhecer os protagonistas humanos é importante para os seres humanos, pois são aqueles com quem se pode colaborar, enquanto distinguir as especificidades dos demais protagonistas orienta a caça e a coleta de produtos vegetais. No entanto, a atribuição de essências radicalmente distintas para seres humanos e demais animais é usada pelo criacionismo para afirmar a especificidade do ser humano e a impossibilidade de evolução dos outros seres vivos, que seriam imutáveis, e, desse modo, conservariam suas essências. Além disso, a atribuição de essências característica da Biologia Intuitiva pode levar a construções culturais, como as conhecidas como totemismo (Lévi-Strauss, 1980). Como se sabe, totemismo refere-se ao complexo cultural relacionado a objetos, plantas e, de modo mais frequente, a animais, que

FILOSOFIA DA CIÊNCIA

são considerados sagrados por determinados grupos sociais (tribo, clã etc.). O grupo estabelece uma relação especial com o totem, como se se tratasse de um ancestral que, além disso, sumariza a essência do próprio grupo. Matar um animal totêmico é tabu, exceto em casos de cerimônias religiosas. Há aqui um efeito adaptativo do totemismo por favorecer a coesão tribal, uma vez que os membros do grupo se reconhecem no totem. A pseudociência mobiliza a essência como noção para, por exemplo, justificar a homeopatia, assumindo que a adição de um composto a uma solução, qualquer que seja a sua concentração, introduz ali a essência desse composto e, portanto, suas propriedades.

A **busca por propósitos entre protagonistas** é importante para favorecer a cooperação e, se for o caso, prevenir ataques agressivos. Da mesma forma que a atribuição de protagonismos àquilo que não é capaz de agência é menos danosa do que negar protagonismo a quem é capaz de agência, a atribuição de propósito a quem não tem é menos danosa do que ignorar o propósito de quem tem. Uma consequência dessa busca por propósito é a frequente atribuição de propósitos a eventos naturais, como trovões, raios etc., o que alimenta crenças sobrenaturais e atitudes pseudocientíficas como a astrologia, que atribui efeitos dos astros sobre os seres humanos.

Postura intencional é a base cognitiva para o fato de nosso comportamento ser grandemente influenciado por nossas avaliações das intenções alheias, o que, como vimos, favorece as interações pessoais. Essa rede de avaliações pode nos levar a sentir a falta de uma pessoa que nos foi próxima e, frequentemente, a agir como se essa pessoa ainda existisse. Uma consequência interessante dessa atitude é favorecer a crença em protagonistas ausentes, o que, por sua vez, acaba dando suporte a crenças sobrenaturais em ações de pessoas já falecidas e de deuses.

A **empatia por protagonistas reais ou fictícios** é adaptativa porque facilita as relações interpessoais e, desse modo, favorece a cooperação mutuamente vantajosa. Essa peculiaridade tem relação com a postura intencional, e é base para nossa identificação com personagens da literatura e do teatro, mas também com protagonistas de narrativas religiosas.

Esses temas estão resumidos na Tabela 11.1.

BASES COGNITIVAS DAS CRENÇAS SOBRENATURAIS, PSEUDOCIÊNCIA E CIÊNCIA

Tabela 11.1
Características dos conhecimentos inatos (ontologias intuitivas) em relação
à sua adaptabilidade e aos sistemas de crenças sobrenaturais, pseudociência e ciência

Característica	Aspecto adaptativo	Sistemas de crenças sobrenaturais	Pseudociência	Ciência
Noção falha de inércia	Não é conhecido	-	-	Inércia proposta por Galileu
Essencialismo	Reconhecimento de objetos modificados	Entes criados são fixos (resistência à evolução). Totemismo	Homeopatia. Qualquer acréscimo inclui a essência	Rejeição das essências por Galileu
Busca exacerbada por protagonistas (agentes)1	Protagonistas podem ser predadores ou prejudiciais de alguma forma	Para tudo sempre existe um protagonista. Objetos inanimados como protagonistas	Desenho inteligente	A teoria da evolução mostra como podem surgir adaptações sofisticadas sem um criador
Teleologia2	Tudo tem propósito. Orienta expectativas em relação a outros seres	O mundo é a realização de um propósito sobrenatural	O mundo é a realização de extraterrestres. Os astros agem sobre os seres humanos (astrologia)	A teoria da evolução mostra como pode haver propósito na natureza sem um criador
Postura intencional	Previsão de comportamento em interações sociais complexas	Influência de protagonistas ausentes (mortos, deuses)		
Empatia por protagonistas reais ou fictícios	Facilita relações em sociedades complexas	Narrativas ligadas às crenças		Explica a possibilidade de formação de estruturas sociais

[1] A atribuição de protagonismo a objetos inanimados não tem consequência grave, o contrário pode ser fatal, por exemplo, se se ignora um predador. Ser visto por protagonista (mesmo não predador) pode comprometer a reputação, afetando oportunidades de cooperação. Disso resulta a mudança de comportamento das pessoas observadas ou supostamente observadas (por exemplo, imagem de olhos).

[2] Não é intuitiva a relação entre propósito de um objeto e a intenção de fazê-lo por protagonista. Ver texto.

255

RESUMO

Ontologias intuitivas são as noções do conhecimento inato armazenadas nos módulos cognitivos; referem-se à natureza e a objetos da realidade. Essas ontologias incluem a Física, a Biologia, a Psicologia e a Sociologia Intuitivas, e levam a concepções e a comportamentos característicos que eram adaptativos para os seres humanos ancestrais. Entre esses comportamentos temos a busca por protagonistas e seus propósitos, o que pode resultar na atribuição de capacidade de agir e de ter propósitos a objetos inanimados, alimentando crenças sobrenaturais e atitudes pseudocientíficas. A postura intencional é a base cognitiva para o fato de nosso comportamento ser influenciado por nossas avaliações das intenções alheias. Essa postura favorece a crença em protagonistas ausentes, podendo apoiar crenças sobrenaturais nas ações de pessoas já falecidas e de deuses. A empatia por protagonistas reais ou fictícios, que está relacionada à postura intencional, faz com que nos identifiquemos com personagens da literatura e do teatro, mas também com protagonistas de narrativas religiosas.

SUGESTÕES DE LEITURA

Blancke e De Smedt (2013), assim como Pilati (2018), discutem as ontologias intuitivas e como elas fundamentam as pseudociências. Dennett (2006) discute as bases cognitivas da religião.

QUESTÕES PARA DISCUSSÃO

1. Qual a vantagem evolutiva do conhecimento inato?
2. Existe alguma característica universal nos seres humanos?
3. Qual a diferença entre ontologia intuitiva e conhecimento intuitivo?
4. Quais as vantagens evolutivas das crenças sobrenaturais?
5. A empatia por protagonistas de peças de ficção e narrativas religiosas está baseada em qual propriedade cognitiva?
6. Qual propriedade dos objetos que foi rejeitada por Galileu dá sustentação à homeopatia?

LITERATURA CITADA

BLANCKE, S.; DE SMEDT, J. Evolved to be Irrational? Evolutionary and Cognitive Foundations of Pseudoscience. In: PIGLIUCCI, M.; BOUDRY, M. (eds.). *Philosophy of Pseudoscience:* Reconsidering the Demarcation Problem. Chicago: University of Chicago Press, 2013, pp. 361-79.

BROWN, D. E. *Human Universals*. New York: McGraw-Hill, 1991.

CLARK, A. *Mindware. An Introduction to the Philosophy of Cognitive Science*. 2. ed. Oxford: Oxford University Press, 2014.

CRANE, T. *The Mechanical Mind:* a Philosophical Introduction to Minds, Machines and Mental Representation. 3. ed. London: Routledge, 2016.

DENNETT, D. C. *Quebrando o encanto:* a religião como fenômeno natural. Trad. H. Londres. São Paulo: Globo, 2006.

DUCHAINE, B.; COSMIDES, L.; TOOBY, J. Evolutionary Psychology and the Brain. *Current Opinion in Neurobiology*, v. 11, n. 2, 2001, pp. 225-30. https://doi.org/10.1016/S0959-4388(00)00201-4.

FRANKS, B. *Culture and Cognition:* Evolutionary Perspectives. Basingstoke: Palgrave Macmillan, 2011.

GIGERENZER, G. From Tools to Theories: a Heuristic of Discovery in Cognitive Psychology. *Psychology Review*, v. 98, n. 2, 1991, pp. 254-67. https://doi.org/10.1037/0033-295X.98.2.254.

HARARI, Y. N. *Sapiens. Uma breve história da humanidade*. Trad. J. Marcoantonio. Porto Alegre: L&PM, 2019.

LÉVI-STRAUSS, C. Totemismo hoje. In: LÉVI-STRAUSS. Trad. M. B. Corrie. São Paulo: Abril, 1980, pp. 89-178. (Coleção Os pensadores).

MITHEN, S. *A pré-história da mente*. Trad. L. C. B. de Oliveira. São Paulo: Editora Unesp, 1998. (Obra originalmente publicada em 1996.)

PILATI, R. *Ciência e pseudociência*. São Paulo: Contexto, 2018.

PINKER, S. *Como a mente funciona*. Trad. L. T. Motta. São Paulo: Companhia das Letras, 1998. (Obra originalmente publicada em 1997.)

_____. The Cognitive Niche: Coevolution of Intelligence, Sociality, and Language. *Proceedings of the National Academy of Sciences of USA*, 107, 2010, pp. 8993-9. https://doi.org/10.1073/pnas.0914630107.

SAGAN, C. *O mundo assombrado pelos demônios:* a ciência vista como uma vela no escuro. Trad. R. Eichemberg. São Paulo: Companhia das Letras, 1996.

SIEGAL, M.; VARLEY, R. Neural Systems Involved in "Theory of Mind". *Nature Review of Neuroscience*, v. 3, n. 6, 2002, pp. 463-71. https://doi.org/10.1038/nrn844.

SPERBER, D.; HIRSCHFELD, L. A. The Cognitive Foundations of Cultural Stability and Diversity. *Trends in Cognitive Sciences*, v. 8, n. 1, 2004, pp. 40-6. https://doi.org/10.1016/j.tics.2003.11.002.

TALMONT-KAMINSKI, K. Werewolves in Scientist's Cloth. Understanding Pseudoscientific Cognition. In: PIGLIUCCI, M.; BOUDRY, M. (eds.). *Philosophy of Pseudoscience:* Reconsidering the Demarcation Problem. Chicago: University of Chicago Press, 2013, pp. 381-95.

TANGNEY, J. P.; STUEWIG, J.; MASHEK, D. J. Moral Emotions and Moral Behavior. *Annual Review of Psychology*, 58, 2007, pp. 345-57. https://doi.org/10.1146/annurev.psych.56.091103.070145.

12.

AS BASES COGNITIVAS DO CONHECIMENTO CIENTÍFICO, DO CONHECIMENTO TÉCNICO E DA VINCULAÇÃO DOS SERES HUMANOS A GRUPOS SOCIAIS

12.1.

BASES COGNITIVAS DO CONHECIMENTO CIENTÍFICO

Todo conhecimento humano tem como ponto de partida o conhecimento inato fornecido pelos módulos cognitivos. Há dois conceitos relacionados ao conhecimento inato, que são básicos para o pensamento científico: o conceito de **causalidade**, isto é, de que todo evento tem uma causa; e o conceito de indução, que é a generalização feita após uma série de achados similares. Esses conceitos podem ter sua validade discutida pela metafísica, parte da Filosofia que investiga a natureza da realidade, mas não podem ser justificados pela própria ciência. Em vista disso, é importante avaliar mais detalhadamente a qualidade do conhecimento inato como representação da realidade. O **argumento evolutivo** afirma que todo conhecimento inato é provavelmente um produto da seleção natural. Dessa forma, caso o conhecimento inato não permitisse boas representações da realidade, ele não seria útil e, portanto, não seria vantajoso para seus portadores. Como consequência, esses portadores deixariam menos descendentes (ou nenhum) em relação àqueles com conhecimento inato mais representativo da realidade. Se o argumento evolutivo for aceito, diferentes conceitos metafísicos para os quais não é possível uma comprovação seriam justificados por serem intuitivos, por exemplo: (a) a existência de um mundo independente de nós mesmos (ao qual chamamos de realidade), rejeitando-se a opinião de que tudo que existe

FILOSOFIA DA CIÊNCIA

é um sonho nosso; (b) a validade da inferência por indução; (c) a necessidade de todo evento ter uma causa; (d) a existência de outras mentes além das nossas (Stewart-Williams, 2005).

Há, contudo, sérias objeções ao uso de um enfoque evolutivo para justificar o conhecimento metafísico, particularmente porque, uma vez que a teoria da evolução foi desenvolvida com base nos conceitos metafísicos referidos, justificar o conhecimento metafísico a partir da teoria da evolução consistiria em uma argumentação circular (Stewart-Williams, 2005). Em outro sentido, assumir o conhecimento inato em relação a objetos e eventos de interesse para a ciência também tem problemas. O conhecimento inato foi selecionado para ser adaptativo, e não por ser uma boa representação da realidade. Com efeito, o conhecimento inato pode ser falso, pode ser aproximado ou pode ser uma boa representação da realidade. Por exemplo, é adaptativo para uma mãe ver seu filho como o mais bonito e com qualificações melhores que as dos outros, pois ainda que, do ponto de vista objetivo, isso não seja real, assim ela o protege mais. No caso da busca por protagonistas e por propósitos, vimos exemplos de que nossos sistemas intuitivos favorecem mais as identificações de perigo (mesmo que falsas) do que as identificações de ausência de perigo (mesmo que certas). Trata-se, pois, de conhecimento aproximado que favorece a adaptabilidade. Há, contudo, casos em que o conhecimento inato é de alta qualidade, mas isso também tem significado adaptativo. Esse é o caso da classificação de seres vivos, que é adaptativa para coleta de produtos vegetais, caça e defesa contra predadores. Pesquisas mostram que a separação de animais em diferentes grupos feita por culturas diversas, como as do povo fore, das Terras Altas de Papua-Nova Guiné (Diamond, 1966), ou do povo tzeltal, de Chiapas, no México (Berlin, 1973), corresponde com razoável aproximação aos grandes grupos de animais identificados pela ciência contemporânea e até mesmo às espécies cientificamente conhecidas, como as de aves. Isso significa que as espécies reconhecidas são representações fiéis da natureza e não são construções culturais, baseadas em simples consensos de cada uma das culturas consideradas.

Resumindo, as noções do conhecimento inato, chamadas de ontologias intuitivas, resultaram de pressões evolutivas que facilitavam a adaptação dos seres humanos em cada ambiente. Em vista disso, elas não têm profundidade e, desse modo, podem gerar representações da realidade mutuamente inconsistentes. As ontologias intuitivas são, pois, incapazes de gerar representações da realidade abrangentes e autoconsistentes, como a ciência é capaz.

Apesar da insegurança relativa à capacidade de representar a realidade, um papel importante das ontologias intuitivas é o de fornecer teorias arcabouços, isto é, de disponibilizar uma estrutura para explicar o mundo em termos de mecanismos causais não observáveis. Crianças, leigos, assim como filósofos do período anterior ao desenvolvimento da ciência, baseiam-se mais nessas teorias arcabouços do que em evidências perceptíveis para explicar um grande número de fenômenos (De Cruz e De Smedt, 2007). Crianças entre 6 e 7 anos, no início da vida escolar, por exemplo, adotam uma visão geocêntrica para explicar as mudanças entre o dia e a noite, sem jamais terem ouvido falar da teoria geocêntrica (Vosniadu, 1994, citado por De Cruz e Smedt, 2007). Os mesmos alunos também invocam estados mentais não observáveis para explicar o comportamento de protagonistas, forças físicas invisíveis para dar conta do movimento de objetos inanimados e essências não observáveis para predizer o desenvolvimento de seres vivos (De Cruz e De Smedt, 2012). É interessante notar que a ciência usa estratégias similares em suas explicações. Vimos, por exemplo, que os fenômenos associados ao ar dos pneus em relação a temperatura e pressão são explicados pela movimentação de moléculas que não são visíveis.

Uma parte da ciência diz respeito a temas para os quais não temos nenhuma ontologia intuitiva associada. No entanto, sempre que as noções científicas discrepam das ontologias intuitivas, há dificuldades em sua aceitação. Um exemplo extraído de De Cruz e De Smedt (2007) pode ilustrar isso. Do ponto de vista intuitivo, os seres humanos são considerados uma categoria à parte. Isso resultou na busca dos ancestrais humanos como uma única linhagem que teria se separado há muito tempo dos demais primatas e teria se modificado até o presente. No caso dos demais animais, o que se supõe é que há um grande número de seres mais ou menos semelhantes ao mesmo tempo no mesmo espaço. Quando um deles se reproduz mais em determinada condição, acaba predominando sobre os demais, que se extinguem. Só muito recentemente, contra a opinião inicial dos principais estudiosos da evolução, como Dobzhansky e Mayr, foi aceito que houve vários tipos humanos

FILOSOFIA DA CIÊNCIA

ocorrendo no mesmo espaço e tempo, até que um deles (nós, *Homo sapiens*) predominou, e os demais foram extintos.

Além de produzir explicações para os eventos naturais, os seres humanos fazem **simulações mentais** antes de agir. A capacidade de avaliar logicamente uma sequência de eventos, como as trajetórias de predadores ou as reações dos membros de seu grupo em dado contexto, tinha valor adaptativo para nossos ancestrais pré-históricos. Essa simulação é feita por meio de uma conversa silenciosa conosco mesmos, na qual criamos narrativas do que pode ou não ocorrer e julgamos um cenário como impossível, possível ou provável (Calvin, 1994). Essa antecipação intelectual do evento evita atitudes desastradas durante a ação real.

Ao que parece, os cientistas são incapazes de erradicar as hipóteses ontológicas intuitivas, pois, por óbvio, cientistas compartilham as mesmas características cognitivas com todos os seres humanos. Em vista disso, a ciência contorna a influência das ontologias intuitivas utilizando um grande número de ferramentas cognitivas. Por exemplo, o uso de modelos materiais, a produção de esquemas que interligam eventos, a descrição matemática e o armazenamento das informações fora da memória humana em livros, bancos de dados, revistas científicas etc. (De Cruz e De Smedt, 2007).

Os tipos de processos cognitivos associados ao processo de criação científica podem ser resumidos nas seguintes classes: raciocínio causal, categorização, analogia, metáfora, dedução e indução. **Raciocínio causal** é a busca por um mecanismo que leve de uma causa a um efeito na forma de uma sequência de afirmações. **Categorização** é uma classificação dos achados em termos do conhecimento corrente e de previsões. **Analogia** é uma semelhança reconhecida entre fatos ou coisas. **Metáfora** é o uso de uma ideia para descrever outra, o que pode ser exemplificado em expressões como "o coração é uma bomba mecânica" e "a mente é um computador". **Dedução** é a extração de consequências lógicas a partir de uma postulação geral. **Indução** é uma generalização a partir de uma sequência de achados.

Os tipos de processos cognitivos mencionados estão associados aos módulos cognitivos já discutidos (ver seção 2.2) e poderiam ser usados em processos investigativos ou na resolução de problemas que não têm vinculação direta com a ciência. Em vista disso, Dunbar (2002) procurou identificar os

262

BASES COGNITIVAS DAS CRENÇAS SOBRENATURAIS, PSEUDOCIÊNCIA E CIÊNCIA

processos usados na intimidade da criação científica. Para isso, ele acompanhou reuniões semanais de vários grupos de pesquisa vinculados a laboratórios de Biologia Molecular e Imunologia dos Estados Unidos, da Itália e do Canadá. Essas reuniões semanais, como vimos anteriormente (ver seção 6.3), são práticas universalmente empregadas por laboratórios de pesquisa para examinar os resultados obtidos nos experimentos. Nessas reuniões, teorias são formuladas e dados são interpretados, gerando discussões. A pesquisa de Dunbar mostrou que predominam o raciocínio causal, além da tentativa de resolver as dificuldades que surgem nos experimentos por meio da categorização dos resultados e de buscas de analogias, propostas de novos experimentos, generalizações e o uso de metáforas. Muito empregado em todo o processo é o que Dunbar (2002) denominou raciocínio compartilhado, no qual uma pessoa pode trazer um resultado, outra adicionar outro resultado e uma terceira sugerir uma generalização.

A partir desses estudos e de outros correlatos, ficou claro que a ciência se caracteriza por uma combinação de diferentes componentes cognitivos orientados para uma finalidade (resolver um problema), e não por uma atividade cognitiva especial. Entre as características marcantes devem ser incluídas também o raciocínio compartilhado e a busca de validação das propostas. Como se recorda da Parte B, o tipo de validação depende da natureza da explicação proposta. O tipo de validação pode variar da resistência ao falseamento, usado em aspectos das ciências básicas da natureza (Física e Química), passando pelo sucesso preditivo dentro de limites esperados, comum na Biologia Experimental, até a certificação da coerência interna entre os fatos reunidos em uma narrativa (explicação histórica) da Biologia Evolutiva ou da Ciência Social. Após a validação, ocorre o processo de consolidação dos argumentos científicos com o apoio da comunidade científica.

Outro aspecto interessante da pesquisa de Dunbar foi a investigação do papel das características culturais do cientista sobre o conteúdo da pesquisa produzida. A esse respeito, uma comparação entre os métodos empregados por grupos canadenses e estadunidenses, de um lado, e italianos, de outro, todos com porte similar, trabalhando com os mesmos materiais, publicando nas mesmas revistas e frequentando os mesmos congressos, revelou diferenças. Os cientistas italianos, em relação aos pares americanos, faziam pouco uso de analogias e generalizações, e privilegiavam os raciocínios dedutivos. Como a natureza dos resultados obtidos nos laboratórios americanos e italianos é a mesma (publicam nas mesmas revistas especializadas), isso significa que as diferenças de organização dos processos cognitivos nas duas culturas não afetam os resultados, isto é, não interferem no conteúdo da ciência produzida. Isso sugere que a principal característica da ciência é o balizamento de seus métodos pelos objetivos procurados e pela validação continuada de suas conclusões (Dunbar, 2002) e que, portanto, esse balizamento não depende de processos cognitivos. Em outras palavras, as bases cognitivas do conhecimento científico são as mesmas do senso comum (que também apoiam a pseudociência), porém sistematicamente orientadas em relação a objetivos e à acumulação de conjecturas validadas e consolidadas.

12.2.
BASES COGNITIVAS
DO CONHECIMENTO TÉCNICO

Técnica é o conhecimento de como se fazem objetos e serviços, e **tecnologia** é o conhecimento técnico aliado ao conhecimento da manipulação dos materiais associados. A formação do conhecimento técnico resulta da interação humana com a realidade e as tentativas de sua manipulação com o uso de objetos. Milhões de anos antes do surgimento da linguagem gramatical humana, os nossos ancestrais, graças à Física Intuitiva, desenvolveram os primeiros instrumentos de pedra, como o cutelo, para rasgar tecidos vegetais e animais (Lewin e Foley, 2004; Jurmain, Kilgore e Trevathan, 2009).

O conhecimento técnico nas sociedades mais primitivas estava baseado no conhecimento inato, que é parte do senso comum; mas, nas sociedades mais avançadas, depende de especialistas. Desde o século XVIII, o conhecimento técnico faz cada vez mais uso da ciência. O desenvolvimento desse conhecimento resulta do acúmulo de inovações introduzidas tanto nas mudanças de comportamento, em consequência de novas explicações de eventos naturais, como na construção e no uso de instrumentos. De maneira curiosa, contrariamente à visão corriqueira, as aplicações de uma inovação importante ocorrem, em geral, após o invento já existir. Por exemplo, quando Thomas Edison (1847-1931) construiu o primeiro fonógrafo em 1877, ele elencou várias aplicações para seu instrumento, como gravar as últimas palavras de um moribundo, mas não priorizou a reprodução de música (Diamond, 2005). O mesmo ocorreu com o telefone celular, que, atualmente, serve para uma infinidade de operações e mais raramente para falar diretamente com alguém.

A adoção de novas tecnologias (ou de inovações em geral) depende da sociedade, já que algumas são mais receptivas, outras não. São muitos os fatores que governam essa receptividade (Diamond, 2005). Entre eles, temos a disposição de correr riscos com as tentativas de inovação e a tolerância a opiniões diferentes e heréticas. A densidade populacional também é importante para o desenvolvimento técnico, pois as inovações que surgem em uma população e são passadas de pai para filho ou entre adultos são mais bem fixadas em densidades populacionais maiores. As inovações fixadas criam condições para o desenvolvimento de outras, o que gera um avanço cultural autoestimulado (Shennan, 2001).

O papel da densidade populacional na retenção dos avanços culturais foi ilustrado de forma surpreendente pela descoberta de regressões culturais em populações pequenas de ilhas ao sul da Austrália. Essas ilhas foram povoadas por migrações humanas através de uma ponte de terra que existia até as ilhas. Após a elevação do nível do mar, que teria ocorrido entre 8 mil e 12 mil anos atrás, as populações ficaram isoladas. No caso da Tasmânia, houve perda entre os habitantes (cerca de 4 mil) de comportamentos ancestrais, como a exploração de certos recursos marinhos e a capacidade de produzir fogo, obrigando os aborígines a transportarem gravetos em brasa para perpetuar o fogo. Mais impressionante ainda foi a indicação, derivada dos achados, de que caçadores-coletores não sobreviveriam em populações menores que 500 indivíduos se deixados em completo isolamento (Diamond, 1978).

A receptividade de uma sociedade em relação a inovações pode mudar com o tempo. Por exemplo, na Idade Média, o conhecimento técnico fluía principalmente dos países muçulmanos para a Europa, e, apenas após 1500, a direção do fluxo começou a se inverter, com os países muçulmanos tornando-se mais conservadores, e os europeus mais inovadores (Diamond, 2005).

Resumindo o que apresentamos até aqui, o conhecimento inato, que opera tendo como base os módulos cognitivos da mente, é o ponto de partida para o acúmulo de conhecimento tecnológico baseado na ciência. Este resulta das inovações em instrumentos desenvolvidos para lidar com a realidade. O conhecimento tecnológico é fixado em função de seu sucesso na manipulação da realidade por instrumentos. Em outras palavras, o conhecimento técnico avança em função da geração de representações da realidade cada vez mais fiéis e de seu uso na construção de instrumentos, o que é levado adiante por comunidades de especialistas.

Vimos na Parte A que o surgimento da ciência dependeu da existência de um conhecimento técnico inicial, o qual, todavia, se desenvolveu na ausência da ciência. O avanço técnico baseado na ciência, que caracteriza a situação atual, passou a ocorrer após a intensificação do desenvolvimento da ciência no século XIX.

12.3.
BASES COGNITIVAS DA VINCULAÇÃO DO SER HUMANO A GRUPOS SOCIAIS

Vimos até agora as bases cognitivas do processo de formação de representações da realidade (seção 12.1) e do seu uso para a produção de objetos e serviços (seção 12.2). Como a produção de ciência é feita em ambiente social, com os cientistas estabelecendo relações sociais entre si, é necessário discutir as bases cognitivas dessas relações, já que podem afetar o trabalho científico. Vamos chamar a vinculação do homem social a grupos sociais (inclusive aos grupos científicos), que é o resultado da ação da sociedade sobre a atividade humana, de formação do homem social.

O **ser humano social** é entendido tendo em vista seu comportamento em sociedade, cujas estruturas dependem do estabelecimento de acordos relativos a vários temas. Os acordos podem ser consensuais ou resultantes de convencimento ou de imposição forçada. Como a celebração de acordos implica a tomada de decisões, a compreensão do processo exige o entendimento das bases cognitivas subjacentes ao processo decisório humano, tanto do ponto de vista da moralidade intuitiva como do ponto de vista do modo como esse processo é afetado pela sociedade.

Moralidade é a diferenciação entre o que é bom (ou certo) do que é ruim (ou errado), tendo como referência um conjunto de padrões. É frequente admitir que a moralidade surge por aprendizado social dos padrões morais, embora seja crescente a aceitação de que a moralidade se baseia em uma moralidade intuitiva biologicamente adaptativa (Haidt e Joseph, 2004). Nesse caso, os padrões morais são ditados por regras morais universais (invariantes em diferentes culturas e associadas aos módulos cognitivos) e, em parte, por prescrições culturais específicas. Entre os padrões morais universais (moralidade intuitiva) estão aqueles que proíbem comportamentos tais como violência interpessoal, comportamento criminoso, mentir, trapacear e roubar (Tangney, Stuewig, Mashek, 2007). Antes de analisar os módulos cognitivos associados a esses processos precisamos considerar as virtudes e a ética, além de detalhar a moralidade intuitiva.

Virtudes são habilidades sociais. Ter uma virtude é disciplinar as próprias ações de forma a responder apropriadamente a um contexto sociomoral (ser bom, corajoso, paciente etc.). As virtudes são, assim, produtos culturais construídos e balizados em parte conforme uma percepção associada a módulos cognitivos que respondem ao mundo social. **Ética** é o conjunto de virtudes codificadas socialmente a partir de regras morais intuitivas. **Moral intuitiva** é o conjunto de sinais de aprovação ou repreensão a certos padrões de eventos que envolvem seres humanos e que resultam da ativação dos módulos cognitivos conceituais morais, detalhados a seguir. Em resumo, podemos dizer que a moralidade é inata (como um conjunto de módulos cognitivos) e é socialmente construída (como um conjunto de virtudes interconectadas); é, além disso, cognitiva (intuições são sistemas de reconhecimento de padrões) e emocional (intuições disparam emoções morais).

Além dos módulos cognitivos conceituais básicos mencionados anteriormente, temos os **módulos cognitivos conceituais morais**. Estes são unidades cerebrais de processamento que geram respostas automáticas de aprovação ou reprovação a certos padrões de relações interpessoais. O **módulo do sofrimento** é ativado pelo sofrimento e pela vulnerabilidade dos filhos, gerando compaixão. O **módulo de hierarquia** responde

FILOSOFIA DA CIÊNCIA

a tamanho físico, força, dominação e proteção, e possui como emoções associadas o ressentimento ou o respeito. O **módulo de reciprocidade** reage a trapaças com raiva, com culpa à recusa em cooperar e com gratidão ao receber algo em atividades conjuntas. Finalmente, o **módulo de pureza** é ativado diante de pessoas doentes, material podre ou carniça, e gera nojo. Como se vê, os módulos morais geram emoções que estimulam ações em circunstâncias que favorecem os indivíduos nas relações sociais (Haidt e Joseph, 2004).

Podemos agora ver com mais detalhes como a sociedade afeta a ação humana, na medida em que influencia a tomada de decisões. Para isso, discutiremos inicialmente como funciona o processo decisório humano. As decisões relacionadas a objetivos – sejam elas em resposta à avaliação automática de uma necessidade ou com vista a um ganho consciente qualquer – dependem de uma avaliação da possibilidade de que o alcance do objetivo desejado ocorra com os recursos disponíveis e de quão desejável ele é. Em outras palavras, a decisão é baseada nas estatísticas de sucesso em condições semelhantes, aceitando-se risco maior quanto mais elevado for o valor do objeto desejado. A avaliação dos recursos disponíveis leva em conta os dados sensoriais e de memória, assim como a informação dos módulos conceituais básicos (na forma de **cultura inata**). Já demos como exemplo que não se pode planejar uma fuga de predador atravessando os troncos de árvores, pois a cognição inata informa que sólidos não atravessam sólidos. A avaliação dependente da cultura inata pode ser corrigida em alguns casos por aprendizado registrado na memória. Já vimos no capítulo 11 que o conceito de gravidade da Física Intuitiva é falho, mas que somos capazes de corrigi-lo por aprendizado social, o qual, por sua vez, fica armazenado na memória. A avaliação de quão desejáveis são os objetivos resulta da geração de sinal positivo de recompensa quando ocorre a representação do objeto de desejo. Os sinais de recompensa são ativações dos centros de recompensa cerebrais que, uma vez estimulados, causam sensação de satisfação em resposta a estímulos evolutivamente relevantes, como aqueles trazidos pela obtenção de alimento ou sexo.

No entanto, os centros de recompensa também podem responder quando se alcançam objetivos aprendidos (como dinheiro e *status*) ou palavras (como bom e belo) que são associados a gratificações (Custers e Aarts, 2010). Isso significa que as interações sociais podem ligar sinais positivos de recompensa a objetivos que, por terem se tornado socialmente valiosos, passamos a perseguir automática e inconscientemente. A ligação de sinais de recompensa a objetivos sociais é afetada pelo conteúdo dos módulos cognitivos morais. Assim, as culturas criam virtudes, que são comportamentos socialmente almejados e por elas valorizados, mediante a manipulação, em geral política, de intuições geradas pelos módulos morais. Isso cria sinais de recompensa relacionados a objetivos sociais. As culturas podem variar em função do valor relativo que dão às virtudes que se vinculam a diferentes módulos. Como exemplificado por Haidt e Joseph (2004), uma cultura pode valorizar o respeito pela autoridade (módulo de hierarquia) e a pureza espiritual (módulo de pureza), enquanto outra valoriza virtudes relacionadas ao módulo sofrimento (enfatiza a existência de vítimas em uma sociedade) e reciprocidade (valoriza igualdade e direito), e considera que a primeira cultura usa a hierarquia para oprimir e a pureza para demonizar grupos (negros, homossexuais etc.). A valorização relativa das virtudes vinculadas aos módulos é afetada em larga proporção pela política. De forma similar, o racismo pode ser ensinado mediante a ativação do módulo de pureza, de modo a disparar sensações de nojo em relação à suposta "sujeira" de certos grupos, ou invocando o módulo de reciprocidade, de maneira a gerar ódio em relação aos supostos "trapaceiros" que não retribuem (Hitler usou ambas as estratégias contra os judeus).

Em resumo, o efeito social sobre a ação humana ocorre em larga medida de forma inconsciente, particularmente em dois aspectos. Primeiro, na avaliação dos recursos disponíveis para se alcançar um objetivo pela orientação dos módulos cognitivos básicos, assim como por meio de um sistema automático de avaliação estatística de sucessos em condições similares – quando correções às informações dos módulos são levadas em consideração. Essas correções baseiam-se em aprendizado social. Segundo, na avaliação do valor do objetivo da ação. Isso é feito pela vinculação das virtudes sociais aos módulos morais, o que gera sinais de recompensa às virtudes.

FILOSOFIA DA CIÊNCIA

A valorização social de determinadas atitudes (virtudes sociais) ativa os módulos cognitivos morais correspondentes, gerando emoções que induzem as pessoas a praticarem as atitudes valorizadas. Esse é o principal mecanismo pelo qual o ambiente cultural afeta o comportamento das pessoas, vinculando-as aos objetivos sociais. É dessa maneira que as pessoas se vinculam emocional e inconscientemente a uma cultura, como aconteceu em relação ao nazismo, na Alemanha, e ao fascismo, na Itália, na primeira metade do século passado. A cultura também pode influenciar as pessoas por aprendizado consciente de seu conteúdo. Nessa condição não ocorre vinculação emocional e os laços formados são mais frágeis. Devido a isso, as culturas cujo conteúdo consciente é menos lastreado no aprendizado inconsciente, como é comum nas democracias, são, em geral, menos rígidas que as que se baseiam largamente na manipulação dos módulos morais, como na maioria das ditaduras.

A conclusão do que foi discutido é a de que a cultura de uma comunidade inclui a **cultura inata** (ou **metacultura**), comum a toda a humanidade, e que serve de base para o senso comum e para a criação de artefatos e de tecnologias. A essa cultura inata e seus subprodutos agregam-se uma cultura de vinculação inconsciente e uma cultura aprendida de forma consciente e que chamamos de **cultura transmissível** no capítulo 2. A cultura transmissível é produto do ajuste de interesses dentro da sociedade e corresponde a suas regras, leis e instituições criadas, cuja base cognitiva é sobretudo a já mencionada ToM e os módulos cognitivos morais. Dessa maneira, o conjunto de objetos e processos de uma cultura, o conhecimento tradicional, é uma construção social, é adaptativo e não é uma representação da realidade – embora possa incluir representações parciais na forma de conhecimento técnico. Esse conhecimento pode discrepar, assim, do conhecimento técnico e do conhecimento científico, que discutimos anteriormente e que procura ser uma representação fiel da realidade. Por fim, a cultura de uma sociedade pode incentivar negativamente o desenvolvimento científico, por exemplo, ao favorecer a existência de preconceitos e nacionalismos que limitam a objetividade; mas também pode incentivá-lo positivamente, ao abrigar grupos como aqueles dos cientistas. Estes últimos aspectos serão objeto da Parte D.

270

RESUMO

As ontologias intuitivas têm função adaptativa e não de representar a realidade de forma objetiva. Apesar disso, elas fornecem estruturas cognitivas para explicar o mundo em termos de mecanismos causais não observáveis. Como os cientistas compartilham com todos os seres humanos as ontologias intuitivas, eles usam muitas ferramentas cognitivas para terem sucesso na representação da realidade. Para tanto, utilizam modelos materiais, produzem esquemas que interligam os eventos, descrevem de forma matemática os fenômenos, armazenam os dados fora da memória humana em livros, banco de dados, periódicos científicos etc. Dessa forma, a atividade científica não envolve nenhuma atividade cognitiva especial, mas consiste na orientação de seus métodos pelos objetivos buscados e pelo uso continuado de processos de validação de resultados a serem posteriormente consolidados pela comunidade científica. A Física Intuitiva é a base para o acúmulo de conhecimento tecnológico baseado em ciência. A formação do ser humano social ocorre em larga medida de maneira inconsciente. Ela se dá na avaliação dos recursos necessários para atingir os objetivos e na avaliação estatística de sucessos em condições similares. Esse procedimento em certa medida pode ser corrigido de forma consciente por meio de aprendizado social. Outro aspecto é a avaliação do valor do objeto da ação, que ocorre pela vinculação inconsciente das virtudes sociais (frutos da cultura) aos módulos cognitivos morais, o que gera sinais de recompensa psicológica às virtudes.

SUGESTÕES DE LEITURA

Stewart-Williams (2005) discute o uso do argumento evolutivo no apoio à metafísica. Diamond (2005) mostra o efeito do domínio técnico no sucesso das sociedades. Custers e Aarts (2010) mostram o papel do inconsciente na tomada de decisões, e Haidt e Joseph (2004) abordam a relação entre as virtudes sociais e a moral intuitiva.

FILOSOFIA DA CIÊNCIA

QUESTÕES PARA DISCUSSÃO

1. Como, embora tenha as mesmas bases cognitivas, a ciência se diferencia do senso comum?
2. Todo desenvolvimento técnico depende da ciência?
3. Quais fatores são importantes para fomentar inovações?
4. Qual a diferença entre módulos cognitivos conceituais básicos e módulos cognitivos morais?

LITERATURA CITADA

BERLIN, B. Folk Systematics in Relation to Biological Classification and Nomenclature. *Annual Review of Ecology and Systematics*, v. 4, 1973, pp. 259-71. https://doi.org/10.1146/annurev.es.04.110173.001355.

CALVIN, W. H. "The Emergence of Intelligence". *Scientific American*, v. 271, n. 4, 1994, pp. 104-7.

CUSTERS, R.; AARTS, H. The Unconscious Will: How the Pursuit of Goals Operates Outside of Conscious Awareness. *Science*, v. 329(5987), 2010, pp. 47-50. https://doi.org/10.1126/science.1188595.

DE CRUZ, H.; DE SMEDT, J. The Role of Intuitive Ontologies in Scientific Understanding: the Case of Human Evolution. *Biology and Philosophy*, v. 22, 2007, pp. 251-368. https://doi.org/10.1007/s10539-006-9036-8.

_____; _____. Evolved Cognitive Bias and the Systemic Status of Scientific Beliefs. *Philosophical Studies*, v. 157, 2012, pp. 411-29. https://doi.org/10.1007/s11098-010-9661-6.

DIAMOND, J. Zoological Classification System of a Primitive People. *Science*, v. 151(3714), 1966, pp. 1102-104. https://doi.org/10.1126/science.151.3714.1102.

_____. The Tasmanians: the Longest Isolation, the Simplest Technology. *Nature*, v. 273, 1978, pp. 185-6. https://doi.org/10.1038/273185a0.

_____. *Armas, germes e aço:* os destinos das sociedades humanas. 6. ed. Trad. S. S. Costa, C. Cortes e P. Soares. Rio de Janeiro: Record, 2005.

DUNBAR, K. N. Understanding the Role of Cognition in Science. In: CARRUTHERS, P. S.; STICH, S.; SIEGAL, M. (eds.). *The Cognitive Basis of Science*. Cambridge: Cambridge University Press, 2002, pp. 154-70.

HAIDT, J.; JOSEPH, C. Intuitive Ethics: How Innately Prepared Intuitions Generate Culturally Variable Virtues. *Daedalus*, v. 133, n. 4, 2004, pp. 55-66. http://www.jstor.org/stable/20027945.

JURMAIN, R.; KILGORE, L.; TREVATHAN W. *Essentials of Physical Anthropology*. 7. ed. Florence: Wadsworth Publishing, 2009.

LEWIN, R.; FOLEY, R. A. *Principles of Human Evolution*. Oxford: Blackwell Publishing, 2004.

SHENNAN, S. Demography and Cultural Innovation: a Model and Its Implications for the Emergence of Modern Human Culture. *Cambridge Archaeology Journal*, v. 11, n. 1, 2001, pp. 5-16. https://doi.org/10.1017/S0959774301000014.

STEWART-WILLIAMS, S. Innate Ideas as a Source of Metaphysical Knowledge. *Biology and Philosophy*, v. 20, 2005, pp. 791-814. https://doi.org/10.1007/s10539-004-6835-7.

TANGNEY, J. P.; STUEWIG, J.; MASHEK, D. J. Moral Emotions and Moral Behavior. *Annual Review of Psychology*, v. 58, 2007, pp. 345-57. https://doi.org/10.1146/annurev.psych.56.091103.070145.

BASES INSTITUCIONAIS DA CIÊNCIA

O campo científico é o conjunto de agentes e instituições que produzem conhecimento científico e o divulgam. O campo científico tem a sua especificidade garantida pelo conjunto de programas de pesquisa e de métodos. No interior do campo científico, ocorrem as atividades dos cientistas e é também onde as suas divergências são resolvidas. A pesquisa científica é realizada por grupos, muitas vezes em laboratórios que exigem financiamento abundante, e pode ser básica, aplicada ou para desenvolvimento de produtos. A pesquisa básica é feita principalmente nas universidades de pesquisa, que surgiram na Alemanha no século XIX, com forte vinculação com a indústria. A pesquisa aplicada e de desenvolvimento de produtos é em geral feita na indústria. O financiamento da pesquisa a princípio ocorreu por meio de doações que mantinham institutos de pesquisa e, após a Segunda Guerra, passou a depender principalmente dos Estados. A ciência avança com o surgimento de novos conceitos e mecanismos, e predominam os que angariam mais apoios e os que levam a expansões do arcabouço científico. O uso de indicadores científicos para fins de gestão da ciência e do conhecimento culto foi obra inicial de Solla Price e Garfield. Esses indicadores são os índices de citação e de impacto – que devem ser usados com cuidado, pois são relativos. Ainda que o uso desses indicadores para avaliação individual deva ser acompanhado por avaliação qualitativa feita por especialistas, os índices são ótimos para avaliar a eficiência do investimento em ciência na geração de resultados relevantes.

13.

SOCIOLOGIA DA CIÊNCIA E CRÍTICA À VISÃO CONSTRUTIVISTA DA CIÊNCIA

13.1.
SOCIOLOGIA DA CIÊNCIA

A ciência, como vimos anteriormente, é um empreendimento social, e, desse modo, pode se tornar um objeto da Sociologia. A **Sociologia da Ciência** é o estudo dos padrões de ações dos indivíduos no processo de produção científica. Logo, a Sociologia da Ciência não estuda a metodologia usada na formação do conteúdo da ciência, que é tarefa da Filosofia da Ciência, que foi objeto da Parte B deste livro. Os primeiros estudos sociológicos sobre a ciência foram realizados pelo sociólogo americano Robert K. Merton (1910-2003) e mostraram que há um conjunto de valores básicos que seriam compartilhados pelos cientistas. Esses valores ficaram conhecidos como **normas sociais mertonianas** da ciência e incluem: a apreciação das ideias científicas a despeito da origem social de seus autores (**universalismo**), o compartilhamento universal dos resultados científicos (**comunalismo**), o desinteresse em vantagens pessoais, porém ambicionando o reconhecimento dos pares (**desinteresse**), e a crítica continuada dos achados científicos (**ceticismo organizado**). O resultado é a formação de uma comunidade científica em certa medida homogênea que segue regras, e possui um sistema social interno que é autônomo e reconhecido pela sociedade (Merton, 1973).

Ainda segundo Merton (1973), a principal motivação do cientista, seu sistema de recompensa, é o reconhecimento, sobretudo em relação à primazia de alguma ideia. Dessa forma, o cientista tende a trabalhar em algo que lhe seja interessante e ao mesmo tempo importante para os outros com vistas a ganhar reconhecimento. Com a multiplicação dos trabalhos e das linhas científicas, o reconhecimento no sentido formulado por Merton ficou restrito a poucas exceções. Em seu lugar, ser citado de forma frequente passou a ser a recompensa. De qualquer modo, segundo Merton (1973), o sistema de recompensa científico funciona principalmente como incentivo ao pensamento criativo. De acordo com Bourdieu (2001/2004), o sistema de recompensa tem outras consequências, sobretudo nos campos menos autônomos (menos consolidados). Nesses campos, o sistema de recompensa tende a dirigir os cientistas mais produtivos e criativos para a construção da ciência e a desviar os demais para carreiras administrativas, o que pode ser fator de inércia e conservadorismo. Bourdieu (2001/2004) exemplifica essa situação com o posicionamento dos pesquisadores franceses de letras e ciências humanas (ver adiante).

De acordo com Kuhn (1970/1998), a coletividade de cientistas forma a comunidade científica, que é fechada e compartilha uma série de problemas e de métodos adaptados para o seu trabalho. Embora a concepção de comunidade científica seja útil, ela não permite avaliar a sua heterogeneidade, revelando detalhes do processo de criação de ciência, nem como as ações dos cientistas afetam uns aos outros e como as suas divergências são resolvidas. Em outras palavras, ela não permite descrever a vida dos produtores de ciência como vida social que, portanto, tem regras, constrangimentos, estratégias, práticas de dominação, roubo de ideias etc. Como salientado por Merton (1973), esses comportamentos são comuns entre os cientistas. É o que também descreveu o biólogo americano James D. Watson (1928-; Nobel, 1962) em *A dupla hélice*, publicado em 1968. Nesse livro, Watson (1968/2014) narra de forma divertida os eventos que levaram à sua descoberta da estrutura do DNA, em associação com o físico inglês Francis Crick (1916-2004; Nobel 1962). O livro narra a busca frenética pela prioridade da descoberta, o reconhecimento de quem é o seu principal concorrente a ser derrotado, o químico americano Linus Pauling (1901-1994; Nobel 1954), e a necessidade de dados de colegas, muitas vezes relutantes em contribuir ou que contribuíram de forma inadvertida, exemplificada pela química inglesa Rosalind Franklin (1920-1958).

BASES INSTITUCIONAIS DA CIÊNCIA

A introdução da categoria sociológica campo científico permitiu um avanço no conhecimento da natureza do processo de criação de ciência. **Campo científico** é o conjunto de agentes e instituições que produzem conhecimento científico e o divulgam. O que faz a especificidade do campo científico é o conjunto de programas de pesquisa, métodos de validação e consolidação dos resultados de pesquisa aceitos pelos agentes do campo, assim como os processos de divulgação do conhecimento produzido e de recrutamento de novos membros para se incorporarem ao campo. Desta forma, a categoria campo científico inclui tanto uma área do conhecimento científico, especificada por seus programas de pesquisa, quanto a coletividade de pessoas que trabalham no campo. Independentemente da especificidade de cada subcampo do campo científico, todos eles compartilham três características: (1) o campo é fechado, o que faz com que cada pesquisador tenha um público, que é aquele mais capaz de criticá-lo e até mesmo de refutar suas proposições; (2) o trabalho do campo pressupõe que existe uma realidade que pode ser representada e que essa representação pode ser aperfeiçoada com esforço contínuo; (3) a controvérsia científica busca a melhor representação da realidade validada por confronto com o real (adaptado de Bourdieu, 1975; 2001/2004). Uma consequência interessante das características do campo é que o cientista que busca apoio externo ao campo fica desacreditado.

Segundo Bourdieu (2001/2004), quanto mais desenvolvido for um campo científico, isto é, quanto mais sua especificidade for definida e realizada com competência, mais autônomo o campo científico será em relação às influências externas ao campo e, portanto, menos sujeito à politização das desavenças rotineiras em seu interior que resultam do processo de produção de conhecimento. Como exemplificado também por Bourdieu (2001/2004), se perguntarmos aos biólogos (e, poderíamos acrescentar, aos cientistas cognitivos) se seus campos (a ciência, não os pesquisadores) são de direita ou esquerda, eles rirão. Já em relação à Ciência Social, que é menos autônoma que a Biologia e a Ciência Cognitiva, essa questão faz algum sentido. Podemos ver um exemplo da influência da política na Ciência Social pela existência de proposições de mecanismos sociais de "direita", que enfatizam o papel do mercado, e de "esquerda", que dão mais peso às ações sociais (Giddens,

2008). As demandas ou influências sociais são retrabalhadas no interior dos campos autônomos, que lhes atendem ou as rejeitam dentro de suas especificidades. Por exemplo, um campo científico cujo programa de pesquisa seja avançar o conhecimento responderá de forma muito diferente de um campo cuja atividade seja produzir aplicações da ciência.

Os campos científicos mais autônomos, por já terem avançado bastante na construção do conhecimento, oferecem horizontes claros de possibilidades para o trabalho científico. Isso torna pouco provável que o campo científico trabalhe em função dos interesses de pesquisadores isolados com suas escolas de pensamento e ação. Os chamados gênios da ciência nesses campos, como Newton e Einstein, são, na verdade, indivíduos excepcionais que participaram da construção do conhecimento em seus respectivos campos científicos, e não indivíduos únicos que, caso não tivessem existido, a ciência não teria progredido. Os campos com autonomia constantemente ameaçada, como a Ciência Social, têm de estar vigilantes para evitar que sejam orientados a favor de indivíduos e não pelas demandas do próprio campo (Bourdieu, 2001/2004).

A incorporação do conhecimento gerado no conhecimento científico estabelecido (consolidado) torna-o público e de conhecimento geral. Em consequência, a fonte do conhecimento incorporado deixa progressivamente de ser citada por ser considerada de conhecimento de todos. Esse fenômeno foi chamado de **obliteração** por Garfield (1975), que o exemplificou com a razão entre a circunferência e o diâmetro de um círculo, que chamamos de π, sem nos referirmos a Arquimedes, o primeiro a obter um algoritmo para calcular a referida razão no século III a.C. Garfield (1975) também afirma que a maior homenagem que a coletividade de cientistas pode fazer a um pesquisador é tornar o seu trabalho anônimo, sem sujeito, pois isso significa o completo reconhecimento de seu trabalho.

O fato de o processo de despersonalização e universalização do conhecimento ocorrer no campo científico, que inclui os competidores mais capazes de julgar a validação de qualquer proposição apresentada por um agente do campo em relação à realidade, torna o conhecimento científico não reduzível às condições históricas e sociais de sua produção (Bourdieu, 1975).

BASES INSTITUCIONAIS DA CIÊNCIA

A estrutura das relações entre os agentes do campo científico determina o poder que um agente pode ter ou não de influenciar a direção do campo quanto ao que vale a pena pesquisar e ao modo como os resultados podem ser validados, consolidados e divulgados, isto é, determina o poder de afetar a especificidade do campo. O poder do agente pode ser pessoal, resultante de seu reconhecimento como cientista destacado a partir de vários indicadores, o que lhe confere autoridade sobre os seus pares; ou pode ser institucional. Neste último caso, o poder desse cientista é consequência da posição ocupada na direção de institutos, em posições na universidade, em órgãos de financiamento à pesquisa etc. (Bourdieu, 1975).

O exercício do poder pelos líderes em um campo se dá na forma de distribuição de benefícios dentro do campo (reconhecimento, espaços de laboratório, cargos, verbas etc.) aos que compartilham com eles os modelos do que e como pesquisar. Inovações científicas importantes podem destruir as bases do prestígio e, portanto, do poder de lideranças antigas, que podem em consequência tentar resistir às mudanças. A observação da dificuldade em aceitar inovações por parte de alguns cientistas levou o físico alemão Max Planck (1858-1947; Nobel em 1918) a exagerar em sua famosa declaração de 1948: "Uma nova verdade científica nunca triunfa por conseguir convencer adversários, mostrando-lhes a luz, mas porque esses adversários morrem e surge uma nova geração para a qual essa verdade é familiar" (Planck, 2012).

As inovações científicas podem também alterar a hierarquia de valores associados a diferentes formas de prática científica, mudando o prestígio das várias áreas da ciência, com setores tornando-se obsoletos e outros passando a ser dominantes. Um exemplo irá ilustrar o processo. O desenvolvimento bem-sucedido da Biologia Molecular aumentou a ilusão de que tudo em Biologia poderia ser descrito apenas em termos moleculares. Surgiram declarações como: "só existe uma Biologia e essa é a Biologia Molecular"; além de declarações de desprezo a áreas tradicionais da Biologia, que foram comparadas aos colecionadores de selos. Essa situação é narrada no capítulo "Guerras moleculares" das memórias científicas de Edward O. Wilson (1929-2021) (Wilson, 1994), que usa como exemplo o departamento de Biologia na Universidade de Harvard, do

FILOSOFIA DA CIÊNCIA

qual fazia parte, após a admissão do biólogo americano James D. Watson (1928-) logo na sequência do desvendamento da estrutura do DNA por Watson e Francis Crick (1916-2004). A situação defensiva das disciplinas tradicionais da Biologia não durou muito. As preocupações ambientais trouxeram as atenções de volta à Ecologia, e, do mesmo modo, as iniciativas de preservação da biodiversidade resgataram o prestígio dos "colecionadores de selos" (sistematas), que tiveram de se refugiar em museus após serem hostilizados em muitas universidades.

Os campos científicos com menor autonomia, frequentemente, apresentam uma diferença maior de prestígio entre aqueles que se destacam por seu trabalho científico avaliado por indicadores variados e aqueles que ocupam posições no estabelecimento científico. Bourdieu (1997/2003) dá como exemplo a distribuição de professores de letras e ciências humanas do ensino superior francês, pelo menos até 1997, em que quanto mais próximos dos polos de poder estão os professores, menos prestígio têm como cientistas. Essa é uma situação perversa porque, como observado por Bourdieu (1997/2003), quanto mais as pessoas ocupam posições favorecidas nas instituições do campo, mais elas tendem a conservar a estrutura e suas posições. Ainda segundo Bourdieu (1997/2003), isso tem importantes consequências no recrutamento de novos agentes para ingressar no campo. Enquanto nos concursos de ingresso para a carreira superior, por exemplo, os campos com maior grau de autonomia elegem como qualidades desejadas a competência já demonstrada e a criatividade dos ingressantes, nos campos menos autônomos o recrutamento tende a ser feito de forma burocrática, com a definição do posto pré-ajustada ao candidato desejado.

A unidade do trabalho científico no interior do campo científico é o grupo de pesquisa que pode pertencer à instituição especializada ou não (ver seção 14.2). O grupo possui relativa autonomia no interior do campo de pesquisa e sua posição ali é em geral dependente do prestígio de seu(s) líder(es). O financiamento do trabalho científico é feito por entidades públicas e privadas, e será objeto da seção 14.3.

A partir do final do século XX, surgiram críticas às normas sociais da ciência propostas por Merton (universalismo, comunalismo, desinteresse material e ceticismo organizado) devido às numerosas violações

280

reportadas. Por exemplo, é frequente a credibilidade maior ser dada aos resultados de pesquisadores de universidades renomadas ou de países que lideram na produção científica. Muita pesquisa é feita com interesse em produtos patenteáveis, o que pode resultar em atrasos premeditados na divulgação dos resultados ou na relegação da crítica ao segundo plano em função do prestígio dos pesquisadores envolvidos. Em vista de observações como essas, as normas mertonianas passaram a ser entendidas mais como forma de os cientistas justificarem a não interferência da sociedade do que como normas que os cientistas realmente seguiam. Isto é, as normas seriam uma forma de ideologia dos cientistas. Contudo, como o próprio Merton afirmou, se podemos falar em violações das normas é porque elas existem. A despeito dessa observação de Merton, porém, houve uma reavaliação das normas sociais da ciência para levar em consideração a maior institucionalização da ciência, que acompanhou os investimentos maciços que se fizeram em ciência, flexibilizando as normas do universalismo e do desinteresse material. Houve também a criação de mecanismos aperfeiçoados para assegurar o cumprimento das normas (Vinck, 2010). Assim, a pesquisa passou a visar tanto à relevância teórica dos resultados a serem obtidos quanto ao seu interesse comercial, levando à aceitação de segredo limitado no que tange aos resultados da pesquisa. Comitês de ética foram criados para fiscalizar o cumprimento das normas, e procedimentos de controle de plágio tornaram-se comuns. Além disso, a escolha de pareceristas para avaliar a aceitação (ou não) de financiamentos de pesquisa e a divulgação dos resultados de pesquisa passou a ser feita de maneira a assegurar a maior neutralidade possível nas avaliações. Por exemplo, passou a ser prática corrente a exigência de pesquisadores de várias nacionalidades, faixas etárias e gêneros. Outros exemplos podem ser encontrados em Vinck (2010).

Como vimos, o atendimento das demandas sociais pelos campos científicos é um processo frequentemente pouco perceptível e depende da especificidade de cada campo. Contudo, a sociedade influencia de forma mais direta o desenvolvimento da ciência, principalmente, de duas maneiras: mediante a alocação de grandes recursos para áreas escolhidas, como será discutido em detalhes na seção 14.3, e ao delimitar o campo do possível. A alocação de recursos garante o desenvolvimento de uma grande área, mas não define o conteúdo da ciência a ser produzido, exceto para objetivos tecnológicos (por exemplo, o desenvolvimento da bomba atômica, a viagem à Lua, a busca por vacinas).

O **campo do possível** (Jacob, 1970/1985) é o conjunto de condições científicas, culturais e institucionais que favorecem ou dificultam o desenvolvimento da ciência. Vejamos alguns exemplos extraídos de Terra e Terra (2016) sobre o efeito do campo do possível no desenvolvimento da ciência.

No final do século XIX, teve início a "nova Biologia", um programa de desenvolvimento da Biologia que imitava os métodos da Física e da Química (Allen, 2005). Tratava-se, pois, de um tipo de reducionismo filosófico calcado na premissa de que todas as entidades complexas (seres vivos, ecossistemas, sociedade etc.) poderiam ser completamente explicadas pelas propriedades de suas partes. Essa perspectiva reducionista se opõe à **Filosofia organicista**, que afirma que os organismos possuem princípios organizadores e não podem ser explicados apenas pelas propriedades de seus componentes. Em outras palavras, para a Filosofia organicista os organismos são sistemas emergentes. O avanço da nova Biologia teve duas consequências. A primeira consequência foi o surgimento da Biologia Molecular, que resultou do incentivo ao uso de processos físicos e químicos em Biologia e da disponibilização de financiamento adequado. A Biologia Molecular é o trabalho interdisciplinar (Bioquímica e Genética) relacionado à pesquisa da natureza física e química dos genes, assim como de sua replicação (por ocasião da reprodução), e o mecanismo pelo qual os genes geram os efeitos visíveis no organismo. A metodologia criada pela Biologia Molecular passou a ser usada por outras disciplinas da Biologia (ver seção 9.2). Nesse caso, o ambiente científico e cultural impulsionou a ciência. A outra consequência da nova Biologia está relacionada à sua completa hostilidade a quaisquer visões organicistas da vida (mesmo que claramente não vitalistas), que são então entendidas como quase metafísicas e experimentalmente sem futuro (Allen, 2005). O vitalismo, como vimos, admite a existência de um princípio não material que dirige o ser vivo. Essa posição da nova Biologia, porém, levou à inibição da pesquisa em embriologia experimental contemporânea, pois esse tipo de pesquisa foi acusado de ser vitalista. Na verdade, a embriologia era organicista, mas não era vitalista. O eclipse da embriologia experimental perdurou da década de 1930 à década de 1990 (Gilbert, Opitz e Raff, 1996). Essa segunda consequência ilustra o efeito negativo das condições culturais, representadas aqui pela Filosofia reducionista, no avanço da ciência.

Outro exemplo interessante refere-se aos cerca de 15 anos que separam o desenvolvimento da Biologia Molecular na Alemanha em relação a Estados Unidos, Inglaterra e França. Isso seria inesperado pelo fato de que, até os anos 1930, a Alemanha foi líder na maioria dos campos da Biologia, como pode ser visto na lista de pesquisadores alemães agraciados com o Prêmio Nobel. As evidências sugerem que a falha no desenvolvimento inicial da Biologia Molecular na Alemanha após 1945 resultou, primeiro, da emigração forçada de bioquímicos judeus (muitos dos quais estiveram diretamente envolvidos nos avanços daquela ciência fora da Alemanha) que teria sido muito maior percentualmente se comparada à de cientistas de outras especialidades. Além disso, também foi negativa a rigidez do sistema universitário alemão, a qual dificulta trabalhos multidisciplinares, que, por sua vez, estão na gênese da Biologia Molecular. Por fim, e provavelmente tão ou mais importante, foi a insatisfação com os rumos da Biologia, que, para muitos alemães, era de um pragmatismo reducionista (reflexo da "Nova Biologia"), avesso à tradição organicista alemã (Deichmann, 2002). A Biologia Molecular somente passou a ser praticada na Alemanha graças aos esforços do alemão Max Delbrück (1906-1981, Nobel em 1969), que, vivendo exilado nos Estados Unidos, construiu pontes entre instituições alemãs e estadunidenses, possibilitando o treinamento de jovens alemães naquele país (Deichmann, 2002). O tempo mostrou que era possível desenvolver a Biologia Molecular de forma equilibrada com uma visão organicista, o que acabou levando ao renascimento na Alemanha da embriologia experimental em Heidelberg (Alemanha) com os envolvidos agraciados com o Prêmio Nobel (Cohen, 1995).

O orgulho nacional e os preconceitos, que resultam da articulação de módulos cognitivos morais com virtudes sociais (ver seção 12.3), podem afetar as interpretações científicas, como ilustrado no chamado caso do Homem de Piltdown (Gould, 1980/2004). Em 1912, um arqueólogo amador chamado Charles Dawson descreveu um achado feito em Piltdown,

Inglaterra, do que seriam partes da cabeça de um fóssil humano. Os fragmentos ósseos foram levados a Arthur S. Woodward, do Departamento de Geologia do Museu Britânico. Woodward, após a reconstrução dos achados, declarou que se tratava de restos do elo perdido entre o homem e o símio, com cérebro grande e mandíbula similar à de um macaco. Em artigo publicado já em 1913 na revista *Nature*, David Waterston, então professor de Anatomia do King's College, comparou as radiografias da mandíbula do Homem de Piltdown com a de um chimpanzé, e indicou que a mandíbula e o crânio do achado não poderiam pertencer ao mesmo indivíduo. No entanto, a fraude só foi desmascarada em 1953, depois que um teste com flúor feito em 1949 mostrou a idade contemporânea dos ossos (Gould, 1980/2004). A razão da aceitação por tanto tempo do Homem de Piltdown como um elo perdido, pelo menos por parte da comunidade científica, parece ter sido o fato de que as suas características (crânio grande e mandíbula de macaco) sugeriam que se tratava de um representante muito mais antigo que os Neandertais, ausentes na Inglaterra, mas encontrados em vários lugares, inclusive de forma abundante na França. Isso tornaria a Inglaterra a sede do primeiro ancestral humano, enquanto os Neandertais passariam a ser considerados um ramo lateral da evolução humana. Além do fator orgulho nacional inglês, a crença contemporânea na supremacia do cérebro humano levara à hipótese (que depois se mostrou errônea) de que o cérebro ampliado teria precedido todas as outras alterações no corpo humano. Assim, o Homem de Piltdown se adequava a essas expectativas (Gould, 1980/2004). O desmascaramento da fraude de Piltdown mostra, contudo, que a crítica contínua, que é característica da ciência, acaba por levar à rejeição dos argumentos não validados de forma ampla.

13.2.
CRÍTICA À VISÃO CONSTRUTIVISTA DA CIÊNCIA

A partir das décadas de 1970 e 1980, começaram a surgir estudos que rejeitavam a capacidade da ciência em representar a realidade e que foram chamados de Filosofia da Ciência da "Nova era" (Koertge, 2000).

BASES INSTITUCIONAIS DA CIÊNCIA

Dentre esses estudos, temos o chamado "programa forte" da Sociologia do conhecimento, desenvolvido por estudiosos britânicos, que defendiam a relatividade de todo conhecimento, negando à ciência uma posição privilegiada. Outro grupo importante foram aqueles que ficaram conhecidos como "estudos sociais da ciência", levados adiante nos Estados Unidos.

Nos Estados Unidos, os grupos envolvidos com os estudos sociais da ciência alinhavam-se em institutos dirigidos por professores que, na universidade, estavam alocados em departamentos de língua e literatura inglesa – como o Center for Interdisciplinary Studies in Science and Cultural Theory, na Universidade Duke, e o Center for the Critical Analysis of Contemporary Culture (atual Center for Cultural Analysis), na Universidade Rutgers. O desenvolvimento das técnicas de crítica literária chamou a atenção para a relatividade na interpretação de qualquer texto. A partir dessa base, esses estudiosos começaram a analisar os textos científicos e, embora com precário conhecimento científico, passaram a produzir livros e ensaios que criticavam a ciência (Koertge, 2000).

Os trabalhos dos grupos de estudos sociais da ciência e do programa forte de Sociologia do conhecimento científico foram a princípio criticados por Gross e Levitt (1994) e, posteriormente, em uma coletânea que incluía cientistas, médicos, historiadores, filósofos da ciência e um especialista em literatura inglesa organizada por Gross, Levitt e Lewis (1996). Seus artigos documentam tentativas de invalidar raciocínios científicos e padrões mínimos de racionalidade em temas que vão desde medicina alternativa, passando por charlatanismo acadêmico, criacionismo "científico", ciência patológica social e ecossentimentalismo (citado em Koertge, 2000). Essa publicação foi o ímpeto do que ficou conhecido como "guerras das ciências", isto é, uma enorme controvérsia entre representantes principalmente das ciências exatas, de um lado, e das ciências humanas, de outro. Mais tarde, para mostrar a falta de seriedade da posição dos referidos estudiosos de ciência americanos e dos sociólogos britânicos, Alan D. Sokal (1955-), físico e matemático da Universidade de Nova York, além de acadêmico de esquerda, resolveu testar a capacidade desses pensadores em identificar um trabalho sem sentido. Sokal submeteu para publicação um artigo em que alegava apresentar os traços preliminares

FILOSOFIA DA CIÊNCIA

de uma "ciência pós-moderna liberadora" (que desafiaria os pressupostos e a orientação da ciência estabelecida), a partir de afirmações infundadas a respeito dos desenvolvimentos nos estudos sobre a gravidade quântica. O trabalho, para sua surpresa, foi aceito no periódico *Social Text* (Sokal, 1996a), editado pela Universidade Duke, em número especial justamente sobre as chamadas "guerras das ciências". Após a aceitação de seu artigo, Sokal denunciou o absurdo na revista *Lingua Franca* (Sokal, 1996b) e criticou a esquerda que, tradicional aliada da ciência contra o obscurantismo, passou a referendar um relativismo cultural, renegando sua própria origem e inviabilizando uma crítica social capaz de orientar ações progressistas. Os editores de *Social Text* foram agraciados com o prêmio IgNobel de literatura em 1996 por "publicarem pesquisa que não poderiam entender, que o autor disse que era sem sentido e que afirmava que a realidade não existia" (www.improbable.com/ig/winners/#ig1996). A ação de Sokal ficou conhecida como o "embuste de Sokal" ("*Sokal's hoax*", em inglês) (Feist, 2006), intensificando uma discussão que já estava bastante acalorada. Apesar do embuste de Sokal e das "guerras das ciências", a cooperação entre a Ciência Social e as demais não parou de crescer, como exemplificado nos trabalhos citados ao longo de todo este livro.

A visão dos proponentes dos estudos sociais da ciência não teve muita repercussão na Filosofia da Ciência como um todo, mas as teses do relativismo cultural, na forma do construtivismo social desenvolvido por sociólogos da ciência britânicos, tiveram impacto maior e, por isso, nós discutiremos o relativismo em detalhes. Esses sociólogos, ao desenvolverem a tese do relativismo social, objetivavam substituir a Filosofia da Ciência na análise dos procedimentos metodológicos usados na formação do conteúdo da ciência, gerando interpretações equivocadas, como veremos a seguir.

Karl Marx foi o primeiro a mostrar que a ciência institucional, que se desenvolveu pioneiramente na Europa ocidental, surgiu associada ao sistema capitalista, que a empregava para desenvolver tecnologias de produção. Marx também argumentou que a ciência não é parte da ideologia capitalista, isto é, não faz parte do ideário que defende o sistema capitalista enquanto sistema, mas que, ao contrário, ela é objetiva (Railton, 1991).

BASES INSTITUCIONAIS DA CIÊNCIA

A partir da observação de Marx da relação da origem da ciência com o desenvolvimento do capitalismo e com base em seus estudos sobre a sociedade do século XX, o filósofo e político soviético Nikolai Bukharin (1888-1938) e o físico, formado em Edinburgh, e historiador da ciência soviético Boris Hessen (1893-1936) concluíram (diferentemente de Marx) que a ciência é uma ideologia capitalista. Em conclusão, esses autores afirmaram que a ciência reflete interesses da burguesia e que a noção de ciência pura é ideologia capitalista (Vinck, 2010). Bukharin e Hessen inspiraram um grupo de cientistas britânicos e os sociólogos britânicos que desenvolveram as teses do relativismo cultural (Vinck, 2010).

Vamos iniciar a discussão do relativismo cultural com alguns conceitos básicos. **Construção social da sociedade** é o processo de formação das **instituições sociais**. Estas são construídas e mantidas pelas ações dos indivíduos. Isso significa que as instituições sociais são formadas por complexos de ações individuais consensualmente estabelecidos ou impostos e organizados para atingir determinados objetivos. Em outras palavras, as instituições sociais são formadas por regras a que os indivíduos obedecem e que, combinadas entre si, estabelecem papéis sociais, como os de juiz e policial. Os papéis, por sua vez, combinam-se com outros e geram instituições, como tribunais e escolas (Rosenberg, 2012), que desempenham funções na sociedade. Devido a isso, as instituições de uma sociedade são identificadas por suas funções. Sem dúvida, a construção da sociedade é limitada por condições físicas, biológicas, cognitivas e precondições sociais; em uma palavra, pela realidade.

Estudos transculturais, isto é, comparações entre culturas diferentes, mostraram a arbitrariedade na escolha de características sociais que são tomadas como se fossem imutáveis. Contudo, é possível traduzir a linguagem das diferentes culturas. Segundo a argumentação do filósofo americano W. V. O. Quine (1908-2000), essa tradução só é possível se pudermos atribuir de forma aproximada as mesmas crenças, princípios lógicos e equipamento perceptivo entre povos de diferentes culturas (Quine, 1960/2010). Por conseguinte, se todos os *Homo sapiens* têm o mesmo conjunto de crenças básicas, a mesma lógica e o mesmo senso comum, em última instância, todas as crenças divergentes de povos de cultura divergentes

287

FILOSOFIA DA CIÊNCIA

serão mutuamente traduzíveis e abertas para verificação por um único padrão compartilhado de verdade (Rosenberg, 2012).

Em contraposição aos argumentos de Quine, o **relativismo cultural** afirma que toda verdade depende de um ponto de vista e que as discordâncias entre os pontos de vista são irreconciliáveis, de modo que não existem verdades absolutas. Em outras palavras, não existiria um padrão único para orientar as justificativas do que é ou não aceitável em geral. O relativismo em relação à ciência afirma que o conhecimento científico é produto de condições sociais e econômicas específicas e, por essa razão, não poderia ter a objetividade e a universalidade que afirma ter. Uma versão desse relativismo é o chamado **construtivismo social**, que presume que a realidade é uma construção social em todos os seus aspectos, e, com isso, rejeita os fatos coletados pela Ciência Cognitiva que corroboram a existência de uma cultura inata comum a todos os seres humanos. Afirmação similar ao construtivismo social poderia ser apontada em Kuhn (1970/1998), quando o autor afirma que, quando os paradigmas mudam, o mundo também muda. Afirmações de teor semelhante também são encontradas na obra do sociólogo francês Bruno Latour (1947-2022), que afirma que a realidade é produto das decisões de cientistas ao resolverem suas controvérsias (Latour, 1987/2000).

Kuhn, apesar de uma tese sobre os paradigmas, nunca desenvolveu a ideia de construtivismo social e, na verdade, em escritos posteriores, repudiou claramente essa ideia (Kuhn, 2000/2003). Detalhes sobre esse tema, que não será discutido aqui, podem ser encontrados em Godfrey-Smith (2003). Latour, em outra parte de seu livro (Latour, 1987/2000), mostra o valor do confronto das conjecturas com a realidade, particularmente ao descrever o resultado negativo em relação ao hormônio que se pensava estimular a secreção do hormônio de crescimento. A observação feita no laboratório de Bioquímica que o abrigou durante os seus estudos mostrou que o hormônio supostamente estimulante em estudo, ao contrário do que se supunha, inibia a liberação do hormônio de crescimento. Esse resultado alterou a trajetória de experimentos e explicações do laboratório, como narrado no próprio livro de Latour, o que o afasta do construtivismo. Uma das características do construtivismo é a negação da validação por confronto com a realidade.

Latour (1987/2000), no entanto, descreve o empreendimento científico como se fosse uma luta política, em que os vencedores eram aqueles cujas proposições deixavam de gerar controvérsias, tornando-se, assim, fatos. Essa luta fica clara por alguns títulos de seus capítulos, como: "Escrevendo textos que resistam a ataques em ambiente hostil", "Configurando novos aliados", "Arregimentando amigos", "Contando aliados e recursos" etc. Embora os fatos narrados por Latour possam ocorrer no ambiente do laboratório, ele ignora que, durante parte significativa do tempo, cientistas estão procurando soluções para problemas no desenvolvimento de conjecturas, planejando métodos de validação e discutindo com colegas a qualidade das interpretações dos resultados e as validações das proposições. O linguajar de Latour dá a impressão de que os fatos científicos são produtos de consenso entre os cientistas, quando, na verdade, o produto de consenso são as interpretações dos fatos. Pode-se dizer que a descrição feita por Latour sobre a incorporação das descobertas no conhecimento científico é uma versão algo sensacionalista da descrição do processo de consolidação dos argumentos científicos oferecida na seção 6.3. Em relação às proposições vencedoras e perdedoras da discussão de Latour, é suficiente relembrarmos (ver capítulo 10) que as interpretações dos fatos, ou melhor, dos objetos e dos processos científicos não têm o mesmo *status*. Aqueles mais validados são tidos como mais seguros, mas mesmo esses estão sujeitos a críticas caso se encontrem dificuldades para validar proposições que neles se baseiam. Um exemplo de interpretação científica que vigorou por anos, mas que depois foi rejeitada, é o do chamado Homem de Piltdown, discutido anteriormente.

Como apontado, Kuhn e Latour não são defensores do construtivismo social. Os verdadeiros defensores do construtivismo social são os adeptos de uma forma de Sociologia da Ciência intitulada "programa forte de Sociologia do conhecimento científico". O referido programa foi iniciado pelos pesquisadores de Edinburgh, Escócia, e liderado por Barry Barnes (1943-) e David Bloor (1942-).

Kitcher (1998) listou quatro pontos básicos do construtivismo social, denominados por ele dogmas dos estudos sociais da ciência: 1) não há verdade fora da aceitação social (isto é, da construção social da

FILOSOFIA DA CIÊNCIA

realidade); 2) nenhum sistema de crença é baseado na razão ou na realidade, e nenhum sistema de crença é privilegiado; 3) não deve haver assimetrias na explicação da verdade ou da falsidade relativa à sociedade ou à natureza; 4) a atenção deve ser sempre às categorias usadas pelos atores (os atos devem ser sempre interpretados nos termos de mobilizados por seus praticantes). Em outras palavras, para o construtivismo social não existe um padrão único para orientar as justificativas do que é ou não aceitável, o que implica que a ciência não pode ter a objetividade e a universalidade que afirma ter. Além disso, em qualquer controvérsia, as versões de diferentes observadores teriam o mesmo valor. Vejamos alguns exemplos do tipo de dificuldades que resulta desse conjunto de afirmações para o entendimento dos eventos.

O sistema de orientação de navegação aérea e marítima ao redor do globo por GPS (*Global Positioning System*) foi construído assumindo-se que existe uma realidade universal, em confronto com a qual foram geradas representações que serviram de base para a montagem do sistema. O GPS depende da existência de uma rede de satélites em órbita geoestacionária, cuja descrição (e cálculo) só é possível a partir de proposições da Física. Os satélites são colocados em órbita por foguetes, cujo empuxo é produzido por reações previstas pela Química. Sistemas computacionais capazes de medir simultaneamente a distância do usuário do GPS em relação a vários satélites foram desenvolvidos, considerando-se que os relógios dos satélites variavam de ritmo em função da gravidade (efeitos relativísticos) para, finalmente, definir a posição do usuário do GPS no globo com erros de centímetros. Não aceitar a objetividade universal da ciência implicaria admitir que o sistema de GPS funciona por coincidência, o mesmo ocorrendo com o sistema Waze, que orienta os motoristas a dirigir para os seus destinos. Outra consequência da rejeição da objetividade universal da ciência é que as conclusões das ciências não se aplicariam a sociedades sem ciência. Assim, os aviões não deveriam poder sobrevoar comunidades indígenas, pois, como essas comunidades não possuem a ciência da Física, as leis da mecânica não funcionariam ali. Finalmente, uma crítica bem-humorada ao construtivismo social, segundo o qual a ciência é uma construção social e que, como consequência, não existiria uma base objetiva para preferirmos a crença na ciência no que concerne a outros sistemas de crença, foi feita pelo já mencionado Alan D. Sokal: "qualquer um que acredite que as leis da Física são meras convenções sociais está convidado a transgredir essas convenções na janela de meu apartamento no vigésimo primeiro andar" (Sokal, 1996b).

Vejamos agora, como exemplo, as consequências da aceitação da visão construtivista segundo a qual, em qualquer controvérsia, as versões dos diferentes agentes sociais teriam o mesmo valor, não se admitindo uma visão externa. Suponhamos que, em uma corrida, um conjunto de juízes com ampla experiência e equipamento apropriado chega a um resultado com o qual todos estão de acordo. No entanto, nessa mesma situação, alguns espectadores sem qualquer experiência em julgar corridas e que estavam em uma posição que não facilitava a visão exata do evento se manifestam em desacordo com os juízes. Seria razoável ignorar a experiência e as melhores condições de julgamento dos juízes e deixar a controvérsia sem solução, assumindo que as manifestações dos juízes e dos espectadores têm o mesmo valor?

Como se vê, o construtivismo social leva a conclusões que não são razoáveis. É importante ainda analisar as bases sobre as quais o construtivismo social foi proposto e avaliar a solidez dessas bases. Como veremos, o construtivismo social está baseado em interpretações equivocadas sobre a natureza da atividade científica. Para facilitar a discussão, vamos dividir os temas segundo Kitcher (1998): 1) a observação carregada de conhecimento; 2) a indeterminação da conjectura pela evidência; 3) a variedade de crenças prévias; 4) a escrita da história apenas a partir das categorias dos agentes. Vejamos.

Observação carregada de conhecimento. Há tempos, assume-se que nossas observações da realidade (as do senso comum ou as científicas) pressupõem uma série de conceitos e proposições com os quais atribuímos sentido ao que nos ocorre. Dessas considerações, os construtivistas concluem que a realidade que nos diz respeito é uma construção que se ajusta às nossas categorias prévias. Vejamos como esse pressuposto funcionaria para um indígena responsável pelo rastreamento da caça para sua tribo. O rastreamento é algo muito difícil, pois o rastreador tem de aprender a deduzir as espécies, seu estado de desenvolvimento (adultos, filhotes)

FILOSOFIA DA CIÊNCIA

e o número aproximado de presas, baseando-se na forma do rastro (varia com o animal), na profundidade da pegada (depende do peso do animal e da natureza do solo) etc. Ele aprende a fazer essas observações tendo conhecimento prévio dos tipos de animais e de solos da região em que vive. Suponhamos agora que um novo tipo de animal migre para a região onde se localiza a sua tribo. O rastreador fará previsões a respeito dos animais que poderão ser caçados (baseado no seu conhecimento prévio) e será surpreendido ao encontrar um animal desconhecido no final dos rastros. Depois desse encontro, ele incluirá esse novo animal no conhecimento que orientará as novas observações. A conclusão que se pode tirar daqui é a de que o rastreamento (observação) é orientado por conhecimento prévio que, no entanto, é corrigido em confronto com a realidade. Isso significa que o rastreador não constrói a realidade, mas, em confronto com a realidade, modifica o que conhece. Como vimos, ao discutir a pesquisa exploratória, as observações científicas são orientadas pelo conhecimento científico prévio, mas isso não significa que construam a realidade científica, pois, como no exemplo do rastreador, estão sujeitas a correções em confronto com a realidade.

Indeterminação da conjectura pela evidência. Vimos anteriormente que, para testar uma hipótese, é necessário utilizar hipóteses auxiliares admitidas como corretas. Um teste negativo pode significar que a hipótese está errada ou que algumas das hipóteses auxiliares são inadequadas. Dessa situação, os construtivistas concluíram que a realidade não guarda relação com o que os cientistas aceitam, pois seria moldável pelas hipóteses auxiliares escolhidas. A conclusão é surpreendente e parece que os construtivistas não perceberam que, pelo mesmo raciocínio, é possível concluir que a sociedade (que é parte da realidade) não tem relação com o que os construtivistas aceitam! Voltando ao exemplo do rastreador, assumamos que a tribo viva em região de poucas chuvas e que o treino do rastreador tenha sido sempre em solos secos. Ao fazer previsões sobre a caça a partir da profundidade dos rastros, ele assume (uma hipótese auxiliar) que o solo se comporta como seco. Ao se deparar pela primeira vez com solos molhados, sua previsão a respeito da caça será errônea. Após algum tempo, ele modificará sua hipótese auxiliar relativa ao

BASES INSTITUCIONAIS DA CIÊNCIA

comportamento do solo e voltará a fazer previsões acertadas. A chamada indeterminação da conjectura pela evidência deixa de existir em confronto com a realidade pelo ajuste das hipóteses auxiliares. O mesmo ocorre na atividade científica, pois a substituição das hipóteses auxiliares é feita em confronto com a realidade.

Variedade de crenças prévias. O argumento construtivista aqui é o de que se os cientistas que confrontam a mesma realidade têm crenças diferentes é porque essas crenças resultam das diferentes sociedades em que habitam. Como Kitcher (1998) argumentou, porém, pessoas diferentes podem confrontar a mesma realidade, mas relacionar-se com ela de formas distintas. Por exemplo, pessoas que viajam e que confrontam suas crenças com as de outros povos passam a adotar crenças diferentes. Cientistas mais experimentados e cientistas principiantes terão relações diferentes com a realidade, e isso basta para justificar eventuais diferenças entre suas crenças. Em contrapartida, os construtivistas, particularmente os proponentes do "programa forte" em Sociologia da Ciência, não aceitam que as diferenças entre os atores possam ser decorrentes de suas experiências pessoais diferentes, não necessariamente condicionadas por suas sociedades. Essa incompreensão resultou na proposta do princípio de simetria. Segundo esse princípio, as explicações diferentes propostas por agentes distintos para um mesmo evento teriam o mesmo valor, já que apenas refletiriam suas várias e distintas sociedades ou culturas.

Escrita da história apenas a partir das categorias dos atores. Segundo essa premissa, a narrativa histórica deve ser construída nos termos das categorias dos autores envolvidos, isto é, não pode abarcar conceitos desconhecidos dos envolvidos. É fato que esse enfoque permite estudar a história no interior da perspectiva dos agentes, o que facilita a compreensão de certas controvérsias e discussões de determinada época. Contudo, a recusa em usar conceitos que são desconhecidos para os agentes históricos impede um entendimento mais amplo dos eventos históricos – por exemplo, se procurássemos entender a propagação da peste medieval sem levar em conta a ecologia dos roedores portadores dos germes da peste.

Apesar de criticar as premissas e, por conseguinte, as conclusões das iniciativas da "Nova era", Koertge (2000) chama a atenção para o

FILOSOFIA DA CIÊNCIA

fato de que muitas delas tratam de temas de interesse para a Filosofia da Ciência e que deveriam ser estudados de forma apropriada. Adaptados para o vocabulário que usamos aqui, os temas que Koertge (2000) propõe são:

1. Análise dos meios pelos quais as estruturas sociais da ciência favorecem ou dificultam o alcance do objetivo de melhor representar a realidade, assim como das diretrizes para o estabelecimento de uma política para a ciência.
2. Busca de inter-relações entre as considerações éticas, pragmáticas e de alcance de objetivos de representação da realidade no planejamento das pesquisas científicas.
3. Identificação das relações entre a organização da ciência e as capacidades cognitivas de seus praticantes e usuários.
4. Esclarecimento do papel de figuras, modelos, metáforas e simulações computacionais na ciência.

De forma muito geral, todos os temas avançados por Koertge (2000) foram introduzidos ao longo deste livro.

RESUMO

A Sociologia da Ciência estuda os padrões de ações dos indivíduos nos campos científicos, caracterizados pelos respectivos programas de pesquisa e métodos de validação, consolidação e divulgação do conhecimento produzido e pelos processos de recrutamento de novos membros. As desavenças rotineiras no interior dos campos científicos mais autônomos são resolvidas por processos consensuais sem politização, e o conhecimento científico consolidado tende a se tornar anônimo.

Dois grupos principais rejeitavam a capacidade da ciência em representar a sociedade. Um dos grupos eram os envolvidos com os estudos sociais da ciência vinculados a departamentos de língua e literatura inglesa nos Estados Unidos. O segundo grupo, constituído por sociólogos britânicos, argumentava que a realidade é construção social em todos os seus aspectos (construtivismo social), incluindo ciência, e que, por isso, a ciência não poderia ter a objetividade e a universalidade que afirma ter. A credibilidade do primeiro grupo foi colocada em xeque pelo embuste de Sokal.

Além disso, esse ponto de vista construtivista leva, em última análise, a conclusões pouco razoáveis, como a de que não poderia existir o sistema de GPS, que se baseia na validade mundial da Física ou, ainda, de que os aviões não poderiam sobrevoar comunidades indígenas sem ciência, pois, ali, a ciência não seria válida. O construtivismo social foi proposto a partir de interpretações equivocadas sobre a natureza da atividade científica. A alegação de que a ciência constrói a realidade ignora o fato de que, embora a ciência seja orientada por conhecimento prévio, as afirmações científicas são corrigidas em confronto com a realidade. Os construtivistas admitem que a ciência constrói hipóteses ao fazer uso de hipóteses auxiliares que não seriam questionadas, quando, na verdade, as hipóteses auxiliares, como todas as conjecturas científicas, são corrigidas em confronto com a realidade. Outro argumento construtivista é o de cientistas têm opiniões diferentes porque habitam sociedades distintas, o que despreza o conhecimento comum segundo o qual a vivência de cada pessoa a faz diferente das outras, mesmo que vivam na mesma sociedade. Finalmente, o construtivismo condena a narrativa histórica que se baseia em conhecimento desconhecido pelos atores, mas, ao fazer isso, impede conhecimento mais amplo dos eventos históricos. Por exemplo, a propagação da peste medieval é mais bem historiada se se leva em conta a ecologia dos roedores portadores dos germes da peste. Apesar de certo descrédito trazido aos estudos sociais da ciência pelos construtivistas sociais, a necessidade desses estudos é evidente, e esses estudos estão sendo conduzidos por autores de outras orientações.

SUGESTÕES DE LEITURA

Bourdieu (1997/2003) resume aspectos da Sociologia da Ciência, e Watson (1968/2014) descreve as relações entre os cientistas nos bastidores de uma grande descoberta. Kitcher (1998) discute a maioria dos temas tratados aqui, e Sokal (1996b) comenta o seu embuste aos pós-modernistas e professores de inglês.

FILOSOFIA DA CIÊNCIA

QUESTÕES PARA DISCUSSÃO

1. Qual a diferença entre paradigma, campo científico e campo do possível?
2. Por que as normas sociais da ciência descritas por Merton foram consideradas por outros sociólogos da ciência como sendo ideológicas?
3. Por que os campos científicos com menos autonomia podem sofrer maior influência cultural e política do que os campos científicos com maior autonomia?
4. De que modo, mesmo em campos científicos mais autônomos, elementos culturais e nacionais podem influenciar programas de pesquisa e até mesmo estudos de um caso?
5. Construção social da realidade é o mesmo que construção social da ciência? (As duas "perspectivas" são científicas ou ontológicas?)
6. O conceito de paradigma desenvolvido por Kuhn leva a uma posição relativista?
7. Kuhn e Latour são defensores do construtivismo social da ciência?
8. Por que o embuste de Sokal corroeu o prestígio dos chamados estudos sociais da ciência nos Estados Unidos?

LITERATURA CITADA

ALLEN, G. E. Mechanism, Vitalism and Organicism in Late Nineteenth and Twentieth Century Biology: the Importance of Historical Context. *Studies in History and Philosophy of Science Part C: Studies in History and Philosophy of Biological and Biomedical Sciences*, v. 36, n. 2, 2005, pp. 261-83. https://doi.org/10.1016/j.shpsc.2005.03.003.

BOURDIEU, P. The Specificity of the Scientific Field and the Social Conditions of the Progress of Reason. *Social Science Information*, v. 14, n. 6, 1975, pp. 19-47. https://doi.org/10.1177/053901847501400602.

_____. *Os usos sociais da ciência*: por uma sociologia clínica do campo científico. Trad. D. B. Catani. São Paulo: Editora Unesp, 2003. (Obra originalmente publicada em 1997.)

_____. *Science of Science and Reflexivity*. Trad. R. Nice. Cambridge: Polity Press, 2004. (Obra originalmente publicada em 2001.)

COHEN, B. Nobel Committee Rewards Pioneers of Development Studies in Fruitflies. *Nature*, 377, 1995, p. 465. https://doi.org/10.1038/377465a0.

DEICHMANN, U. Emigration, Isolation and the Slow Start of Molecular Biology in Germany. *Studies in History and Philosophy of Science Part C: Studies in History and Philosophy of Biological and Biomedical Sciences*, v. 33, n. 3, 2002, pp. 449-71. https://doi.org/10.1016/S1369-8486(02)00011-0.

FEIST, G. F. *The Psychology of Science and the Origins of the Scientific Method*. Yale New Haven: University Press, 2006.

GARFIELD, E. "The 'Obliteration Phenomenon' in Science and the Advantage of Being Obliterated". *Current Contents*, 51/52, 1975, pp. 5-7.

GIDDENS, A. *Sociologia*. 6. ed. Trad. A. Figueiredo, A. P. Duarte, C. L. Silva, P. Matos e V. Gil. Lisboa: Fundação Gulbenkian, 2008. (Obra originalmente publicada em 2001).

GILBERT, S. F.; OPITZ, J. M.; RAFF, R. A. Resynthesizing Evolutionary and Developmental Biology. *Developmental Biology*, v. 173, n. 2, 1996, pp. 357-72. https://doi.org/10.1006/dbio.1996.0032.

GODFREY-SMITH, P. *Theory and Reality. An Introduction to the Philosophy of Science*. Chicago: University of Chicago Press, 2003.

GOULD, S. J. *O polegar do panda*. Trad. C. Brito e J. Branco. São Paulo: Martins Fontes, 2004. (Obra originalmente publicada em 1980.)

GROSS, P. R.: LEVITT, N. *Higher Superstition*: the Academic Left and Its Quarrels with Acience. Baltimore: Johns Hopkins University Press, 1994.

_____; _____; LEWIS, M. (eds.). *The Flight from Science and Reason*. Baltimore: The Johns Hopkins Press, 1996.

JACOB, F. *A lógica da vida*. 2. ed. Trad. J. M. Palmerin. Alfragide: Dom Quixote, 1985. (Obra originalmente publicada em 1970.)

KITCHER, P. A Plea for Cience Studies. In: KOERTGE, N. (ed.). *A House Built on Sand*: Exposing Postmodernist Myths About Science. Oxford: Oxford University Press, 1998, pp. 32-56.

KOERTGE, N. "New Age" Philosophies of Science: Constructivism, Feminism and Post-Modernism. *British Journal for the Philosophy of Science*, 51, 2000, pp. 667-83. http://www.jstor.org/stable/3541612.

KUHN, T. S. *A estrutura das revoluções científicas*. 5. ed. Trad. B. V. Boeira e N. Boeira. São Paulo: Perspectiva, 1998. (Obra originalmente publicada em 1962/1970.)

_____. *O caminho desde a estrutura*: ensaios filosóficos, 1970-1993, com uma entrevista autobiográfica. Trad. C. Mortari. São Paulo: Editora Unesp, 2003. (Obra originalmente publicada em 2000.)

LATOUR, B. *Ciência em ação:* como seguir cientistas e engenheiros sociedade afora. Trad. I. C. Benedetti. São Paulo: Editora Unesp, 2000. (Obra originalmente publicada em 1987.)

MERTON, R. K. *The Sociology of Science:* Theoretical and Empirical Investigations. Ed. Norman Storer. Chicago: University of Chicago Press, 1973.

PLANCK, M. *Autobiografia científica e outros ensaios*. Trad. E. S. Abreu. Org. C. Benjamin. Rio de Janeiro: Contraponto, 2012.

QUINE, W. V. O. *Palavra e objeto*. Trad. S. A. Stein e D. Murcho. Petrópolis: Vozes, 2010. (Obra originalmente publicada em 1960.)

RAILTON, P. Marx and the Objectivity of Science. In: BOYD, R.; GASPER, P.; TROT, J. D. (eds.). *The Philosophy of Science*. Cambridge: The MIT Press, 1991, pp. 763-73.

ROSENBERG, A. *Philosophy of Science: a Contemporary Introduction*. 3. ed. New York : Routledge, 2012.

SOKAL, A. Transgressing the Boundaries: Toward a Transformative Hermeneutics of Quantum Gravity. *Social Text*, 14, 1996a, pp. 217-52. https://doi.org/10.2307/466856.

_____. "A Physicist Experiments with Cultural Studies". *Lingua Franca*, May/Jun. 1996b, pp. 62-4.

TERRA, W. R.; TERRA, R. R. *Interconnecting the Sciences*: a Historical-philosophical Approach. Saarbrücken: Lambert Academic Publishing, 2016.

VINCK, D. *The Sociology of Scientific Work*: the Fundamental Relationship between Science and Society. Cheltenham: Edward Elgar Publishing, 2010.

WATSON, J. D. *A dupla hélice*: como descobri a estrutura do DNA. Trad. R. Botelho. Rio de Janeiro: Zahar, 2014. (Obra originalmente publicada em 1968.)

WILSON, E. O. *Naturalist*. London: The Penguin Press, 1994.

14.
ORGANIZAÇÃO E DIFUSÃO DO TRABALHO CIENTÍFICO

14.1.
INTRODUÇÃO

O avanço da ciência em direção à situação contemporânea, isto é, à sua institucionalização, exigiu condições socioeconômicas especiais, representadas pelas sociedades industriais. O desenvolvimento da ciência, como comentado no capítulo 13, carece de capitais volumosos que se tornaram disponíveis de forma significativa pela primeira vez com o sistema capitalista.

14.2.
GRUPOS DE TRABALHO

As principais atividades da ciência consistem em descrever os objetos e eventos da realidade, seguindo protocolos consensuais (ou inovadores em casos justificados), e em fazer conjecturas para explicar ou prever eventos da realidade. As conjecturas podem se referir a objetos ou a eventos, ou ainda a ambos, e são validadas em confronto com a realidade, isto é, pelo acerto nas previsões ou pela reunião coerente das informações disponíveis. Se validada, a conjectura segue por um processo de consolidação frente à comunidade científica, e passa a fazer parte da realidade científica que é vista como uma representação da realidade naquele particular. Se a conjectura não for validada, ela é rejeitada e abre então caminho para que uma nova conjectura seja proposta para o tema em estudo (ver seção 8.2).

Já foi mencionado que, devido à complexidade dos eventos envolvidos, muitas explicações mecanísticas nas ciências histórico-adaptativas

FILOSOFIA DA CIÊNCIA

geram predições qualitativas (ver seções 6.1 e 6.2). As predições qualitativas requerem que os eventos previstos ocorram, mas muitas vezes não é possível atribuir-lhes uma frequência definida. Em vista disso, algumas validações dessas explicações podem gerar controvérsias ao longo do processo de consolidação. As controvérsias também podem surgir na interpretação de resultados tecnicamente difíceis de adquirir, assim como em relação à qualidade das validações. Essas controvérsias são resolvidas por acordos entre especialistas quanto à melhor representação da realidade diante das informações disponíveis. Esse procedimento tem se mostrado satisfatório, mesmo que os acordos sejam posteriormente rejeitados por novos processos experimentais menos controversos. A razão disso é que esses acordos, que são vistos como representações provisórias da realidade, servem de base para outras averiguações que, por sua vez, abrem novas possibilidades de validações ou rejeições de conjecturas, o que leva ao avanço da ciência.

É importante acrescentar que o *status* das diferentes proposições científicas não é o mesmo. As proposições científicas provenientes de processos de validação mais amplos e, portanto, mais consolidados, formam a base para novas conjecturas e são consideradas os esteios mais firmes da ciência. Em outras palavras, proposições que passam por processos de validação mais amplos são consideradas representações mais adequadas da realidade objetiva.

Associada ainda ao estudo de eventos complexos, é comum a elaboração de um modelo mecanístico e, depois da obtenção dos resultados experimentais, notar que alguns resultados discrepam do modelo. Nesse caso, o modelo deve ser aperfeiçoado, assim como as condições de realização dos experimentos. Mesmo assim, um número pequeno de resultados pode discrepar do modelo. Nesse caso, um pesquisador experiente pode desconsiderar esses poucos desvios como aberrações. Essa prática é observada entre pesquisadores experientes, inclusive entre os melhores cientistas. Bourdieu (2004), por exemplo, notou esse tipo de procedimento ao analisar os cadernos de laboratório do grande cientista francês Claude Bernard (1813-1878). Essa prática deve ser entendida como simplificações em vista da obtenção de uma explicação dos eventos – como Galileu fez ao desconsiderar o atrito em seus experimentos, ou como faz a teoria cinética dos gases, ao desconsiderar a atração entre as moléculas.

BASES INSTITUCIONAIS DA CIÊNCIA

A pesquisa científica pode ser feita por pesquisadores isolados em áreas teóricas, mas, atualmente, é feita em grupos de trabalho formados por muitos pesquisadores de diferentes níveis. A temática dos grupos pode resultar de livre escolha de problemas científicos ou ser induzida por agência de financiamento à pesquisa ou pela instituição que abriga o grupo. Os grupos estabelecem relações com outros grupos e se inserem em comunidades que possuem tradições comuns. As comunidades de pesquisa definem as questões que devem merecer atenção e aquelas que devem ser excluídas, o que serve como guia para ação futura. As tradições incluem critérios para o uso de procedimentos teóricos e experimentais, de validação e comunicação de resultados e de reconhecimento de competências. As tradições variam conforme a experiência da comunidade em lidar com novos conceitos e tecnologias. Essas peculiaridades da ciência merecem um detalhamento por não serem tão conhecidas do público mais amplo.

Embora as comunidades científicas tenham tradições que lhe são particulares, elas apresentam algumas características comuns que permitem que sejam divididas em dois grandes grupos: as que dependem de laboratórios e as que não necessitam deles. Essa separação independe do fato de a ciência ser básica ou histórico-adaptativa. Assim, partes da Matemática, da Física e da Química são teóricas e independem de laboratórios, ao passo que, dentre as ciências histórico-adaptativas, a Biologia Funcional, a Ciência Cognitiva e a parcela da Ciência Social que utiliza simulações computacionais exigem laboratórios. Os principais usuários de laboratórios na Ciência Social são os economistas e os estudiosos de problemas de dinâmica social por **MAS** (*Multi-Agent Systems*) (Sawyer, 2003; 2004; Macy e Willer, 2002).

O **laboratório** é tradicionalmente um lugar onde materiais são manipulados e onde esquemas práticos são aplicados para solucionar problemas. Os esquemas são aprendidos paulatinamente a partir de protocolos que são em geral supervisionados por um membro mais experiente do grupo. Os protocolos do laboratório reúnem a experiência do grupo em relação às manipulações laboratoriais equivalentes às que podem ser encontradas na literatura da área. Paralelamente ao aprendizado da parte prática da pesquisa, o pesquisador ingressante estuda individualmente a parte teórica correspondente. O laboratório também pode ser um lugar onde se trabalha com informática de forma independente ou como um anexo ao laboratório de manipulação de materiais. Em algumas tradições de pesquisa, os laboratórios que manipulam materiais são chamados de laboratórios úmidos, já aqueles que só contêm instrumentos são chamados de laboratórios secos.

O fato de que o laboratório exige financiamentos, que podem ser muito elevados, faz com que os grupos que dependem da pesquisa desenvolvida em laboratórios geralmente sejam mais competitivos e com organização mais rígida do que os que não dependem deles. A razão disso é que, para conseguir um financiamento para o laboratório, o grupo precisa apresentar projetos inovadores, detalhados e competitivos. Uma vez que o financiamento seja concedido por uma agência apropriada, o plano aprovado deve ser seguido rigorosamente (com correções de rumo justificadas), pois é monitorado pela agência. Assim, o ingresso de novos membros no grupo deve estar vinculado à execução de alguma parte do plano previsto. A liberdade do ingressante reduz-se a escolher um objetivo dentro das linhas previstas no plano e a melhor forma de executar a sua parte escolhida, em conjunto com o responsável pelo grupo ou, nos grupos maiores, com o responsável pelo setor de escolha do ingressante.

Os grupos que dispensam laboratórios têm linhas de pesquisa mais flexíveis, e os ingressantes têm mais liberdade para executar o que desejam. Isso, é claro, dentro dos interesses e capacitação da pessoa que, ao receber o novo pesquisador ou pesquisadora em seu grupo, irá orientá-lo.

As características gerais dos tipos de grupos de pesquisa estão resumidas na Tabela 14.1.

Tabela 14.1.
Características gerais dos tipos de grupos de pesquisa

	Com laboratório	**Sem laboratório**
Financiamento	Alto	Baixo
Plano de pesquisa[1]	Rígido	Flexível
Recrutamento	Dentro do plano	De acordo com o líder

[1] Plano de pesquisa refere-se ao planejamento utilizado para conseguir o financiamento para as pesquisas do grupo e que, após a sua concessão, irá orientar todos os trabalhos do grupo.

BASES INSTITUCIONAIS DA CIÊNCIA

A comunicação dos resultados segue modelos distintos nas diferentes tradições. No entanto, entre as ciências que dependem de laboratórios há dois modelos: um modelo formal, para publicações e comunicações orais curtas, e um modelo mais informal, para apresentações orais longas.

O modelo formal é escrito de modo impessoal, as conclusões são apresentadas como consequências lógicas dos resultados obtidos, a ordem real em que os experimentos foram feitos costuma ser desconsiderada e, a não ser que haja alguma razão relevante, os fracassos também não são reportados. Na verdade, há um roteiro convencional sobre o modo adequado de se reportar resultados: a publicação deve conter uma introdução, mostrando o estado atual dos conhecimentos na área de interesse, seguida da apresentação do problema a ser resolvido e que importância teria a sua resolução. Na sequência há uma descrição rigorosa da metodologia, ressaltando que os métodos escolhidos representam o "estado da arte" no setor e que são apropriados para lidar com o problema selecionado. Também é importante detalhar os cuidados tomados para a detecção de possíveis erros no transcorrer da aplicação da metodologia. A apresentação dos resultados deve incluir evidências que mostram que todos os cuidados foram tomados para que os dados obtidos sejam fidedignos. Finalmente, na discussão, comentam-se os resultados, extraindo conclusões e descartando possíveis explicações alternativas, sem deixar de mostrar as prováveis implicações (práticas ou teóricas) dos achados e apontar caminhos para o desenvolvimento do tipo de estudo reportado.

Embora os cientistas que dependem de laboratórios considerem o modelo formal conciso e prático, uma vez que com ele é mais fácil fazer relações com novas pesquisas, esse modelo deixa de fora aspectos que podem ser tratados em comunicações informais. Entre essas, há artigos de divulgação, entrevistas etc. É interessante reproduzir a crítica de Sir Peter B. Medawar (1915-1987, Nobel em 1960), cidadão britânico, nascido no Brasil, que foi registrada por Bourdieu (2004). Segundo Medawar, nos relatos formais, "as descobertas parecem mais decisivas e honestas; os aspectos mais instigantes da pesquisa desaparecem, e tem-se a impressão de que a imaginação, a paixão e a arte não desempenham nenhum papel e de que a inovação resulta não de uma atividade com paixão, de mãos e cérebros

FILOSOFIA DA CIÊNCIA

profundamente comprometidos, mas de submissão passiva aos preceitos estéreis do assim chamado 'método científico'. Esse empobrecimento leva à ratificação de um ponto de vista empirista ou indutivista da prática científica que é ingênuo e não é moderno". A despeito da opinião de Medawar, a maioria dos cientistas prefere que a comunicação científica seja fria e concisa, e não uma peça literária próxima de um romance. Deve-se esclarecer ainda que o método científico que Medawar menciona é a versão reducionista discutida na Parte B. Aquela versão é ainda muito próxima da de Galileu e só serve para o estudo de sistemas simples, tornando-se, portanto, realmente estéril para uma ciência histórico-adaptativa, como a praticada pelo imunologista Medawar.

Finalmente, cada comunidade científica pode se diferenciar o suficiente para se constituir em disciplinas com posições definidas em universidades e representadas por associações científicas. A depender da maturidade da comunidade, as regras para o reconhecimento de competência e mesmo para afiliação a sociedades científicas tornam-se mais rígidas. Como exemplo, para uma pessoa ser aceita como membro da Sociedade Brasileira de Bioquímica e Biologia Molecular é necessário que tenha o grau de doutor em Bioquímica, Biologia Molecular ou área afim, e que tenha publicado pelo menos dois trabalhos em periódico de impacto igual ou maior que dois. Impacto é uma forma de avaliação de revistas que será apresentado no próximo capítulo (ver seção 15.2).

14.3.
OS TIPOS DE PESQUISA
E OS AGENTES INSTITUCIONAIS

Toda esta seção baseia-se em tópicos abordados em um seminário que um de nós (Walter R. Terra) oferece todos os anos no Instituto de Química da Universidade de São Paulo, como forma de esclarecer estudantes de graduação sobre a iniciação científica em Bioquímica. Os exemplos de tipos de pesquisa são esquemáticos, mas baseiam-se em casos reais, e os dados sobre o comprometimento de recursos são extraídos de tabelas publicadas

BASES INSTITUCIONAIS DA CIÊNCIA

pelo governo dos Estados Unidos e pela Fundação Nacional de Ciência dos Estados Unidos (NSF) (https://www.nsf.gov/statistics/) e (https://ncses.nsf.gov/pubs/nsb20203/cross-national-comparisons-of-r-d-performance).

O sistema de pesquisa e desenvolvimento (conhecido por P&D em português, e por R&D em inglês) inclui a pesquisa básica, a pesquisa aplicada e o desenvolvimento de produto. A **pesquisa básica** é aquela que avança os limites do conhecimento. A sua principal motivação é a curiosidade, podendo também ser incentivada pela suspeita de que o conhecimento a ser adquirido possa ter aplicação prática. A **pesquisa aplicada** consiste nas tentativas de usar o conhecimento básico para produzir algo de valor utilitário. É o que se chama de prova de conceito. Finalmente, **desenvolvimento de produto** é o conjunto de atividades que torna algo com prova de conceito em algum produto comercializável. A formação de recursos humanos capazes de gerar inovações é feita com treino em pesquisa básica.

Esses conceitos ficarão mais claros com um exemplo. Todo mundo já viu que as formigas andam umas atrás das outras como se perseguissem uma trilha. Um cientista ficou curioso com o fato e procurou investigar se as formigas deixavam algo no solo que marcasse o caminho para as demais. Ele recolheu material do solo ao longo do caminho das formigas e procurou averiguar o que havia ali. Para isso, extraiu substâncias do solo com diferentes solventes e passou cada extrato obtido em equipamentos de separação de compostos químicos (conhecidos como cromatógrafos), o que resultou no isolamento de muitos compostos. A seguir, aplicou no solo cada um dos compostos separadamente e observou se algum deles gerava trilhas que atraíam as formigas. Um dos compostos isolados tinha essa propriedade. Ele identificou a estrutura molecular do composto. Quando se identifica a estrutura molecular de um composto novo, é preciso confirmá-la. Para essa confirmação é necessário inventar um procedimento para sintetizar o composto, isto é, criar uma rota de síntese para a sua produção. Se o composto sintetizado tiver as propriedades do composto natural, o cientista tem certeza de que identificou a estrutura correta. Finalmente, o composto sintético foi usado para criar trilhas que foram percorridas pelas formigas, completando o trabalho. O composto descoberto foi denominado feromônio de trilha. O que o cientista fez foi pesquisa básica. A pesquisa básica consome de 12% a 25% dos recursos de P&D nos países desenvolvidos (ver Tabela 14.2).

Mais tarde, outro cientista imaginou a possibilidade de que o feromônio de trilha pudesse ser útil como isca para formigas. Tratava-se de criar um caminho que seria percorrido pelas formigas para fora da colheita até uma região com inseticida. Isso teria a vantagem de diminuir a aplicação de inseticida na plantação. A seguir, ele procurou sintetizar o feromônio para fazer os testes de campo. Notou que precisava de quantidade muito grande de material que, se fosse sintetizado como descrito pelo primeiro pesquisador, ficaria muito caro. O cientista tentou então uma enorme variedade de rotas químicas de síntese do feromônio, para descobrir um processo mais barato. Finalmente, conseguiu um produto adequado e mostrou que as formigas realmente seguiam a trilha para fora da plantação em direção ao inseticida. Com esse resultado, o cientista provou que o conceito de isca de feromônio para formigas era viável. Nesse caso, temos a pesquisa aplicada (também chamada de prova de conceito), que consome de 23% a 25% dos recursos de P&D nos países desenvolvidos.

Um terceiro cientista, conhecendo a prova de conceito de isca de feromônio, decidiu produzi-la para o mercado. Na verdade, como ficará claro pela exposição a seguir, isso não é tarefa para uma única pessoa, mas para uma grande equipe. Após estudos de mercado, ficou claro que a rota de síntese do segundo cientista ainda era muito cara para a produção de um produto comercializável. Além disso, em condições de campo, a equipe notou que o feromônio era rapidamente desativado sob ação do sol. Foi preciso recomeçar a busca por rotas de síntese ainda mais baratas, além de testar variantes químicas do feromônio que fossem mais estáveis ao sol. Quando finalmente isso foi conseguido, foi necessário conseguir as licenças ambientais para liberar o uso do produto. Quer dizer, foi preciso demonstrar que o produto não era nocivo aos seres humanos ou a outros vertebrados e que não provocava alterações no ecossistema. Para encerrar, foi necessário criar instruções de uso para os agricultores, além de preparar o esquema de divulgação do produto. O conjunto dessa atividade é o desenvolvimento do produto e é de longe a parte mais cara, consumindo de 50% a 65% dos recursos de P&D nos países desenvolvidos.

O processo de P&D é tarefa de diferentes instituições, cuja participação é distinta nos diferentes tipos de pesquisa, como mostrado na Tabela 14.2. Nessa tabela, é apresentada uma média aproximada calculada a partir de registros que foram feitos ao longo de anos nos Estados Unidos, conforme publicações das próprias agências, e os valores não diferem muito do encontrado em outros países desenvolvidos. Talvez a diferença mais significativa seja a da Alemanha, onde uma parte substancial da pesquisa básica é feita nos Institutos Max-Planck (em adição às universidades) e da pesquisa aplicada nos Institutos Fraunhofer. Na Alemanha, contudo, como nos Estados Unidos, na China, no Japão, na França e na Inglaterra, a maior parte do desenvolvimento, assim como um trecho substancial da pesquisa aplicada e da pesquisa básica significativa, ocorre na indústria. O setor industrial contribui com cerca de 70% de todos os recursos de P&D nos países mencionados, que somam cerca de 2,5% dos respectivos PIBs (dados do NSF, 2016).

No caso do Brasil, a indústria contribuiu em 2017 com apenas 39% dos recursos de P&D, que somam cerca de 1,27% do PIB (dados Fapesp 294, agosto 2020). Isso significa que, para que o Brasil pelo menos mantivesse a distância que o separa dos países desenvolvidos em investimento em P&D, o país deveria manter os recursos públicos devotados a P&D em 2017, enquanto as empresas teriam de multiplicar seus investimentos por dois.

Há a necessidade, pois, de uma política que incentive o empreendedorismo no meio empresarial, com maior aplicação de recursos em P&D. Obviamente, para diminuir o atraso relativo, os investimentos deveriam ser ainda maiores que os estimados, como os praticados pela Coreia de Sul (4.55% do PIB).

Os recursos públicos destinados a P&D são em geral distribuídos na base de um terço para cada tipo de pesquisa, com exceções como a China e os países nórdicos europeus, que aplicam, respectivamente, 25% e cerca de 50% apenas em pesquisa básica (fonte: Comparative Study on Research – Science Policy Research Unit – SPRU, Sussex University, outubro 2015). No Brasil, tomando como exemplo a Fundação de Amparo à Pesquisa do Estado de São Paulo (Fapesp), 43% dos recursos são destinados para a pesquisa básica e 57% para a pesquisa aplicada (dados da Fapesp, 2016).

FILOSOFIA DA CIÊNCIA

A Tabela 14.2 chama a atenção para o fato, já mencionado, de que a pesquisa básica é a parte mais barata do processo de P&D. Ali, também é possível notar que as universidades são o principal esteio da pesquisa básica, embora participem da pesquisa aplicada e desenvolvimento em parcela menor. Também se nota que a maior participação no sistema de pesquisa aplicada e desenvolvimento é da indústria, que, além disso, financia parte importante da pesquisa básica. Contudo, deve-se ressaltar que, na Alemanha, os institutos de pesquisa, equivalentes às fundações na Tabela 14.2, são muito relevantes na pesquisa básica.

É interessante ainda observar que o papel relevante da universidade na pesquisa básica deve estar associado ao fato de que ela é responsável pela formação de recursos humanos para todas as formas de pesquisa. Aparentemente, a pesquisa que avança os limites do conhecimento, que é característica da pesquisa básica, oferece o melhor treinamento possível para qualquer tipo de pesquisa. Isso explica o fato de que em anúncios de ofertas de emprego em departamentos de P&D de indústrias, como os que aparecem em revistas como *Science* e *Nature*, os empregos sejam dirigidos a cientistas com graus acadêmicos avançados (pós-doutorados) em áreas inovadoras de pesquisa básica.

Tabela 14.2.

Distribuição de recursos de P&D em sistema desenvolvido de ciência e tecnologia[1], exemplificado pelos EUA

Instituição	% dos recursos		
	Básica	Aplicada	Desenvolvimento
Indústria	2,2	15	56,2
Governo federal	1,7	3,5	6,5
Universidades	6,9	3,5	1,4
Fundações	1,2	1,0	0,98
Totais	**12**	**23**	**65**

[1] Este é um quadro típico, pois não há grandes variações nos percentuais de ano para ano. Um quadro similar, correspondente ao ano de 2016, pode ser encontrado na *R&D Magazine* (disponível em: <www.rdmag.com>), no suplemento intitulado "2016 Global R&D Funding Forecast".

Tabela 14.3.

Recursos públicos federais dos EUA por objetivo socioeconômico e tipos de trabalho

Objetivo	P&D total (US$ bilhões)	% dos recursos de P&D		
		Básica	Aplicada	Desenvolvimento
Defesa	63,3	2,9	6,4	90,6
Saúde	29,4	52,0	47,7	0,2
Aeronáutica e espaço	10,4	27,2	25,1	47,7
Energia	9,8	39,1	35,4	25,5
NSF	5,0	88,0	12,0	0,0
Agricultura	2,0	41,8	50,7	7,5
Outros	5,2	----	----	----
Total	**125,4**	**23,7**	**23,5**	**52,8**

Fonte: Science and Engineering Indicators 2016 (National Science Foundation, NSF).

A Tabela 14.3 mostra como os Estados Unidos financiam as áreas de pesquisa de seu interesse. Como pode ser verificado, a maior parte do orçamento de P&D é dedicado a defesa, saúde e áreas estratégicas (aeronáutica e espaço; energia), assim como à National Science Foundation (NSF) e à agricultura. A NSF apoia a pesquisa básica (88% do orçamento) e aplicada (12%) em todas as áreas do conhecimento. A distribuição de recursos em outros países grandes produtores de ciência (Tabela 14.4) difere da dos Estados Unidos principalmente em relação à defesa. Na Europa, a parte referente à pesquisa livre e aos fundos universitários, que são dirigidos ao avanço da ciência em geral, fica em torno de 50% dos recursos públicos. Nos Estados Unidos, o percentual parece muito menor, pois esse tipo de pesquisa recebe dotações identificadas em outras rubricas, como em saúde e ambiente.

FILOSOFIA DA CIÊNCIA

Tabela 14.4.
Recursos públicos por objetivos socioeconômicos aplicados
em determinados países/regiões em 2013

Região/país	P&D US$ bilhões	%P&D						
		Defesa	Desenvolvimento econômico[1]	Saúde e ambiente	Educação e sociedade	Espaço civil	Pesquisa livre	Fundos universitários
EUA	132,5	52,7	4,9	25,9	1,4	7,9	7,3	---
União Europeia	117,6	4,4	19,8	13,6	5,3	4,9	17,7	33,6
França	17,5	6,3	16,5	10,7	5,1	9,7	19,9	25,3
Alemanha	32,0	3,7	22,1	9,4	4,0	4,6	17,0	40,0
Inglaterra	13,7	15,9	13,3	26,9	3,7	3,3	13,3	23,6
Japão	34,7	4,6	24	8,6	0,67	6,2	20,7	35,2
Coreia do Sul	15,3	16,3	41,8	11,8	2,3	2,0	31,7	---

[1] Desenvolvimento econômico inclui agricultura, energia e infraestrutura. Os investimentos da China em P&D somam cerca de 75% dos recursos dos EUA e se aproximam dos da União Europeia. Contudo, a falta de dados equivalentes aos dessa tabela impede a sua inclusão aqui. Fonte: Science and Engineering Indicators 2016 (NSF, EUA).

14.4.
UNIVERSIDADES DE PESQUISA E UNIVERSIDADES PROFISSIONALIZANTES

Vimos na seção 14.3 que a universidade, além de ser o principal esteio da pesquisa básica, forma recursos humanos para todas as finalidades. A universidade só passou a ter esse papel ao longo do século XIX. As inovações científicas que surgiram desde a origem da ciência moderna, no século XVI, até o século XIX foram feitas por indivíduos que, em geral, eram vinculados às sociedades científicas ou às academias, e não às universidades. Como já comentamos, as universidades da época eram estruturas conservadoras que viam como sua missão, em que pese a atividade de alguns professores universitários notáveis, a preservação e a transmissão da sabedoria do passado, e não a busca de novas ideias e métodos.

310

BASES INSTITUCIONAIS DA CIÊNCIA

As sociedades científicas e as academias ofereciam um ambiente informal, onde demonstrações e experimentos reuniam uma massa crítica em um ambiente estimulante para o que hoje chamaríamos de pesquisadores. A publicação de periódicos, livros e dos anais das reuniões das academias ampliava a troca de informações. As academias mais bem-sucedidas angariavam apoio governamental, proteção oficial e financiamento por parte de pessoas ricas. Contudo, a maior parte da pesquisa era financiada pelos próprios pesquisadores, que precisavam ser ricos nos casos em que os experimentos demandassem equipamentos ou insumos dispendiosos. De forma limitada, as academias podiam financiar uma parcela das pesquisas, principalmente ao disponibilizar laboratórios de sua propriedade.

As academias desenvolveram-se em muitos países, mas as de maior prestígio e estabilidade são a Royal Society of London e a Académie des Sciences de Paris. A Royal Society começou com reuniões informais entre alguns pesquisadores e ganhou reconhecimento da realeza em 1662. A publicação das *Philosophical Transactions of the Royal Society* foi iniciada em 1665. Desde então, alguns membros da Royal Society foram: Christopher Wren (1632-1723), o arquiteto da catedral de Saint Paul; os físicos Isaac Newton (1643-1727) e Robert Hooke (1635-1703); os químicos Henry Cavendish (1731-1810) e Robert Boyle (1627-1691); e o economista Adam Smith (1723-1790). As atividades da Royal Society eram no início financiadas por contribuições de seus membros. Atualmente, o seu orçamento é financiado pelo governo e votado pelo Parlamento britânico.

A Académie des Sciences foi fundada em 1666 por Luís XIV, por sugestão de Jean-Baptiste Colbert, para "encorajar e proteger o espírito da pesquisa científica francesa" (Magner, 2002). A primeira reunião ocorreu em 1666 na biblioteca privada do rei no Louvre. Esperava-se que a academia fosse apolítica e que evitasse temas religiosos e sociais. De forma diferente da Royal Society, a Académie remunerava seus membros, que se tornaram assim os primeiros cientistas assalariados do Estado. Entre 1835 e 1965, os registros da Académie foram publicados com o nome de *Comptes Rendus de l'Académie des Sciences*. Hoje, a Académie é uma das cinco Academias que formam o Institute de France e tem membros eleitos de forma vitalícia (Ronan, 1987; Magner, 2002).

311

FILOSOFIA DA CIÊNCIA

As mudanças na universidade que fizeram com que se tornasse a base da inovação científica foram realizadas pioneiramente na Alemanha. No século XVIII, o ambiente naquele país permitiu a criação de inúmeras universidades, chegando a cerca de 50, quando, por exemplo, na Inglaterra só havia as universidades de Oxford e de Cambridge. No entanto, a maioria das universidades alemãs do período possuía poucas dezenas ou centenas de alunos, e, embora aumentassem a cultura geral, não tiveram papel significativo. Duas daquelas universidades, porém, Halle, na Prússia (1694), e Göttingen, em Hannover (1737), iniciaram grandes transformações (Watson, 2010).

A Universidade de Halle foi criada em 1694 dentro do programa dos dirigentes da Prússia de secularização combinada com o reordenamento e o fortalecimento do Estado, inclusive com a formação de exército profissional bem suprido e treinado. O programa visava fortalecer a Prússia para evitar que se repetisse o que se passou durante a Guerra dos Trinta Anos (1618-1648), quando grande parte do território correspondente à atual Alemanha foi devastada (Haffner, 1980). A Universidade de Halle deveria seguir os objetivos do Esclarecimento. Como sabemos, o Esclarecimento colocava a razão como fonte primária de autoridade e legitimidade, e defendia ideais de liberdade, progresso, tolerância, fraternidade, governo constitucional e separação entre Estado e Igreja. O jurista e filósofo Christian Thomasius (1655-1728) teve expressiva participação no fortalecimento da reputação da Universidade de Halle. Halle dispunha de ampla liberdade de organização e conteúdo das disciplinas, com a Faculdade de Direito gozando da primazia entre as faculdades, no lugar da Faculdade de Teologia – como era usual desde a Idade Média (ver seção 1.2). Novas disciplinas foram criadas, como Economia, Estatística e Política, com o objetivo de formar os funcionários para a racionalização do Estado, aumentando sua eficiência. Outras inovações incluíam a substituição do latim pelo alemão no ensino e a introdução dos seminários. O seminário era uma atividade em que um tema original era impresso e distribuído aos participantes antes do encontro quando era apresentado e discutido. Os objetivos dos professores no seminário eram encorajar a crítica e

BASES INSTITUCIONAIS DA CIÊNCIA

mostrar que o conhecimento é mutável e que, portanto, podia ser expandido (Trevisan, 2020).

A Universidade de Göttingen foi fundada por iniciativa e direção do Barão Gerlach Adolph von Münchhausen (1688-1770), que era ministro de Estado de Hannover. A iniciativa atendia aos interesses políticos de George II, Eleitor de Hannover (o dirigente dessa região que posteriormente faria parte da Alemanha unificada) e também rei da Grã-Bretanha e da Irlanda, no sentido de possuir uma universidade estatal de alto padrão. A Universidade de Göttingen acompanhou Halle ao diminuir o papel então dominante da Faculdade de Teologia, e inovou ao abrir a biblioteca aos estudantes e encorajar a atividade científica, que deixou de ser censurada pelos teólogos. Cátedras foram criadas para disciplinas científicas inovadoras, e foram atribuídas a personalidades especialistas nos respectivos temas. Göttingen também aperfeiçoou o "seminário", inicialmente introduzido em Halle. Por fim, enquanto em outros lugares as academias eram mantidas à parte das universidades, a então Sociedade Real de Ciências em Göttingen, fundada em 1751, estava estreitamente ligada à universidade. As publicações da Sociedade e da universidade trouxeram a Göttingen a reputação de grande centro científico. No ano de 1800, Göttingen era a mais famosa cidade universitária da Alemanha, talvez da Europa (Böhme, 1999; Watson, 2010).

Os avanços científicos a partir da segunda década do século XIX beneficiaram-se em grande medida da fundação da Universidade de Berlim (atual Universidade Humboldt) em 1810, por iniciativa de Wilhelm von Humboldt (1767-1835), então ministro da Educação e irmão de Alexander, o conhecido naturalista. Não deve ser coincidência o fato de que ambos os Humboldt foram alunos em Göttingen e, por isso, foram expostos a uma nova ideia de universidade que decidiram implementar em Berlim.

A Universidade de Berlim, de forma pioneira, exigia que os professores fizessem pesquisa científica original e que, ao ministrarem suas respectivas disciplinas, transmitissem aos alunos noções dos procedimentos que empregavam em suas pesquisas. Além disso, a universidade criou uma infraestrutura de apoio, como bibliotecas, laboratórios e salas de seminário.

FILOSOFIA DA CIÊNCIA

Em 1824, o alemão Justus von Liebig (1803-1873) ganhou um laboratório e uma posição de professor na Universidade de Giessen, ao retornar de uma estada no laboratório de Gay-Lussac em Paris, graças à intermediação de Alexander von Humboldt junto ao Grão-Duque de Hesse. Foi em Giessen, como já vimos (seção 1.3.3), que Liebig criou o primeiro laboratório de ensino e pesquisa em Química, onde passou a preparar inúmeros estudantes para a pesquisa em Química, orientando-os na execução de seus projetos. O exemplo de Liebig levou ao modelo de doutorado realizado em um laboratório como trabalho de pesquisa original, publicável e realizado sob a orientação de um professor universitário. Esse modelo foi incorporado às inovações da Universidade de Berlim.

O exemplo da Universidade de Berlim prosperou, e, por volta de 1850, a maioria das universidades de língua ou influência alemã tornou-se um centro de pesquisa nos moldes da Universidade de Berlim. Isso incluía as Universidades da Alemanha, da Áustria, de partes da Suíça, da Hungria, da República Checa e da Polônia, assim como da Dinamarca, da Holanda e dos países bálticos (Watson, 2010). A partir de 1860, o modelo da Universidade de Berlim passou a ser exportado. A primeira universidade americana a seguir o modelo alemão foi a Johns Hopkins University, fundada em 1876. Na Inglaterra, a Universidade de Londres já foi criada nesse espírito, e o primeiro doutorado inglês nessa conceituação foi concedido em 1919 (Levere, 2001). No Brasil, o modelo passou a ser seguido em 1934, quando a Universidade de São Paulo foi fundada com a ajuda de pesquisadores convidados da Europa.

O laboratório universitário de Liebig criou a essência do laboratório de pesquisa e ensino que, juntamente aos seminários de pesquisa e ensino, formaram as principais instituições que levaram a Alemanha à liderança científica no século XIX e forneceram os modelos de desenvolvimento científico para os 150 anos seguintes (Levere, 2001). Além disso, o exemplo de Liebig foi seguido por seu discípulo Wilhelm von Hofmann (1818-1892) que, além de consolidar e estender o laboratório de pesquisa e ensino, tornou-se figura-chave no estabelecimento da indústria alemã de corantes. Hofmann é, assim, um exemplo perfeito da ligação entre pesquisa universitária e produção industrial. Ainda no século

314

XIX, surgiram as escolas técnicas superiores, isto é, instituições de nível universitário para pesquisa científica e tecnológica de Engenharia, inclusive de Engenharia Química. Por volta de 1850, a Química que se desenvolveu associada à universidade já tinha se tornado um dos principais motores da prosperidade econômica e da força nacional na Alemanha (Levere, 2001).

Chamamos de **universidades de pesquisa** o modelo de universidade idealizado por Humboldt somado às inovações introduzidas por Liebig. Associado ao desenvolvimento das universidades de pesquisa, surgiu um sistema de apoio financeiro à pesquisa, além das transferências de recursos dos Estados às universidades. As universidades distintas daquelas seguem o modelo humboldtiano e correspondem à maioria das universidades hoje. Chamadas **universidades profissionalizantes**, essas instituições têm como missão formar profissionais de nível superior.

A disponibilização de recursos ocorreu a princípio em institutos de pesquisa bem financiados e com possibilidades de pós-doutoramento, e, posteriormente, também por agências especializadas privadas e estatais. O primeiro dos institutos com essas características foi o Carlsberg Laboratory, em Copenhagen, criado pela cervejaria de mesmo nome em 1875. O Instituto Pasteur, em Paris, foi constituído em 1888 com fundos obtidos por subscrição pública, e foi responsável por pesquisas muito importantes, principalmente relacionadas a bactérias e vírus. Outra iniciativa importante foi a fundação, em 1901, do Rockefeller Institute for Medical Research em Nova York, que foi transformado na Universidade Rockefeller em 1965.

Na Inglaterra, o Lister Institute, instituição similar ao Instituto Pasteur, foi criado em 1891. Mais tarde, o Medical Research Council começou a operar de forma semelhante ao Rockefeller Institute, embora com atuação restrita ao Reino Unido. Ambos os institutos apoiaram importantes bioquímicos e biólogos.

Em 1911, o imperador da Alemanha, apoiado pela grande indústria alemã, fundou os Institutos Kaiser-Wilhelm, imitando o Instituto Rockefeller. Na década de 1920, os Institutos Kaiser-Wilhelm tornaram-se grandes centros de pesquisa chefiados por renomados cientistas, vários

FILOSOFIA DA CIÊNCIA

ganhadores do Prêmio Nobel, muitos dos quais continuaram trabalhando até o final da Segunda Guerra, quando os bombardeios impediram a continuação do trabalho. Muitas pesquisas eram voltadas para problemas biológicos, como as bases moleculares da respiração celular, e outras para problemas químicos, como a síntese de gasolina a partir de carvão, mas também de gases tóxicos ou associados à nascente energia nuclear. Após a Segunda Guerra, os Institutos Kaiser-Wilhelm foram convertidos nos Institutos Max-Planck.

O National Institute of Health (NIH) foi criado nos Estados Unidos em 1930 para apoiar a pesquisa em saúde, e o Agriculture Research Service (ARS), em 1953, para pesquisar temas de interesse para a agricultura. Contudo, a despeito das instituições mencionadas, no período entre as duas Guerras Mundiais uma parte importante do financiamento à pesquisa veio de instituições privadas, com destaque para a Fundação Rockefeller, que foi criada em 1913 como sociedade filantrópica e que fez doações para projetos de valor social de todos os tipos. O prédio da Faculdade de Medicina da Universidade de São Paulo, por exemplo, foi construído com doações da Fundação Rockefeller. Com doações para construção de prédios, aquisição de equipamentos e bolsas para pesquisadores, a Rockefeller apoiou de maneira significativa a ciência. A partir de 1933, a Fundação Rockefeller, sob a direção de Warren Weaver, passou a encorajar a aplicação de técnicas físicas a áreas selecionadas da Biologia: Bioquímica, Biologia Celular e Genética. Assim, a Fundação apoiou projetos de Genética e Química Estrutural no Caltech (Instituto de Tecnologia da Califórnia), de Cristalografia de raios-X em Cambridge (Reino Unido), de Química de proteínas em Uppsala (Suécia), de Bioquímica em Dahlem, Berlim, entre outros, e concedeu inúmeras bolsas a pesquisadores emigrados de seus países por ocasião da Segunda Guerra (Fruton, 1972; Kay, 1993).

Após a Segunda Guerra, parte expressiva da pesquisa passou a ser financiada por órgãos estatais. Por exemplo, a National Science Foundation (NSF) foi criada em 1950 nos Estados Unidos para financiar a pesquisa básica. No Brasil, a pesquisa começou nos institutos criados a partir do final do século XIX para resolver problemas

BASES INSTITUCIONAIS DA CIÊNCIA

específicos relacionados à saúde humana e à agricultura (Stepan, 1976; Schwartzman, 1979). Seguindo a tendência mundial, o Brasil, em 1951, criou sua agência nacional de apoio à pesquisa, o Conselho Nacional de Pesquisas, cuja sigla, CNPq, é preservada desde 1974 para o sucessor Conselho Nacional de Desenvolvimento Científico e Tecnológico. Para atuar como uma agência federal de pesquisas na área da saúde, o então septuagenário Instituto Oswaldo Cruz foi convertido, em 1970, na Fundação Oswaldo Cruz (Fiocruz). O apoio ao desenvolvimento da agropecuária foi a missão estabelecida para a Empresa Brasileira de Pesquisa Agropecuária (Embrapa), criada em 1973. A primeira agência estadual com a finalidade de apoiar a pesquisa foi a Fundação de Amparo à Pesquisa do Estado de São Paulo (Fapesp), que começou a funcionar em 1962. Atualmente, quase todos os estados brasileiros possuem uma agência de apoio à pesquisa. Os estados também possuem institutos de pesquisa na área da saúde e na área agrícola. Como exemplos temos, em São Paulo, o Instituto Adolfo Lutz e o Instituto Butantan, na área da saúde, e, na área agrícola, o Instituto Agronômico de Campinas e o Instituto Biológico. Mais recentemente, surgiram em todo o mundo novas entidades não governamentais para apoio à pesquisa básica, como o Instituto Serrapilheira (Brasil), ou à pesquisa biomédica e biotecnológica, como a Wellcome Trust (Reino Unido), instituição sem fins lucrativos, além de outras companhias privadas.

As universidades de pesquisa, em associação com institutos de pesquisa básica (como os Institutos Max-Planck na Alemanha), têm um papel central no sistema de P&D de um país. Isso não significa que todas as universidades de um país devam ser universidades de pesquisa. Na verdade, em todos os países elas são uma minoria. Parte significativa das universidades é devotada à formação de quadros de nível superior, com atividades limitadas de investigação original e atenção a serviços de extensão.

As universidades de pesquisa são estratégicas. Devem funcionar com os melhores quadros possíveis e se organizar para fazerem jus ao investimento que demandam, que, como já apontamos, é elevado. Para se ter ideia do volume de recursos necessários, vejamos o caso das três universidades estaduais paulistas (USP, Unesp e Unicamp), que são universidades de

FILOSOFIA DA CIÊNCIA

pesquisa. Essas universidades consomem 9,5% do ICMS (Imposto sobre Circulação de Mercadorias e Serviços) do estado de São Paulo. Como o ICMS corresponde a cerca de 70% dos recursos totais do estado, isso significa que 6,65% dos recursos totais do estado são designados às universidades. USP, Unesp e Unicamp respondem por 15,8% dos universitários de São Paulo. Em vista do total de estudantes vinculados ao ensino superior paulista, caso todas as universidades do sistema fossem universidades de pesquisa custeadas pelo estado, essas universidades consumiriam 42% dos recursos de São Paulo, o que é uma impossibilidade.

RESUMO

A pesquisa científica tornou-se institucionalizada na Europa do século XIX e passou a ser praticada por grupos de pesquisa que podem ou não utilizar laboratórios. A pesquisa em laboratório necessita de financiamentos de valor elevado, segue planos de pesquisa rígidos e recruta pesquisadores conforme os objetivos do plano. A pesquisa pode ser básica, se voltada para avançar os limites do conhecimento; aplicada, quando procura usar o conhecimento básico para produzir algo de valor utilitário; e de desenvolvimento de produto, quando visa transformar os resultados preliminares da pesquisa aplicada em produto comercializável. A pesquisa básica é primordialmente feita em universidades de pesquisa e em institutos de pesquisa com financiamento estatal, ao passo que a pesquisa aplicada e o desenvolvimento de produto ocorrem principalmente na indústria com recursos próprios. Os países desenvolvidos aplicam entre 2% e 2,5% de seu Produto Interno Bruto (PIB) em ciência, enquanto no Brasil o investimento é de apenas 1,27%. As universidades que são o esteio da pesquisa básica são as de pesquisa, nisso diferindo das universidades profissionalizantes. A origem da universidade de pesquisa remonta às inovações desenvolvidas na Alemanha, inicialmente nas Universidades de Halle e de Göttingen, mas sobretudo na Universidade de Berlim, fundada em 1810. Na Universidade de Berlim, os professores deveriam fazer pesquisa científica original e transmitir noções dos procedimentos que empregavam em suas pesquisas para seus alunos. A essas inovações adicionou-se o laboratório de pesquisa e ensino criado por Liebig. Em seu laboratório, Liebig passou a habilitar inúmeros estudantes para a pesquisa química, os quais executavam os projetos sob sua orientação, e, com isso, originou-se o doutoramento acadêmico. Finalmente, a ligação da pesquisa universitária com a produção industrial completou a universidade de pesquisa. O financiamento das pesquisas ocorria por meio de doações, que permitiram a formação de institutos de pesquisa, e, após a Segunda Guerra, esse financiamento tornou-se responsabilidade particularmente de órgãos estatais. No Brasil, esses órgãos consistem no Conselho Nacional de Desenvolvimento Científico e Tecnológico (CNPq), na Fundação Oswaldo Cruz (Fiocruz) e na Embrapa, no plano federal; e nas agências e nos institutos estaduais, como a Fundação de Amparo à Pesquisa do Estado de São Paulo (Fapesp), Instituto Butantan etc.

SUGESTÕES DE LEITURA

Stepan (1976) e Schwartzman (1979) tratam do desenvolvimento inicial da pesquisa no Brasil, enquanto a revista *Pesquisa Fapesp* (www.revistapesquisa.fapesp.br) informa sobre os avanços da ciência brasileira.

QUESTÕES PARA DISCUSSÃO

1. Qual a diferença no recrutamento de novos pesquisadores em grupos com laboratórios e em grupos sem laboratórios?
2. Há alguma diferença na comunicação dos resultados nas diversas ciências?
3. Como pesquisa básica, pesquisa aplicada e desenvolvimento de produto se relacionam?
4. O que diferencia a universidade de pesquisa da universalidade profissionalizante?
5. Em vista do perfil de financiamento dos sistemas de pesquisa em outros países, quais os pontos fracos do financiamento no Brasil?

LITERATURA CITADA

BÖHME, E. *Göttingen*: a Small Guide to the Town's History. Göttingen: Göttingen Tageblatt, 1999.

BOURDIEU, P. *Science of Science and Reflexivity*. Trad. R. Nice. Cambridge: Polity Press, 2004.

FRUTON, J. S. *Molecules and Life*: Historical Essays on the Interplay of Chemistry and Biology. New York: Wiley-Interscience, 1972.

HAFFNER, S. *The Rise and Fall of Prussia*. London: George Weidenfeld & Nocolson, 1980.

KAY, L. E. *The Molecular Vision of Life*: Caltech, the Rockefeller Foundation and the Rise of the New Biology. Oxford: Oxford University Press, 1993.

LEVERE, T. H. *Transforming Matter:* a History of Chemistry from Alchemy to the Buckyball. Baltimore: Johns Hopkins University Press, 2001.

MACY, M. W.; WILLER, R. From Factors to Actors: Computational Sociology and Agent-based Modeling. *Annual Review of Sociology*v. v. 28, 2002, pp. 143-66. https://doi.org/10.1146/annurev.soc.28.110601.141117.

MAGNER, L. N. *A History of the Life Sciences*. 3. ed. Boca Raton: CRC Press, 2002.

RAILTON, P. Marx and the Objectivity of Science. In: BOYD, R.; GASPER, P.; TROT, J. D. (eds.). *The Philosophy of Science*. Cambridge: The MIT Press, 1991, pp. 763-73.

RONAN, C. A. *História ilustrada da ciência*. Trad. J. E. Fortes. Rio de Janeiro: Jorge Zahar, 1987, v. 1-4.

SAWYER, R. K. Artificial Societies. Multiagent Systems and the Micro-macro Link in Sociological Theory. *Sociological Methods and Research*, v. 31, n. 3, 2003, pp. 325-63. https://doi.org/10.1177%2F0049124102239079.

_____. Social Explanation and Computational Simulation. *Philosophical Explorations*, v. 7, n. 3, 2004, pp. 219-31. Disponível em: <https://doi.org/10.1080/1386979042000258321>.

SCHWARTZMAN, S. *Formação da comunidade científica no Brasil*. Rio de Janeiro: Editora Nacional-Finep, 1979.

STEPAN, N. *Gênese e evolução da ciência brasileira*: Oswaldo Cruz e a política de investigação científica e médica. Rio de Janeiro: Artenova, 1976.

TREVISAN, D. "Christian Thomasius e a reformulação universitária na Aufklärung". *Cadernos de Filosofia Alemã*, v. 25, n. 4, jun.-dez. 2020, pp. 225-70.

WATSON, P. *The German Genius*. New York: Harper, 2010.

15.

O DESENVOLVIMENTO CIENTÍFICO E SUA AVALIAÇÃO

15.1.

COMO OCORRE O DESENVOLVIMENTO CIENTÍFICO

A visão tradicional do desenvolvimento científico, aquela formada principalmente pelos positivistas lógicos, afirma que esse desenvolvimento ocorre por acúmulo de conhecimento. Assim, os problemas à espera de solução são enfrentados pelo uso de conjecturas, seguido do desenvolvimento de validações. As explicações validadas são incorporadas ao conjunto da ciência, que, então, se desenvolve. A disponibilização de novas tecnologias ou o surgimento de novos enfoques teóricos levam a uma aceleração do campo científico que delas depende. Ao mesmo tempo, ocorre uma contínua reorganização dos campos existentes, de forma a aumentar a coerência interna do corpo de conhecimentos científicos. Essa reorganização pode significar a incorporação de um conjunto de explicações dentro de arcabouço teórico mais amplo, como a teoria da relatividade, que incorporou a mecânica newtoniana, que, por sua vez, passou a ser um caso particular da própria teoria da relatividade. Outra forma de consolidação dos conjuntos teóricos é a formação de disciplinas de conexão, que, como já discutimos, obedecem aos princípios organizacionais de determinada ciência, mas usam a metodologia de outra (ver capítulo 9).

Essa visão tradicional foi contestada pelo filósofo americano Thomas S. Kuhn (1922-1996), que afirmou no célebre *A estrutura das revoluções científicas* (Kuhn, 1970/1998) que a ciência avança de forma descontínua, e não por acúmulo contínuo. Segundo ele, a ciência utiliza paradigmas

FILOSOFIA DA CIÊNCIA

(sistemas explicativos aceitos de maneira consensual) que periodicamente são substituídos por outros em um processo chamado revolucionário. No período entre as revoluções, a ciência (chamada de normal) acumula dados dentro dos paradigmas. Com o progresso, surgem problemas que não podem ser resolvidos dentro dos paradigmas, o que gera uma crise interna que só pode ser resolvida com o surgimento de um novo paradigma que dá nova interpretação a todos os fatos, e, assim, rejeita-se todo o paradigma anterior. Diferentemente da visão tradicional do desenvolvimento científico, o novo paradigma e o anterior seriam incomensuráveis, isto é, não haveria uma medida comum para avaliá-los.

Apesar de as propostas de Kuhn (1970/1998) serem largamente aceitas, há muitos argumentos contrários à sua tese. Primeiro, Kuhn só se vale de exemplos da história da Física e da Química, ciências que são estruturadas em leis e possuem teorias formalizadas em equações matemáticas. As ciências histórico-adaptativas, que não são organizadas em teorias formalizadas matematicamente, foram ignoradas por Kuhn. Como têm estrutura diferente da Física e da Química, as ciências histórico-adaptativas poderiam mudar de um modo distinto daquele previsto por Kuhn. Além disso, as ciências histórico-adaptativas possuem muitos níveis de organização e a possibilidade de incluírem disciplinas nucleares e de conexão, o que torna menos provável uma alteração de paradigma que as modifique completamente (ver seção 5.2).

Vejamos o que se sabe do desenvolvimento da Biologia. Ernst Mayr (1904-2005) analisou a história da Biologia, em especial a da Biologia Evolutiva, e contrastou a Biologia a outras ciências (Mayr, 1982/1998). A seu ver, embora haja revoluções maiores e menores na história da Biologia, mesmo as revoluções mais importantes não representam mudanças de paradigma súbitas e drásticas como as compreendidas por Kuhn. Por exemplo, os desenvolvimentos que levaram a teoria da evolução de Darwin a se unir à genética, resultando na chamada síntese evolutiva (ou teoria sintética da evolução), e os atuais esforços para gerar uma visão da síntese evolutiva que inclua a Biologia do desenvolvimento não seriam kuhnianos. Os especialistas consideram que o que houve e o que está ocorrendo é mais bem descrito como ampliação do

322

arcabouço explicativo da teoria (Gould, 2002). Já a chamada "revolução da Biologia Molecular" corresponde, na verdade, à aceleração nos ganhos de conhecimento na área de Bioquímica, a disciplina que estuda o nível hierárquico mais baixo da Biologia, isto é, o molecular. Essa "revolução" não substituiu os conceitos vigentes nas disciplinas correspondentes aos níveis superiores ao molecular, como os da fisiologia e da Biologia Evolutiva. Trata-se, antes, de um incremento no arcabouço explicativo da Biologia. Em resumo, a Biologia (e, provavelmente, a Ciência Cognitiva e a Ciência Social) desenvolve-se principalmente com o surgimento de novos conceitos e mecanismos. Os novos conceitos e mecanismos a seguir incorporam-se ao arcabouço explicativo da disciplina. O processo de desenvolvimento é exacerbado quando técnicas inovadoras, novas ideias surgidas em outros campos da ciência e o ambiente cultural favorecem a exploração de níveis organizacionais até então pouco examinados no sistema em estudo. Sobretudo em se tratando dos aspectos funcionais dos sistemas, o avanço no conhecimento do nível hierárquico mais baixo (objeto de ciência de conexão) gera resultados inovadores, com reflexos positivos na compreensão do sistema como um todo.

Mesmo no caso do desenvolvimento da Física e da Química, em que os argumentos de Kuhn (1970/1998) parecem mais consistentes, há sérias críticas. Por exemplo, Pigliucci (2007) admite que mudanças paradigmáticas verdadeiramente incomensuráveis (incomparáveis) só aconteceriam quando uma protociência se transforma em ciência madura, como a astronomia nos séculos XVI e XVII (Copérnico e Galileu), a Física nos séculos XVII e XVIII (Galileu e Newton), e a Biologia e a Geologia ao longo do século XIX (Darwin e Lyell). Uma vez estabelecida, cada ciência tem seus arcabouços conceituais expandidos, em lugar de serem substituídos. Mesmo nos casos em que parece ocorrer uma substituição (como na transição da Física newtoniana para a einsteiniana), o modelo antigo não é incompatível com o segundo, porque pode ser considerado um caso limite do modelo novo.

Essas observações indicam ainda que, contrariamente às teses de Kuhn (1970/1998), grande número de "revoluções" ocorre fora ou entre as áreas das ciências estabelecidas nas estruturas universitárias e agências de fomento, e são mais bem interpretadas como expansões do arcabouço científico. Por exemplo, a Física do estado sólido e a radioastronomia originaram-se no Bell Laboratories (inicialmente pertencente à American Telephone and Telegraph Company, AT&T Corporation); a Biologia Molecular originou-se de uma pesquisa interdisciplinar de Cristalografia, Bioquímica e Genética; a Física do Caos surgiu da colaboração entre matemáticos e meteorologistas para melhorar a previsão do tempo; e, finalmente, a Ciência Cognitiva foi criada com o impulso da ciência da comunicação e da computação.

15.2.
COMO SE AVALIAM A CIÊNCIA, SEUS CAMPOS E AGENTES (CIENTOMETRIA)

A **Cientometria** é o estudo das técnicas de avaliação e de análise da ciência, tecnologia e inovação, produzindo indicadores para uso na gestão de todas as ciências e do conhecimento culto não científico. A Cientometria analisa as publicações, diferindo, pois, da Sociologia da Ciência, que estuda o comportamento dos cientistas.

A Cientometria é baseada principalmente no trabalho do inglês Derek J. de Solla Price (1922-1983) e do americano Eugene Garfield (1925-2017). Price (1963/1976) descobriu que, desde 1700, a ciência (no sentido de número de cientistas e de obras escritas) dobra a cada 15 anos, o que faz com que a maioria dos cientistas que já existiram estejam vivos. A afirmação é inusitada, mas pode ser demonstrada. A população de cientistas contemporâneos a uma pessoa de 15 anos é duas vezes maior do que a que existia quando essa pessoa nasceu; quando ela tiver 30 anos, será quatro vezes; aos 45 anos, oito vezes; e assim por diante. Logo, o número de cientistas (e obras científicas) que surgem durante a vida de uma pessoa é muito maior do que os que existiam antes de seu nascimento, o que permite fazer a afirmação inusitada anterior. Price (1963/1976) também mostrou que 25% dos autores científicos são responsáveis por cerca de 75% das publicações.

BASES INSTITUCIONAIS DA CIÊNCIA

Garfield fundou em 1955 o Institute for Scientific Information, que agora é parte da empresa Clarivate Analytics, a qual criou produtos bibliográficos tais como inúmeros bancos de dados de citações. Esses bancos de dados permitem calcular o índice de citação de um trabalho, isto é, quantas vezes aquele trabalho foi citado por alguma outra obra em determinado período, o que ajuda avaliar a sua importância. Usando esse tipo de análise, foi possível mostrar que uma minoria de trabalhos recebe a maioria das citações, e que, além disso, grande número é citado apenas uma ou nenhuma vez (Price, 1965). Essa foi uma descoberta importante, pois trabalhos não citados não fazem parte do conhecimento científico consolidado. Os trabalhos nunca citados em tempo algum, do ponto de vista da ciência, não existem, é como se nunca tivessem sido feitos.

Com o mesmo enfoque de contagem de citações, é possível avaliar a importância de determinada revista científica tendo em vista seu índice de impacto, o qual corresponde à razão entre o número de vezes que uma revista foi citada e o número de artigos que ela publicou em certo intervalo de tempo. Com essa metodologia, concluiu-se que poucas revistas publicam a maior parte da ciência citável, que é aquela que influencia outros trabalhos e que, por isso, é a ciência relevante (Garfield, 1976).

O uso de fatores de impacto passou a ser a principal medida quantitativa para avaliar a qualidade de uma revista, dos artigos científicos, dos pesquisadores que escrevem os trabalhos e até mesmo das instituições em que os trabalhos foram feitos. Embora esse índice seja útil, por exemplo, na decisão de financiamentos a pesquisadores e no investimento em temas científicos, seu uso deve ser feito com cuidado, pois ele não é absoluto, mas depende do tema de pesquisa, da idade do pesquisador etc. A Tabela 15.1 mostra que os índices de impacto médio variam amplamente de acordo com o tema de pesquisa.

A variação dos índices de impacto médio entre as diferentes disciplinas resulta do tamanho das comunidades e do número médio de citações de cada área. Por exemplo, a comunidade que trabalha com as ciências fundamentais da vida é muito grande, e é comum que cada trabalho dessas disciplinas apresente até 50 citações. No outro extremo, a comunidade da Matemática é formada por um número muito menor de pesquisadores, e

325

os trabalhos, em geral, têm cerca de cinco ou menos citações. Isso significa que, com base nesses índices, não se pode comparar periódicos, pesquisadores e instituições de cientistas das ciências fundamentais da vida com os correspondentes de matemáticos. O mesmo tipo de raciocínio vale para comparações entre quaisquer disciplinas.

Tabela 15.1.
Fatores médios de impacto para diferentes disciplinas

Disciplina	Impacto	Disciplina	Impacto
Ciências fundamentais da vida	3,1	Ciências biológicas descritivas	1,1
Física	1,5	Ciências sociais	1,6
Geociências	1,3	Matemática	0,5

Fonte: Dados extraídos de Amin e Mabe (2000).

Recentemente, foi criado o índice H (Hirsch, 2005) para comparar o desempenho de pesquisadores, o que é mais adequado do que simplesmente comparar o número de citações que os cientistas receberam. O índice H corresponde ao número de publicações de um pesquisador que tem pelo menos H citações. Por exemplo, um pesquisador com índice H igual a 15 significa que ele tem 15 trabalhos com pelo menos 15 citações. A comparação pelo número absoluto de citações ignora o fato de que todas as citações de um pesquisador possam ser devido a um único ou a poucos trabalhos. O índice H evita esta distorção.

A comparação de pesquisadores pelo índice H, no entanto, exige cuidados semelhantes aos do índice de citação. O índice H é influenciado pelo tema de pesquisa e pela idade do pesquisador. Pesquisadores mais velhos têm maior probabilidade de reunir muitos trabalhos com mais citações do que os mais jovens.

Para encerrar, é conveniente lembrar que índices de citação e de impacto, desde que usados com os cuidados mencionados, são úteis para triagens, quando se compara grande número de situações. Um exemplo de bom uso desses índices é fornecido pela Tabela 15.2. Essa tabela mostra que a eficiência dos países em converter o esforço científico em trabalhos relevantes (os mais citados) é variável. O Brasil aumentou o número

BASES INSTITUCIONAIS DA CIÊNCIA

de publicações internacionais nos últimos 20 anos por um fator de 5. Contudo, o mesmo não aconteceu com o número de citações de artigos escritos por pesquisadores brasileiros, pois esse número continua baixo. Isso significa que o esforço da comunidade científica brasileira deve se dirigir mais no sentido da qualidade dos trabalhos do que de sua quantidade.

O uso de índices de citação e de impacto nos casos individuais, contudo, não dispensa uma avaliação qualitativa por pares para assegurar conclusões mais seguras. Em outras palavras, o valor de um trabalho individual só pode ser avaliado de forma completa pela sua leitura por especialistas.

Tabela 15.2.
Ciência no mundo (1996-2019)

Posição	País	Trabalhos	Citações por artigo (H)	Gastos P&D (%PIB)
1	EUA	12.859.607	26,4 (2.386)	2,74
2	China	6.589.695	9,4 (884)	2,19
3	Reino Unido	3.715.590	24,1 (1.487)	1,70
4	Alemanha	3.222.549	21,8 (1.298)	2,94
5	Japão	2.893.614	16,7 (1.036)	3,15
6	França	2.249.496	21,5 (1.180)	1,17
15	Brasil	1.027.748	11,9 (578)	1,26

Fonte: SJR – Scimago Journal and Country Rank. (H), índice H, que corresponde ao número de trabalhos que tem pelo menos H citações. O Brasil, por exemplo, com índice H igual a 578 significa que tem 578 trabalhos com pelo menos 578 citações.

RESUMO

Kuhn propôs que o desenvolvimento da ciência não é linear e cumulativo, mas ocorre por acúmulo de dados dentro de um paradigma (ciência normal) que, periodicamente, entra em crise e é substituído por outro em processo chamado de revolucionário. Essa tese foi contestada em vários aspectos. As mudanças paradigmáticas incomensuráveis (incomparáveis) só ocorreriam na passagem de uma protociência para a ciência madura. Uma ciência, uma vez estabelecida, tem seus arcabouços ampliados, ao invés de serem substituídos. Exemplos de expansão de arcabouços são a Física do

FILOSOFIA DA CIÊNCIA

caos e do estado sólido, a Biologia Molecular e a Ciência Cognitiva. O progresso da ciência ocorre, pois, com o surgimento de novos conceitos e mecanismos, que são postos em concorrência com os contemporâneos, prevalecendo aqueles que adquirem mais apoios. A Cientometria é o estudo das técnicas de avaliação e de análise da ciência, a qual produz indicadores para uso na gestão das ciências e do conhecimento culto não científico. Os primeiros desenvolvimentos da Cientometria foram feitos por Solla Price e Garfield. Os estudos iniciais mostraram que uma minoria de trabalhos responde pela maior parte das citações (menções em outras publicações), enquanto muitos trabalhos não são nunca citados. Isso significa que esses últimos não entram na construção da realidade científica. Isso chamou a atenção para o fato de que as citações a um trabalho em um determinado período permitem avaliar sua importância. Da mesma forma, o índice de impacto (razão entre o número de vezes que uma revista foi citada e o número de artigos que publicou) serve para a sua avaliação. O índice de impacto é útil para avaliação de qualidade, mas deve ser empregado com cuidado, pois é relativo. Por exemplo, o número médio de citações varia entre disciplinas e mesmo entre campos de uma mesma disciplina. O referido índice, contudo, é uma ferramenta útil para triagem quando se compara grande número de situações e pode ser usado, por exemplo, na avaliação da eficiência de conversão do esforço científico (e seu financiamento) em trabalhos relevantes. O uso do índice de citações e de impacto em casos individuais não dispensa uma avaliação qualitativa por especialistas.

SUGESTÕES DE LEITURA

Pigliucci (2007) comenta Kuhn, e Amin e Mabe (2000) avaliam o significado dos fatores de impacto.

QUESTÕES PARA DISCUSSÃO

1. Quais são os principais argumentos críticos ao conceito de revolução paradigmática de Kuhn?

BASES INSTITUCIONAIS DA CIÊNCIA

2. Como as ciências se desenvolvem?
3. É possível fazer análises qualitativas de resultados científicos, tecnológicos e de inovação?
4. Como avaliar o sucesso do esforço científico de um país?

LITERATURA CITADA

AMIN, M.; MABE, M. A. "Impact Factors: Use and Abuse". *Perspectives in Publishing*, n. 1, 2000, pp. 1-6.

GARFIELD, E. Significant Journals of Science. *Nature*, v. 264, 1976, pp. 609-15. https://doi.org/10.1038/264609a0.

GOULD, S. J. *The Structure of Evolutionary Theory*. Cambridge: Harvard University Press, 2002.

HIRSCH, J. E. A Index to Quantify an Individual's Scientific Research. *Proceedings of the National Academy of Sciences (USA)*, v. 102, n. 46, 2005, pp. 16569-72. https://doi.org/10.1073/pnas.0507655102.

KUHN, T. S. *A estrutura das revoluções científicas*. 5. ed. Trad. B. V. Boeira e N. Boeira. São Paulo: Perspectiva, 1998. (Obra originalmente publicada em 1962/1970.)

MAYR, E. *O desenvolvimento do pensamento biológico*: diversidade, evolução e herança. Trad. I. Martinazzo. Brasília: Editora da UnB, 1998. (Obra originalmente publicada em 1982.)

PIGLIUCCI, M. Do We Need an Extended Evolutionary Synthesis? *Evolution*, v. 61, 2007, pp. 2743-9. Disponível em: <https://doi.org/10.1111/j.1558-5646.2007.00246.x>.

PRICE, D. J. S. Networks of Scientific Papers. *Science*, v. 149, n. 3.683, 1965, pp. 510-5. https://doi.org/10.1126/science.149.3683.510.

_____. *O desenvolvimento da ciência*: análise histórica, filosófica, sociológica e econômica. Rio de Janeiro: Livros Técnicos e Científicos, 1976. (Obra originalmente publicada em 1963.)

Glossário

Algoritmo é um conjunto de operações necessárias para obter um resultado, como as etapas de um cálculo ou uma receita de bolo. O termo, contudo, é mais usado em computação.

Algoritmo evolutivo assume que temos um ente que se replica com fidelidade (gera cópias idênticas a si mesmo), mas que ocasionalmente produz cópias com pequenas alterações. Nessas condições, o algoritmo afirma que, se as modificações surgidas tornarem os entes que as possuam capazes de gerar mais cópias de si mesmos que os desprovidos dessa modificação, os entes modificados predominarão na população.

Amplitude explicativa é a característica da ciência que unifica muitos dados.

Analogia é uma semelhança reconhecida entre fatos ou coisas.

Antropologia Biológica é a disciplina que estuda a origem e a evolução biológica da humanidade e de seus subgrupos.

Aprendizado de máquina ou aprendizado automático é o estudo dos algoritmos computacionais que melhoram com a experiência, sem um programa específico para isso. Os algoritmos do aprendizado de máquina fazem uso de modelos matemáticos baseados em amostras de dados, com os quais fazem predições ou tomam decisões.

Arado pesado. Ver *Charrua*.

FILOSOFIA DA CIÊNCIA

Argumento evolutivo afirma que todo conhecimento intuitivo é provavelmente o produto da seleção natural.

Arqueologia Cognitiva é a disciplina que faz inferências sobre as características da mente humana primitiva a partir da identificação de indícios da ação humana e de sua datação.

Artes são produtos da atividade humana que manipulam as emoções, gerando sensações de regra prazerosas. Como a arte atrai os indivíduos, ela pode desempenhar várias funções sociais. Assim, ela facilitaria o aprendizado, como na arte figurativa das catedrais medievais, e nas epopeias e outras obras literárias. A arte pode também ser usada para valorizar instituições, religiões, produtos industriais etc.

Artes liberais tradicionais eram os corpos de saber considerados dignos de atenção pelos homens livres, em oposição às artes praticadas pelos servos de caráter manual ou artesanal. As sete artes liberais tradicionais eram: gramática, dialética (lógica), retórica, aritmética, geometria, astronomia e música.

Artes musicais ou música talvez sejam adaptativas, no sentido de terem favorecido os seres humanos no nicho sociocognitivo, devido ao seu enorme poder de conectar pessoas e, assim, facilitar a formação de grupos. A música talvez também esteja na origem da linguagem, exemplificada pelo balbuciar cantarolado dos bebês.

Artes verbais como as artes visuais (ver entrada) parecem ser tecnologias de prazer. Podemos nos colocar no lugar de agentes ficcionais e nos emocionar com eles graças à nossa capacidade de raciocinar com crenças falsas (ver entrada) e nossa postura intencional (ver entrada).

Artes visuais parecem um subproduto das habilidades relacionadas à adaptação dos seres humanos ao nicho sociocognitivo e usada como tecnologia do prazer. Evidência nessa direção é o fato de a pintura de Van Gogh, representando uma cadeira, ativar áreas no cérebro próximas aos centros de prazer, enquanto uma fotografia de cadeira similar ativa outras áreas.

Astrolábio é o instrumento para medir a altura das estrelas em relação ao horizonte usado em astronomia e na navegação.

Atitude intencional é a base cognitiva para o fato de nosso comportamento ser enormemente influenciado por nossa avaliação das intenções alheias, favorecendo as interações pessoais.

Auto-organização é o aparecimento de estrutura ou padrão sem um agente interno que o imponha. É fenômeno típico de sistemas deslocados para longe do equilíbrio.

Biela é a peça de engrenagem que se articula ao bastão da manivela e a outra peça que se desloca dentro de cilindro. Um movimento de vai e vem da peça no cilindro faz com que a biela articulada à manivela ponha a roda em movimento (como a engrenagem que põe em movimento a roda de um trem a vapor). A mesma engrenagem permite que o movimento rotatório de uma roda seja transformado em movimento de vai e vem.

332

GLOSSÁRIO

Biologia é o estudo da vida e de suas manifestações. As explicações da Biologia conformam-se a quatro princípios organizadores: (1) o conceito de organismo, segundo o qual todas as estruturas e processos se referem ao próprio organismo; (2) o conceito de evolução; (3) o conceito de célula; e (4) o conceito de projeto executável (ver entrada) aqui representado pelo programa genético.

Biologia Evolutiva é o conjunto de disciplinas biológicas que se valem da evolução para organizar suas proposições.

Biologia Funcional descreve o papel de estruturas e eventos na manutenção de um organismo, inclusive garantindo a resistência do organismo a variações internas e externas.

Biologia Intuitiva é o conhecimento inato do mundo natural que inclui a capacidade de categorizar os seres vivos em agrupamentos genéricos, por sua vez divididos em grupos de ordem superior e inferior.

Biologia Sistêmica é o enfoque que procura relacionar todos os eventos em um organismo para gerar explicações integradoras.

Bioquímica. A Bioquímica/Biologia Molecular é uma disciplina biológica de conexão com a Química. Assim, ela possui conceitos próprios (por exemplo, vias metabólicas, enzimas alostéricas, cadeia respiratória etc.), obedece aos princípios organizadores da Biologia, mas utiliza a metodologia e parte da nomenclatura da Química. As vias metabólicas (as séries de transformações químicas que ocorrem no organismo e que são objeto de estudo da Bioquímica) possuem um propósito compreensível somente no contexto do organismo, isto é, acomodam-se ao conceito de organismo. As moléculas mais características dos seres vivos, as proteínas (que incluem os aceleradores de reações que são as enzimas, hormônios, anticorpos etc.), sofrem evolução, o que torna a Bioquímica, nesse aspecto, parte da Biologia Evolutiva. Para compreender os fenômenos da Bioquímica/Biologia Molecular é preciso considerar a estrutura celular, adequando-se ao conceito de célula. Finalmente, os eventos bioquímicos são controlados pelos sinais químicos do genoma, que é a forma material do projeto executável do organismo, conferindo-lhes um propósito. A emergência da Bioquímica, como disciplina de conexão, distinguindo-se da Química, foi reconhecida pela primeira vez no livro-texto *Aspectos dinâmicos do metabolismo*, de E. H. Baldwin, em 1946.

Busca das essências dos objetos protagonistas (agentes) ou inanimados tem a intenção de separar esses objetos pelo que se acredita ser a sua natureza subjacente, que é responsável por todas as suas características.

Busca por propósitos entre protagonistas é importante para favorecer a cooperação e, se for o caso, prevenir contra atos agressivos.

Busca por protagonistas é a procura intensa por objetos que possam ser protagonistas, isto é, capazes de agir.

Campo científico é o conjunto de agentes e instituições que produzem conhecimento científico e o divulgam.

333

FILOSOFIA DA CIÊNCIA

Campo do possível é o conjunto de condições científicas, culturais e institucionais que favorecem ou dificultam o desenvolvimento da ciência.

Categorização é uma classificação dos achados em termos do conhecimento corrente e de previsões.

Causação descendente corresponde à ação de um projeto executável (ver entrada), isto é, corresponde à imposição por um sistema de um padrão relacional a seus componentes, tornando as propriedades do sistema impossíveis de serem previstas a partir das propriedades de seus componentes.

Causalidade é a relação entre eventos na qual um evento precedente (causa) é considerado o gerador de um evento subsequente (efeito).

Ceticismo organizado é uma norma social mertoniana (ver entrada) que postula a crítica continuada dos resultados científicos.

Charrua é instrumento para arar a terra composto de uma armação de madeira ou ferro com duas rodas frontais, atrás das quais há um facão (ou sega) para cortar raízes e facilitar a ação da relha, que é uma peça posicionada logo atrás do facão e que gera um sulco, levantando a terra. Esta é em seguida revirada pelas aivecas (ou orelhas), que são lâminas dispostas uma de cada lado da relha.

Ciência é um método de adquirir conhecimento, assim como o conhecimento adquirido por esse método. A ciência é a forma mais confiável que conhecemos para adquirir conhecimento sobre a realidade. Isso porque ela usa um método rigoroso de adquirir conhecimento que consiste resumidamente em: a) descrição de objetos e eventos da realidade, seguindo programas de pesquisa com protocolos aceitos ou em processo de se tornarem consensuais; e b) seguida do uso das informações adquiridas na produção de conjecturas e sua validação em confronto com a realidade e na geração de narrativas baseadas em todos os conhecimentos disponíveis sobre um tema. Esse processo é a seguir consolidado com a participação da comunidade científica de todas as áreas.

Ciência Cognitiva estuda como a informação é adquirida e processada para gerar comportamentos e como se deu a evolução da mente. Entre seus objetos de estudo estão processos como atenção, percepção, aprendizado, memória, linguagem, solução de problemas, decisão e pensamento. A disciplina da parte funcional é a Psicologia Cognitiva, que possui a Neurociência Cognitiva como disciplina de conexão com a Biologia e apresenta interconexões com domínios da Psicologia Comparada, da inteligência artificial e da Filosofia da mente. A disciplina nuclear da parte evolutiva da Ciência Cognitiva é a evolução da mente, com interconexões com domínios da Psicologia Evolutiva, Psicologia Comparada e Arqueologia Cognitiva.

Ciência fraudulenta é uma prática de ciência formalmente correta, mas cujos resultados são inventados para seu autor ganhar notoriedade científica.

Ciência, má é aquela cujo projeto da pesquisa é deficiente, resultando em conclusões pouco confiáveis.

GLOSSÁRIO

Ciência sem importância é uma ciência confiável, porém não frutífera.

Ciência Social é a ciência que lida com a natureza e a evolução das sociedades humanas, incluindo as ações humanas em ambiente social. Embora não exista uma teoria unificadora da Ciência Social, é possível organizá-la, para os fins de procurar disciplinas de conexão, em quatro princípios organizadores: (1) conceito de sistema complexo autorreferente (ver entrada) e intencional (ver entrada); (2) conceito de projeto executável (ver entrada); (3) conceito de estruturas sociais funcionais; (4) conceito de evolução sociocultural (ver entrada).

Ciência Social Computacional é um campo emergente que combina modelagem e simulação computacional com as disciplinas das ciências sociais.

Ciências exatas são as ciências dos objetos básicos (ver entrada), isto é, a Física e a Química.

Ciências histórico-adaptativas correspondem às ciências dos seres vivos, da mente e da sociedade, e são assim denominadas porque se referem a sistemas que têm uma história e que se adaptam a modificações internas e do meio ambiente.

Ciências naturais são as ciências da natureza (Física, Química e Biologia) em oposição às ciências do homem (Ciência Cognitiva e Ciência Social). Esse termo não é útil, pois obscurece o fato de que a verdadeira diferença entre as ciências é a que ocorre entre os blocos das ciências exatas (ver entrada) e o das ciências histórico-adaptativas (ver entrada), que inclui a Biologia.

Ciências sociais ver *Ciência Social*.

Cientometria é o estudo das formas de avaliar e analisar a ciência, a tecnologia e a inovação, produzindo indicadores para uso na gestão científica.

Círculo de Viena. Ver *Positivistas lógicos*.

Cladograma ou árvore filogenética é uma ilustração que reúne os organismos pelo compartilhamento de caracteres derivados (novidades evolutivas típicas do grupo). Essa técnica reúne a forma ancestral e seus descendentes. A mesma técnica pode ser usada para qualquer objeto ou processo que obedeça ao algoritmo evolutivo (ver entrada), tais como línguas, sociedades, objetos copiados etc.

Cognição é a geração de representações do mundo natural, social e individual que nos orienta a escolher tipos de ação.

Cognição quântica é o campo da ciência que utiliza o formalismo matemático da mecânica quântica para modelar o comportamento humano, principalmente o decisório.

Coleta de dados. Ver *Pesquisa exploratória*.

Complexidade é uma medida da quantidade de informação necessária para descrever um sistema. Dessa forma, quanto mais elementos um sistema tiver ou quanto mais subsistemas ele incluir, ou, ainda, quanto mais inter-relações os elementos do sistema estabelecerem entre si, mais complexo esse sistema será.

FILOSOFIA DA CIÊNCIA

Comunalismo é uma norma social mertoniana (ver entrada) que orienta o compartilhamento universal dos resultados científicos.

Conceito é, em geral, uma noção abstrata usada para designar as propriedades e características de uma classe de objetos ou eventos, por exemplo, o "conceito de árvore" ou "conceito de tempestade". Em ciência, conceitos são objetos ou eventos propostos para ajudar a organização de dados obtidos pelas ciências.

Confiabilidade é a característica mais importante da ciência, e é consequência da aplicação do método científico.

Conhecimento é a informação a respeito de um objeto ou processo que foi obtida pela experiência ou por estudo e que está na mente de uma pessoa, ou é possuído pelos seres humanos de forma geral como conhecimento inato.

Conhecimento científico é aquele obtido com o auxílio do método científico.

Conhecimento científico estabelecido é aquele que foi validado e consolidado.

Conhecimento culto é aquele obtido por métodos rigorosos, respeitando a lógica e a coerência interna das proposições.

Conhecimento inato é aquele possuído por todos os humanos ao nascer e armazenado nos módulos cognitivos.

Conhecimento tecnológico é a base para a utilização de instrumentos. Envolve conhecimentos intuitivos de Física e Biologia, que são associados a módulos cognitivos conceituais e aprendizado social. Além de habilidades cognitivas, o conhecimento tecnológico exige habilidades motoras muito sofisticadas, próprias do homem.

Conjectura é uma proposição científica a respeito das características de um objeto ou evento a ser validada.

Consciência quântica. Ver *Mente quântica*.

Consistência é a inexistência de conceitos contraditórios entre as proposições de um argumento.

Consolidação de argumentos científicos é o processo pelo qual os argumentos já validados por pesquisadores individuais passam para a comunidade de pesquisadores, que repetem as validações em condições diferentes e, ao final, incluem os argumentos no conjunto da ciência estabelecida.

Construção social da sociedade é a formação das instituições sociais (ver entrada).

Construtivismo social. Construtivismo social é a visão que afirma que todo conhecimento é produto das práticas sociais e instituições ou é fruto das interações e negociações entre grupos sociais relevantes. Segundo esse ponto de vista, a ciência é uma construção social e, como consequência, não existiria uma base objetiva para preferirmos a ciência em relação a outros sistemas de adquirir conhecimento. Essa tese ignora também toda a demonstração da existência de

336

GLOSSÁRIO

conhecimento contido em módulos cognitivos conceituais (ver entrada) presentes em todos os seres humanos e responsáveis pela existência de uma cultura inata comum a toda a humanidade. Por fim, essa tese não passa em um simples teste, como lembrado por A. D. Sokal ao convidar qualquer um que acredita que as leis da Física são meras convenções a transgredir essas convenções da janela de seu apartamento no vigésimo primeiro andar.

Cooperação social é a capacidade dos indivíduos de uma sociedade de agir de forma coordenada entre si. A cooperação social humana exigiu o aperfeiçoamento da teoria da mente (ToM) animal (ver entrada), através da capacidade de julgar as atitudes de um outro a partir de julgamentos de terceiros (ver *Postura intencional*) e de admitir que pessoas possam agir baseadas em crenças falsas (ver entrada).

Crenças falsas, raciocinar com. Capacidade humana de raciocinar levando em conta que indivíduos podem agir em função de crenças falsas que acreditem ser verdadeiras. Isso melhorou nossa atuação nas relações sociais, já que passamos a antever melhor o que os outros podem fazer. O desenvolvimento dessa capacidade teve um subproduto interessante. O raciocínio com crenças falsas, em contraste com o raciocínio com crenças verdadeiras, requer o desacoplamento da representação mental do fenômeno da realidade. Isso facilita o desenvolvimento de conceitos como da mente como agente imaterial que anima o nosso corpo, mas também nos habilita a apreciar e a colocarmo-nos no lugar de personagens da literatura com suas crenças e desejos.

Cultura é o conjunto de ideias, mitos, ritos e expectativas de uma comunidade. A cultura se apresenta como cultura inata (metacultura) e cultura transmissível (ver essas entradas).

Cultura evocada corresponde às respostas comportamentais possíveis que um ou vários módulos cognitivos (ver entrada) apresentam conforme os estímulos locais recebidos.

Cultura inata (metacultura) é o conjunto dos conhecimentos sobre o mundo que foram incorporados ao longo da evolução como balizas computacionais nos módulos cognitivos especializados e que corresponde à cultura referencial de todos os seres humanos.

Cultura transmissível (ou assimilável) é a cultura que se espalha na população por aprendizado.

Decisão heurística é o processo decisório que utiliza atalhos nos processamentos baseados em sucessos anteriores.

Dedução é a extração de consequências lógicas de uma postulação geral.

Desenho inteligente é uma pseudociência que propõe que certas características do universo, principalmente dos seres vivos, são mais bem explicadas por uma causa inteligente (um deus) do que através de processo não orientado, como descrito pela teoria da evolução. As afirmações dos proponentes do desenho inteligente carecem de evidências empíricas e não oferecem testes que as poderiam desqualificar ou validar, como ocorre com a ciência.

Desenvolvimento de produto é o conjunto de atividades que torna algo com prova de conceito em algum produto comercializável.

Desinteresse é uma norma social mertoniana (ver entrada) que valoriza o desinteresse material de vantagens pessoais advindas da pesquisa, embora favoreça a ambição por reconhecimento pela autoria dos achados científicos.

Determinismo é a posição filosófica que afirma que cada evento tem uma causa e que todos os eventos obedecem a leis físicas.

Determinismo laplaciano é a posição filosófica que postula a previsibilidade absoluta dos eventos naturais e que esses eventos são reversíveis, isto é, que não ocorrem em um único sentido. Ele não é compatível com a física dos processos irreversíveis e da matéria condensada, além dos eventos das ciências histórico-adaptativas.

Disciplina é uma delimitação do conhecimento culto que possui nome academicamente reconhecido por nomear departamentos universitários, revistas científicas, conferências internacionais e sistemas de reconhecimento de competências e de premiação. O termo "disciplina" é de regra usado para se referir a diferentes níveis da divisão de trabalho científico, como Biologia como um todo ou suas subdivisões exemplificadas por Fisiologia, Bioquímica, Ecologia etc.

Disciplinas de conexão referem-se às disciplinas que conectam a ciência dos sistemas com aquelas dos componentes dos sistemas. As disciplinas de conexão possuem conceitos próprios, mas obedecem aos princípios organizadores da ciência do sistema, e usam a metodologia e parte da nomenclatura da ciência de seus componentes. Ver Bioquímica, como exemplo de disciplina de conexão (no caso da Biologia com a Química), cuja formação é conhecida em detalhes.

Disciplinas nucleares é o conjunto das disciplinas características de uma ciência.

Dualismo é a filosofia que admite a existência de algo imaterial, chamado de espírito, em adição à matéria.

Emergência é o surgimento de propriedades não previsíveis (propriedades emergentes) em um sistema pelas propriedades de suas partes. Em sistemas de objetos básicos, emergência é o surgimento durante a auto-organização de um sistema complexo de uma nova estrutura com um nível novo de organização e novas propriedades. Isso pode ser exemplificado pela água aquecida, que gera correntes de convecção ou turbilhões, dependendo da temperatura. Em sistemas histórico-adaptativos, a emergência decorre da imposição de padrões relacionais entre os seus componentes. Isso é consequência da ação de um projeto executável (ver entrada).

Emergência forte é aquela que afirma que as propriedades emergentes não podem ser explicadas nem em princípio.

Emergência fraca é a que afirma que as propriedades emergentes podem ser explicadas em princípio, embora a tarefa possa apresentar dificuldades intransponíveis.

Empatia por protagonistas reais ou fictícios é adaptativa porque facilita as relações interpessoais, favorecendo a cooperação mutuamente vantajosa.

GLOSSÁRIO

Empirismo. Escola filosófica para a qual a única fonte de conhecimento é a experiência.

Enfoque populacional considera a espécie biológica como uma população de indivíduos únicos; os tipos são instrumentos conceituais para lidar com essa complexidade.

Enfoque tipológico entende as espécies biológicas como tipos definidos, nos quais as variações são erros entre os valores médios.

Epistemologia. Ver *Filosofia*.

Essência é a natureza subjacente de cada tipo de objeto que é responsável por todas as suas características, de acordo com algumas posições filosóficas.

Ética é o conjunto de virtudes (habilidades sociais) codificadas socialmente a partir de regras morais intuitivas.

Evolução biológica é o processo pelo qual os seres vivos tornam-se progressivamente mais bem adaptados a determinado ambiente. Essa adaptação surge do aparecimento aleatório de indivíduos variantes em dada população. As variantes que forem capazes de gerar mais descendentes (porque são mais eficientes nas condições daquele ambiente) tenderão a predominar na população. Assim, após algum tempo, encontraremos somente os indivíduos que apresentarem a variação que os deixa mais bem adaptados. Dessa forma, embora o processo seja na sua base aleatório, tudo se passa como se algo dirigisse a mudança dos indivíduos, no sentido de se tornarem mais bem adaptados em dado ambiente.

Evolução sociocultural é o processo pelo qual ocorre a mudança da sociedade, afetando as suas estruturas e, em consequência, o projeto executável de forma a adequá-lo melhor a meio variável. A evolução sociocultural ocorre de acordo com o algoritmo evolutivo (ver entrada) onde a gênese da novidade costuma ser inovação cultural. Por exemplo, uma invenção por algum membro, que seria difundida para os demais membros da formação por aprendizado. A inovação cultural pode resultar também de uma ação política. Em qualquer caso, poderia ocorrer uma mudança social, cuja extensão dependeria das circunstâncias específicas.

Exatidão em ciência é a aproximação da medida do valor correto.

Explicação é uma descrição de qual maneira ou sob quais circunstâncias os eventos acontecem e como os objetos pertinentes estão associados entre si. Existem muitas formas de explicação (ver entradas correspondentes).

Explicação histórica (ou narrativa) é um registro que procura mostrar como um dado objeto de estudo tem certas características, através da descrição de como esse objeto se originou de outro anterior.

Explicações funcionais indicam uma ou mais funções que uma unidade desempenha na manutenção ou realização de certas características do sistema a que pertence ou descrevem o papel de uma ação no alcance de um objetivo.

Explicação mecanística consiste na descrição de um mecanismo, isto é, de um conjunto de entidades e atividades que explicam um resultado.

Explicação mecanística dinâmica é a descrição de um mecanismo em que as entidades envolvidas se alteram continuamente no tempo.

Explicação mecanística probabilística é a que produz uma predição associada a uma probabilidade.

Explicação mecanística qualitativa é a que produz uma predição à qual não é possível associar uma probabilidade.

Explicação mecanística quantitativa é a que produz uma predição rigorosa apurada por uma equação matemática.

Faculdade de Artes, na Idade Média, correspondia à unidade de ensino por onde os universitários iniciavam os seus estudos e que ministrava as sete artes liberais tradicionais.

Falseamento é possibilidade das derivações de uma conjectura (hipótese ou hipóteses) gerar predições falsas já averiguadas empiricamente.

Fertilidade é a característica da ciência de incentivar mais pesquisas, levando à ampliação do conhecimento científico.

Filosofia é, contemporaneamente, o campo do saber referente ao estudo dos princípios básicos do pensamento e do conhecimento (epistemologia), da lógica, da ética, da estética, e, finalmente, da natureza da realidade (metafísica). Todas as partes da Filosofia mantêm relações com a ciência: a epistemologia e a lógica com a Ciência Cognitiva; a ética e a estética com as ciências cognitiva e social; e a metafísica com todas as ciências.

Filosofia da Ciência é o exame crítico da ciência, particularmente em relação aos seus objetos e métodos para descrever a realidade.

Filosofia organicista afirma que os organismos possuem princípios organizadores e não podem ser explicados apenas pelas propriedades de seus componentes.

Física trata das leis mais gerais (aquelas aplicáveis a toda a matéria), dos mundos subatômico e atômico, do macrocosmo e, mais modernamente, também do estudo dos processos irreversíveis e da matéria condensada.

Física clássica é o conjunto da Física representado pelo trabalho de Newton e pela temática que se desenvolveu posteriormente ao longo dos séculos XVIII e XIX a respeito de luz, calor, eletricidade e magnetismo.

Física da matéria condensada estuda as propriedades dos sólidos e dos líquidos. A investigação nessa área levou à descoberta de que o comportamento de agregados grandes e complexos de partículas elementares (por exemplo, uma barra de cobre) não pode ser compreendido em termos de simples extrapolação das propriedades de poucas partículas (por exemplo, átomos de cobre). Trata-se, pois, de sistema emergente (ver *Emergência*).

GLOSSÁRIO

Física Intuitiva é o conhecimento inato, inferido pelo estudo de bebês, que permite prever o movimento de objetos inertes.

Física newtoniana é a ciência reunida por Newton.

Grade é a armação com pontas puxada por animais para desfazer os torrões de terra formados pela charrua.

Guildas são corporações de ofícios, tais como as de tecelões, pedreiros etc.

Hipóteses auxiliares são aquelas que, tomadas como confiáveis, apoiam uma conjectura.

História é uma disciplina nuclear das ciências sociais que descreve os acontecimentos e as circunstâncias em que ocorrem.

Humano social, ser. É a visão do ser humano do ponto de vista de seu comportamento na sociedade.

Indução é uma generalização a partir de uma sequência de achados.

Informação é definida como qualquer conjunto de elementos que podem ser transmitidos por sinais convencionais.

Instituições sociais são complexos de ações individuais consensualmente estabelecidas ou impostas e organizadas dentro de objetivos definidos.

Instrumentalismo é a corrente filosófica que afirma que as proposições científicas têm apenas a finalidade de prever eventos, e não de descrever (representar) a realidade.

Inteligência artificial é o estudo dos dispositivos que percebem o ambiente e avaliam a relevância das informações antes de decidirem uma ação. Em geral, os dispositivos são computadores ou máquinas comandadas por computadores que imitam as funções cognitivas humanas, tais como aprendizado e solução de problemas.

Interconexão entre as ciências. O positivismo lógico (ver entrada) argumenta que a forma pela qual as ciências deveriam ser interconectadas corresponderia a uma redução, o que significa a explicação de todos os postulados de uma ciência por outra e assim sucessivamente até se reduzirem, em última instancia, a explicações físicas. O ponto de vista atual postula que a interconexão entre as ciências pode ser feita entre alguns de seus domínios (interconexões entre domínios) ou entre todos os domínios de uma ciência e os domínios de outra pelas disciplinas de conexão (ver entrada).

Irreversíveis, fenômenos são aqueles que ocorrem em apenas um sentido, como a queima de papel.

Laboratório é o lugar onde materiais são manipulados, aplicando esquemas práticos para solucionar problemas (também chamado de laboratório úmido). O laboratório também pode ser um local onde se trabalha com informática de forma independente ou como um anexo do laboratório de manipulação de materiais (também chamado de laboratório seco).

FILOSOFIA DA CIÊNCIA

Leis científicas. Ver *Leis naturais*.

Leis naturais. São regularidades absolutas entre eventos e que ocorrem independentemente do tempo e lugar. As leis podem ser esquematicamente referidas como "se A, então B", isto é, sempre que as condições A ocorrerem, as condições B surgem. As leis podem ser de natureza probabilística. Nesse caso, podem ser descritas como "se A, então B em $x\%$ dos casos". As ciências histórico-adaptativas (com raras exceções) não possuem leis em nenhuma das duas acepções. Como as leis são construções da ciência, pois resultam de generalizações de um grande número de observações, alguns preferem denominá-las leis científicas.

Manivela é um bastão ligado fora do centro de uma roda que permite colocá-la em movimento.

MAS (*Multi-Agent Systems*) é a modelagem baseada em sistemas de agentes múltiplos. É também conhecida como sociedades artificiais (ver entrada).

Mecânica quântica é a parte da Física que, de forma muito bem-sucedida, trata do microcosmo através de equações com interpretações probabilísticas. A mecânica quântica implica entes matemáticos que só podem ser traduzidos em modelos físicos (ver entrada) com propriedades bizarras. A mecânica quântica não pode ser aplicada a sistemas com muitas partículas (ver *Química Quântica*).

Mecanicismo (frequentemente também chamado de fisicalismo) é a filosofia que afirma que é possível explicar todos os fenômenos, inclusive os relacionados aos seres vivos, somente em termos físicos.

Mente é o sistema de processamento de informação que tem o cérebro como base material e é objeto de estudo da Ciência Cognitiva. A mente é um sistema de computação que pode ser alimentado com dados como números, palavras, imagens, sons etc. e, após transformá-los em representações (linguagem de máquina), manipulá-los de formas variadas, seguindo instruções de um algoritmo e gerando no final dados de saída comportamentais.

Mente quântica é a pseudociência que afirma que a mente atuaria sobre a matéria graças à ambiguidade quântica de gerar e não gerar um sinal entre neurônios, o que permitiria a escolha livre dos indivíduos, sem violar a mecânica quântica. Ocorre que a ambiguidade quântica só é possível entre eventos moleculares únicos, o que não é o caso nos sinais entre neurônios que envolvem centenas de eventos moleculares.

Mente, teoria representacional da. É a visão segundo a qual todo conteúdo da mente é formado por representações.

Metabolismo é o conjunto das reações químicas presentes nos seres vivos que são necessárias para repor perdas materiais e adquirir energia para todas as suas atividades.

Metacultura. Ver *Cultura inata*.

GLOSSÁRIO

Metafísica é a disciplina da Filosofia que tem o mesmo objetivo da ciência, isto é, descrever a natureza de objetos e eventos da realidade. A diferença é que a ciência segue um método cujas conclusões são confrontadas de forma empírica com a realidade, enquanto a metafísica usa somente a razão em suas considerações. São exemplos de problemas metafísicos a discussão sobre a existência de uma realidade independente de nós ou da necessidade de todos os eventos terem uma causa.

Metáfora é o uso de uma ideia para descrever outra, exemplificado nas expressões: "o coração é uma bomba mecânica" e "a mente é um computador".

Método hipotético-dedutivo é um processo em que um cientista faz conjecturas e então deduz predições observáveis das conjecturas. Se as predições da teoria ocorrerem, a teoria é considerada confirmada, em caso contrário, a teoria é rejeitada.

Modelagem baseada em agentes múltiplos. Ver *MAS* e *Sociedades artificiais*.

Modelos físicos são representações sensíveis idealizadas ou simplificadas de objetos científicos que são criados para facilitar o entendimento.

Modelos matemáticos correspondem a descrições matemáticas de fenômenos naturais. Incorporam elementos hipotéticos (que podem ser eventos ou objetos) nas equações que descrevem o fenômeno estudado. Os modelos matemáticos serão mais bem entendidos se seus elementos que corresponderem a objetos forem traduzidos para modelos físicos (ver entrada).

Módulo de hierarquia responde a tamanho físico, força, dominação e proteção, e possui como emoções associadas o ressentimento ou o respeito.

Módulo de pureza é ativado por pessoas com doença, material podre ou carniça e traz nojo.

Módulo de reciprocidade reage a trapaças ou cooperação em atividades conjuntas com o aparecimento de raiva, culpa ou gratidão.

Módulo do sofrimento é ativado pelo sofrimento e pela vulnerabilidade dos filhos, gerando compaixão.

Módulos são componentes, partes ou subsistemas de um sistema maior que contém interfaces identificáveis com outros módulos. Mantêm alguma identidade quando isolados, mas derivam parte de sua identidade do restante do sistema.

Módulos cognitivos são unidades cerebrais que correspondem a unidades de processamento dedicadas a tarefas definidas, que foram selecionados por processo evolutivo, para produzir respostas rápidas de interesse para a sobrevivência, como avaliar uma ameaça e organizar uma defesa ou fuga.

Módulos cognitivos conceituais são unidades que trabalham com dados fornecidos por várias partes do sistema nervoso (por exemplo, receptores sensoriais e outros módulos) e podem possuir um conteúdo de conhecimento (por exemplo, o conhecimento "sólidos não atravessam sólidos").

FILOSOFIA DA CIÊNCIA

Módulos cognitivos conceituais morais são sistemas de processamento que geram respostas automáticas de aprovação ou repreensão a certos padrões de relações interpessoais.

Módulos cognitivos de percepção são aqueles que têm acesso exclusivo e específico a um conjunto de entradas sensoriais limitadas, e possuem processamento rápido e inconsciente (por exemplo, processamento visual e auditivo).

Moralidade é a diferenciação entre o que é bom (ou certo) do que é ruim (ou errado), tendo como referência um conjunto de padrões e que se baseia em uma moralidade intuitiva biologicamente adaptativa.

Moral intuitiva é um sistema inato, baseado na ativação de módulos cognitivos, que gera sinais de aprovação ou repreensão a certos padrões de eventos, envolvendo seres humanos.

Narrativa. Ver *Explicação histórica*.

Neurobiologia é a disciplina da Biologia referente ao sistema nervoso.

Neurociência Cognitiva é a disciplina que busca descrever os eventos mentais na forma de fenômenos neurofisiológicos. Para isso, trabalha com informações do comportamento e do cérebro. É disciplina da Psicologia Cognitiva de conexão com a Neurobiologia.

Neuroestética é o campo da Neurociência Cognitiva que procura identificar padrões de atividade cerebral associados à apreciação de obras de arte.

Neurônios espelhos são neurônios próximos dos neurônios motores (responsáveis pela ativação dos músculos) que, uma vez ativados pela observação de movimentos reais ou sugeridos, formam uma representação mental do movimento.

Níveis de organização correspondem aos diferentes subsistemas de um sistema complexo, tais como os seres vivos, a mente e a sociedade, caracterizados por um padrão relacional próprio de seus componentes que lhes confere propriedades emergentes. Assim, as explicações referentes a um nível de organização não podem ser reduzidas (ou substituídas) por explicações de outro nível, mesmo que subjacente (de menor complexidade).

Normas sociais mertonianas são os valores compartilhados por cientistas e que orientam seu comportamento na produção da ciência. As principais normas são: universalismo, comunalismo, desinteresse e ceticismo organizado (ver essas entradas).

Nova Biologia refere-se um programa de pesquisa originado nos Estados Unidos, com reflexos na Inglaterra, cuja base filosófica era a "concepção mecanicista da vida" divulgada principalmente por Jacques Loeb. O programa visava imitar os métodos da Física e da Química, e prometia desenvolver as bases da Biologia no sentido de possibilitar a engenharia de organismos dentro de propósitos humanos.

Objeto ideal. Ver *Tipo ideal*.

GLOSSÁRIO

Objetos básicos são membros de classes de entidades com as mesmas propriedades qualitativas, e que são independentes do espaço e do tempo. Os eventos associados a esses objetos são previsíveis de forma absoluta ou com probabilidades definidas.

Objetos histórico-adaptativos são membros de classes de entidades assemelhadas por terem uma ancestralidade comum e que variam de forma irreversível no tempo e no espaço, como, por exemplo, os seres vivos e as sociedades. Os eventos relacionados a esses objetos estão sujeitos a regularidades não passíveis de previsão teórica probabilística.

Obliteração, fenômeno de. É o desaparecimento da fonte de conhecimento incorporado no conhecimento científico consolidado, por ser considerado público e de conhecimento geral.

Ontologias intuitivas são as noções do conhecimento inato (relacionado aos módulos cognitivos) referentes à natureza dos objetos e dos eventos da realidade.

Pensamento simbólico é a atividade cognitiva que suporta um comportamento que inclui a produção de arte, a tecnologia aperfeiçoada de caça (que abrange rastreamento), decoração do corpo etc.

Pesquisa aplicada consiste nas tentativas de usar conhecimento básico para produzir algo de valor utilitário. É o que se chama de prova de conceito.

Pesquisa básica consiste em pesquisa que procura avançar os limites do conhecimento.

Pesquisa exploratória é aquela feita sem uma hipótese orientadora, embora siga programas de pesquisa.

Positivistas lógicos. Grupo de filósofos da ciência, que incluía os membros do Círculo de Viena, cuja preocupação era com o desenvolvimento de uma filosofia que chamaram de científica. Para essa corrente, para serem consideradas válidas todas as afirmações deveriam, em princípio, ser passíveis de verificação empírica; caso contrário, seriam consideradas metafísicas (meras especulações) e deveriam ser desconsideradas.

Postura intencional. Ver *Atitude intencional*.

Predição é a atribuição de características a objetos e eventos a partir de uma conjectura.

Predição algorítmica é a predição de evento que utiliza um algoritmo. Ver *Algoritmo*.

Princípio é uma hipótese de como a matéria é constituída e não resulta da experiência direta, e é validado pelo acerto das previsões que o utiliza.

Probabilidade é o valor numérico que mede o grau de certeza com que se pode esperar um evento, e que corresponde à razão entre o número de eventos observados e o número de eventos possíveis. A probabilidade é descoberta após a observação de uma série de eventos que ocorram ao acaso, isto é, com causas praticamente impossíveis de prever.

FILOSOFIA DA CIÊNCIA

Processamento é a transformação de informação formada por símbolos de qualquer natureza segundo sequências de instruções específicas.

Processo é uma sequência de eventos irreversíveis que afetam objetos.

Programa de pesquisa é o conjunto de trabalhos coordenados para o alcance de determinados fins, utilizando procedimentos rigorosos consensuais.

Projeto executável é um conjunto de instruções que organiza o sistema em direção a um propósito. Sua base material pode ser química (seres vivos), algoritmos computacionais associados a neurônios (mente) ou informações culturais inscritas na mente (sociedade).

Proposições são sentenças afirmativas que podem ser classificadas como verdadeiras ou falsas.

Proposições analíticas são aquelas evidentes por si, dispensando qualquer validação (por exemplo, "todos os solteiros não são casados").

Proposições derivadas são conjecturas validadas baseadas nas proposições primárias. Nas ciências exatas, correspondem às teorias; nas ciências histórico-adaptativas são mecanismos, nos aspectos funcionais, e narrativas, nos aspectos históricos.

Proposições primárias resultam da pesquisa exploratória que segue programas de pesquisa, mas que não é orientada por conjecturas. Nas ciências exatas, as proposições primárias são as leis, e, nas ciências histórico-adaptativas, são as descrições de objetos e eventos.

Proposições sintéticas são aquelas que resultam de observações da realidade.

Propósito é o objetivo em relação ao qual o sistema se organiza para atingir.

Propriedades emergentes. Ver *Emergência*.

Protagonistas são objetos capazes de ação (agentes).

Pseudociência é atividade que se apresenta como ciência, porém sem usar procedimentos rigorosos.

Psicologia Cognitiva é o estudo de como as pessoas percebem, aprendem, lembram e processam a informação. Em outras palavras, a Psicologia Cognitiva trata de como a informação é adquirida e processada para gerar comportamentos. Nesse processo, a Psicologia Cognitiva beneficia-se do conhecimento dos algoritmos desenvolvidos pela inteligência artificial e de análises dos filósofos da mente.

Psicologia Evolutiva faz inferências sobre a arquitetura e as propriedades da mente humana a partir de dados da Psicologia Comparada dos primatas e de hipóteses referentes às necessidades cognitivas do ser humano no ambiente paleolítico. É disciplina da Psicologia Cognitiva de conexão com a Biologia Evolutiva.

Psicologia Intuitiva é a capacidade inata de avaliar as intenções dos outros em muitas condições. Ver *Teoria da mente (ToM)*.

GLOSSÁRIO

Química é a ciência que pesquisa as substâncias naturais e suas transformações. Do ponto de vista microscópico, podemos dizer que as transformações químicas implicam a quebra e a formação de novas ligações entre átomos, resultando em novas moléculas e, portanto, novas substâncias.

Química Orgânica é a química dos compostos que contêm carbono.

Química Quântica é a parte da Química que usa uma versão da mecânica quântica, na qual dados químicos experimentais são inseridos para permitir soluções de equações da mecânica quântica, ou que apresenta soluções aproximadas dessas equações para problemas químicos específicos. A necessidade de desenvolver a Química Quântica é uma das demonstrações da impossibilidade de redução da Química à Física.

Raciocínio causal trata-se de busca por mecanismo que leve de uma causa a seu efeito como uma sequência de afirmações.

Raciocínio intuitivo é um processamento mental baseado em conhecimento inato que permitia aos seres humanos do Paleolítico dispor de sistema de decisões rápidas em ambiente hostil.

Raciocínio reflexivo é um processamento mental que permite tomar decisões lógicas a partir de dados completos, mas em módulo de processamento geral, isto é, na parte dedicada a propósitos não definidos.

Realidade é onde estamos inseridos e que existe de forma independente de nossos pensamentos, língua ou ponto de vista.

Realidade científica é o conjunto dos objetos e processos idealizados, validados e consolidados para descrever, explicar e muitas vezes prever eventos da realidade e, em alguns casos, servir de base para o desenvolvimento de tecnologias capazes de alterar eventos naquela realidade.

Realismo é a posição filosófica que admite que existe uma realidade.

Realismo científico é a convicção de que existe uma realidade em que estamos inseridos e de que o objetivo da ciência é construir representações exatas dessa realidade.

Reducionismo é a substituição de expressões de uma ciência por expressões de outra, de regra mais básica. Existem três versões do reducionismo. (1) A versão forte é a redução de teorias. Redução, nessa versão, é a explicação de uma teoria para um campo de conhecimento (por exemplo, mecânica) por outra proposta para outro domínio científico (por exemplo, gravitação). Segundo esse processo, todas as teorias se transformariam em teorias físicas, de forma direta ou por teorias pontes. (2) A versão fraca do reducionismo afirma que todas as entidades complexas (por exemplo, organismos, ecossistemas, sociedades) podem ser completamente explicadas pelas propriedades de suas partes. (3) Finalmente, o reducionismo explicativo consiste em dar explicações de um nível de análise em termos de eventos e componentes de nível inferior de análise.

FILOSOFIA DA CIÊNCIA

Reducionismo explicativo é oferecer explicações de um nível de análise em termos de eventos e componentes de um nível inferior de análise.

Reducionismo filosófico postula que conhecidas as propriedades dos componentes de um sistema é possível derivar suas propriedades.

Reflexividade é a análise da Ciência Social pela própria Ciência Social e a autoanálise do pesquisador, para que ele ou ela se conscientize das tendências a interpretar os eventos de forma excessivamente afetada por sua própria formação.

Relativismo cultural é a visão segundo a qual nada pode ser verdadeiro, independentemente de algum ponto de vista, e que as discordâncias entre os pontos de vista são irreconciliáveis, de modo que não existe um padrão único para orientar as justificativas do que é ou não aceitável.

Representação é um conjunto de elementos de natureza variada que corresponde a qualidades do objeto ou processo representado.

Revolução científica é o nome do processo que ocorreu da descoberta de uma estrela nova pelo astrônomo dinamarquês Tycho Brahe (1546-1601) em 1572 até a publicação de *Opticks*, pelo físico inglês Isaac Newton em 1704.

Rotação de culturas é um sistema de plantio em que parte do terreno é plantado e a outra parte é mantida em repouso. O sistema de dois campos é aquele em que um campo fica em repouso e o outro é plantado. No sistema de três campos, um campo é plantado com o cultivo de primavera, outro com o cultivo de inverno e o terceiro fica em repouso. Anualmente os campos trocam de atividade.

Senso comum inato corresponde à nossa capacidade cognitiva de lidar com processos que eram comuns para os humanos do Paleolítico.

Seta do tempo, na Física, é a referência ao fato que as transformações têm uma única direção.

Simplicidade é característica da ciência que faz uso de poucos elementos fora de seu tema principal.

Simulação é o desenvolvimento de cenários prováveis, derivados de condição inicial, usando regularidades conhecidas como apoio. A simulação pode ser feita mentalmente ou com o auxílio de computadores.

Simulação mental. Ver *Simulação*.

Sistemas são objetos encontrados na natureza que são formados por muitos elementos que agem de forma coordenada.

Sistemas adaptativos são aqueles que respondem adaptativamente ao meio ambiente.

Sistemas autorreferentes são aqueles cujas partes só fazem sentido em relação ao conjunto.

Sistemas caóticos são sistemas que obedecem a leis científicas (no caso de Poincaré, eram as de Newton), mas cujo comportamento torna-se imprevisível em longo prazo, pois as

GLOSSÁRIO

condições iniciais não são conhecidas com precisão absoluta, porque possuem um número muito grande de variáveis ou porque incluem eventos aleatórios.

Sistemas formais são aqueles que especificam quais tipos de mudanças podem ser feitas com os símbolos empregados, exemplificados pela lógica e pela matemática.

Sistemas hierárquicos são aqueles compostos por subsistemas que, por sua vez, são formados por subsistemas.

Sistemas históricos são os que se modificam ao longo do tempo individual e entre gerações.

Sistemas intencionais são os que têm um propósito.

Sistemas modulares são aqueles construídos em módulos.

Sociedades são reuniões de seres humanos que obedecem a regras de forma consensual ou impostas por grupos com poder.

Sociedades artificiais são simulações computacionais nas quais temos um conjunto de agentes virtuais (elementos do sistema social) autônomos, cujas características são especificadas (por exemplo, os agentes memorizam eventos precedentes), assim como o tipo de interações que os agentes podem estabelecer entre si. Cada vez que o programa é executado, os resultados diferem em consequência, por exemplo, de os agentes ganharem conteúdo (devido à memória). O comportamento que surge é frequentemente do tipo emergente, isto é, não pode ser previsto a partir das propriedades dos agentes. As sociedades artificiais podem ser usadas para validar explicações sociais e ilustrar o fenômeno da causação descendente (ver entrada) em sistema social.

Sociedades científicas são grupos de pessoas interessadas em ciência; surgiram no século XVII e tinham por objetivo organizar e divulgar a pesquisa que começava a surgir.

Sociologia da Ciência é o estudo dos padrões de ações dos indivíduos no processo de produção de ciência.

Sociologia Intuitiva é a capacidade inata de reunir em categorias os semelhantes que compartilhariam uma essência comum.

Substância é uma porção de matéria com propriedades características.

Tabula rasa descreve a condição de que a mente não possui conteúdo cognitivo não aprendido socialmente.

Técnica é o conhecimento de como se fazem objetos ou serviços.

Técnica da simplificação é o isolamento dos aspectos essenciais de um problema para extrair daí as suas conclusões.

Tecnologia é o conhecimento técnico aliado ao conhecimento da manipulação dos materiais associados.

FILOSOFIA DA CIÊNCIA

Teologia é o estudo de Deus, sua natureza e seus atributos, assim como as suas relações com os seres humanos e com o universo.

Teoria é um conjunto de proposições coerentes entre si, referentes a um domínio do conhecimento. As teorias nas ciências exatas permitem a derivação de leis ou correspondem a conjuntos de leis coerentes entre si.

Teoria da mente (**ToM**, do inglês, *Theory of Mind*) é o que se diz da capacidade de "ler as mentes dos outros" no sentido de ser capaz de avaliar os seus estados mentais, isto é, suas crenças, desejos e intenções. A ToM baseia-se em larga proporção em emoções, que são, em geral, acompanhadas de expressões faciais características. Estas são indicadores de comportamentos possíveis.

Termodinâmica é a ciência que estuda as leis que governam a conversão de uma forma de energia em outra, a direção que flui o calor e a disponibilidade de energia para realizar um trabalho.

Tipo ideal é um objeto ou processo idealizado de forma a isolar aspectos essenciais do problema em estudo.

Universalismo é uma norma social mertoniana (ver entrada) que postula a apreciação das ideias científicas a despeito da origem social de seus autores.

Universidades de pesquisa são as universidades que, além de formarem profissionais de nível superior, realizam pesquisa e outorgam títulos de mestrado e doutorado após a conclusão dos respectivos cursos de pós-graduação.

Universidades profissionalizantes têm como missão formar profissionais de nível superior, mas não executam pesquisa.

Validação é o conjunto de critérios para aceitação de proposições nas ciências. O tipo de validação depende da natureza da explicação. A validação ou rejeição de uma explicação baseada apenas em considerações quanto ao possível uso da explicação é considerada inválida.

Virtudes são habilidades socialmente aceitas e valorizadas.

Os autores

Walter R. Terra é professor sênior de Bioquímica na Universidade de São Paulo (USP). Graduou-se em Biologia, doutorou-se em Bioquímica e foi professor titular de Bioquímica da mesma universidade. É bolsista do CNPq (1A), membro da Academia Brasileira de Ciências e comendador da Ordem Nacional do Mérito Científico.

Ricardo R. Terra é professor sênior e foi professor titular de Teoria das Ciências Humanas na Universidade de São Paulo (USP), pesquisador do Cebrap e bolsista de produtividade em pesquisa do CNPq (1A). Graduou-se, doutorou-se e obteve o título de livre-docente em Filosofia pela USP, além do Diplôme d'études approfondies en Philosophie pela Université de Paris 1 Panthéon-Sorbonne.

GRÁFICA PAYM
Tel. [11] 4392-3344
paym@graficapaym.com.br